宇宙

[美] 卡尔·萨根 著

虞北冥 译

Cosmos

Carl Sagan

云南出版集团

云南人民出版社

果麦文化 出品

Carl Sagan
Cosmos
Random House, 2013
根据兰登书屋 2013 年修订版译出

果麦文化 出品

致安·德鲁彦

宇宙辽阔，光阴漫长，

能与安妮共享同一颗星球和同一段时光是我的荣幸。

目录

前言

终有一日，今天的未知之谜会得到解开，但那需要漫长的勤勉研究。人类寿命有限，一个人穷尽毕生之力也不足以攻克天空这如此巨大的课题。……因此，唯有经过岁月和持续数代的研究，此等知识才能逐渐显现。终有一日，我们的子孙会惊讶于他们的先人竟不了解那些无比浅薄的常识……待到谜团揭开之时，我们早已被遗忘。如果宇宙无法为人类世代提供无穷无尽的谜题，那它就实在太渺小，太可悲了……大自然不会一下子彰显它的全部奥秘。

——塞涅卡，《自然问题》卷七，1世纪

古人在日常对话和生活中，总是把最平凡的事物和最宏大的宇宙联系在一起。这里有个有趣的例子，公元前1000年的亚述人在被牙痛所扰时，会念诵这样一段以宇宙起源为首、以祛除牙痛为尾的咒语：

安努造天空，

天空造大地，

大地造河流，

河流造小溪，

小溪造沼泽，

沼泽造蠕虫，

蠕虫面觐沙玛什，

在伊亚面前哭泣：

“你给我什么当食物呢？

你给我什么喝？”

“我会给你无花果干，

还有杏仁。”

“它们与我何干？无花果干，

还有杏仁！

让我居住在牙齿间，

让我居住在牙龈里！……”

因你说的这些话，小虫子，

愿伊亚用他的力量

毁灭你！

（对付牙痛的咒语）

配方：二等啤酒……与油调和；

念三遍咒语，然后把药涂抹在牙上。

我们的祖先渴望了解世界，只是未找到正确的方法。他们想象中的宇宙小巧、古雅又完整，由安努、伊亚和沙玛什等神明掌控。在古人的宇宙里，人类即便不是万物中心，也扮演了重要角色，我们和大自然的其余部分紧密相连，就像用二等啤酒治疗牙痛，也与最深奥的宇宙秘密相关。

时至今日，我们才找到了理解宇宙的良方。它名为“科学”，既有效，又优雅。科学揭示出的宇宙如此古老，如此浩瀚，以至于人类在其中的戏份乍看之下无足轻重，我们和宇宙的距离反倒显得更远，甚至变得遥不可及，星空不再与日常事务有什么相干。然而科学同样揭示出，宇宙不但有着令人头晕目眩的宏伟尺度，也可以为人类所理解。从本质上来说，人类诞生在宇宙一隅，命运早已注定与之紧密相连。我们最寻常、最琐碎的事务，都可以追溯到宇宙及其起源——这正是本书所致力于呈现的视角。

1976年夏秋，作为“海盗号”着陆器飞行成像团队的一员，我和上百个科学家同僚一道参与了火星勘测行动。这是人类第一次把航天器降落在其他行星上，可谓开创历史。我们收获了惊人的成果（详见第五章），但对于这件大事，公众似乎并不买账。媒体只有零星报道，电视节目对此也漠不关心。当“火星上是否有生命”的问题答案逐渐明朗时，人们的兴趣更加低落。对于那些模棱两可之事，人们甚少耐心。我们宣布火星天空的色泽近似桃黄，而非此前错误报道的蔚蓝，结果引来了记者嘘声一片。即使只是在颜色上，他们也希望火星能和地球一样。他们相信火星和地球的相似度越低，观众的兴趣就越寥寥。然而实际上，火星上气势雄浑的景观美得令人震惊。以个人经验而言，我相信全世界人民都会对行星探索和相关课题抱有兴趣——

比如生命、地球和宇宙的起源、对地外文明的搜寻、我们和宇宙的关系，等等。我还确信，这种兴趣可以通过最强有力的媒体——也就是电视——被激发。

“海盗号”数据分析和任务规划主管B. 金特里・李（他的组织能力非凡）也有同感。我一开始只是打趣说应该想办法改变目前的状况。结果李给了个建议，说我们不如合伙成立制片公司，用一种既受欢迎，又易于理解的方式传播科学。于是在接下来的几个月里，我们接触了一系列项目，其中最有趣的是洛杉矶公众广播（KCET）提出来的那个。讨论后，我们同意制作一部共十三集的电视纪录片，以天文学为主题，同时平易近人。它的目标群体是普罗大众，需要有强大的视效和音效以唤起人们心中的情感。再后来，我们和承包商进行洽谈，聘了执行制片人，然后开始了为期三年、名为“宇宙”的项目。

写这篇文章时，全世界范围内收看电视纪录片《宇宙》的观众已经突破了1.4亿，或者说，地球总人口的3%。这表明大众远比通常以为的更聪明。世界的本质和起源这类自然科学中最深奥的问题，点燃了无数人的兴趣和激情。我们身处的时代处于决定人类文明走向，甚至物种存亡的十字路口。不论去向何方，我们的命运都与科学密不可分。掌握科学，实际上已成为生活的必要前提，但这过程本身也妙趣横生；漫长的演化使人类乐于理解新鲜事物——因为那些善于获得新知的人更有可能存活。《宇宙》系列电视纪录片连同本书，为如何传播科学思想、方法和乐趣提供了一个佳例。

本书和电视纪录片相辅相生。不过书本和电视的受众并非全然一致，传播方式也各不相同。书本最大的优势在于，读者能反复阅读晦涩难懂的章节，而录像和影碟类似的功能刚起步研发；对作者来说，在书中深度拓展一个专题，比在时长58分30秒的非商业电视纪录片里把事情说清楚更方便。正因如此，本书在许多主题上的探讨比电视纪录片更为深入，还有一些纪录片不曾涉及的内容。当然了，纪录片所提及的东西，本书也未完全包括，比如那张清楚明了的“宇宙历”，就只能在电视上看——部分原因是我在《伊甸园的飞龙》中曾谈过这个话题；同理，书里不会细谈罗伯特·戈达德的生平，因为《布罗卡的脑》中专门为此辟出了一章。不过纪录片的每一集都对应本书的一个章节；我相信这种联系会增加阅读的乐趣。

为了方便理解，有时我会反复讲解同一个主题，力求由浅入深。打个比方，第一章里，我先对天体进行了大致介绍，然后才从更细节的角度进行阐释；讲突变、酶和核酸的第二章也采用了这种形式。有些情况下，书中提及的概念不按时间排序。例如第七章讲古希腊科学家的思想，但早在第三章，我们就先行讨论了开普勒。这样的安排，是因为我相信，只有在意识到古希腊人曾距离真知不过咫尺后，读者才能更深刻地理解他们完成的到底是何等伟业。

科学无法与人类的其他活动割裂，不把它和社会、政治、宗教和哲学问题联系起来（对这些问题，本书有时概述，有时则会详解），探讨就无从展开。从现实角度说，我们在科学纪录片拍摄过程中就曾遭到愈演愈烈的全球军事活动的干扰。

用等比例“海盗号”着陆器在莫哈维沙漠模拟火星探索时，拍摄活动数次遭到打断，因为美国空军要在附近靶场进行轰炸练习。亚历山大港也不安生。埃及空军会在每天早上九点到十一点，把我们下榻的酒店当作扫射练习的目标来飞上一遭。在希腊萨摩斯，由于北约军演，和各种显然为安放火炮和坦克而设置的地下与山坡掩体，我们等到最后一刻才拿到自由拍摄许可。捷克斯洛伐克的郊区公路上，我们的无线对讲机引起了某战斗机驾驶员的注意，他在头顶盘旋了好一阵子，直到我们用捷克语联系当局，解释这只是给拍摄做后勤准备，不会威胁国家安全后事情才算过去。摄制组在希腊、埃及和捷克斯洛伐克工作时，不管走到哪儿都有国家安全机关的特工陪同。我们本打算去苏联卡卢加，拍些俄国航天先驱康斯坦丁·齐奥尔科夫斯基生平的相关内容，但计划胎死腹中。后来我们发现，当时他们打算在那里审判异见人士。无论在哪个国家，我们的摄制组都感受到无数的善意，但全球军备竞赛以及各国怀有的恐惧也如影随形。这段经历坚定了我的决心：我将在纪录片和本书中，对相关的社会问题进行讨论。

科学不断发展，永无终结，不存在什么终极真理能让所有科学家解甲归田。正因如此，对科学家，以及世界各地的、非专业但对科学发现抱有浓厚兴趣的人来说，这世界乐趣无限。从首次面世至今,《宇宙》的内容依旧不显过时，但在此之外，人类又获得了许多重大的发现。

“旅行者”一号和二号在飞跃土星时见证了这个行星系统的诸多奇迹，复杂的星环、成群结队的卫星，其中最引人关注的是俗名“泰坦”的土卫六——和早期地球类似，它大气中的稠密云层由复杂有机分子组成，地表可能还存在液态碳氢化合物海洋；最新观察表明，许多年轻恒星周围存在碎石带，行星或诞生其中，这暗示着银河系存在海量行星；在温度极高的地球海底喷口附近，人们意外发现了以硫为食的生物；越来越多的新证据表明，彗星会周期性地闯进内太阳系，导致地球物种的大量灭绝；我们探查星系间的广袤空间，发现那里似乎完全不存在任何恒星系；关于宇宙组成的研究有了新的重大突破，我们对宇宙的终极命运有了更多了解。

新知的步伐仍在继续。日本、欧洲航天局和苏联的飞船计划在1986年对哈雷彗星进行抵近观测。美国制造的史上最大太空望远镜会在这个十年结束前升空；人类终于有机会真正通过空间任务探索火星、其他彗星、小行星和“泰坦”；美国“伽利略号”航天器计划于1988年抵达木星，首次将探测器送进木星大气层之内。

然而科学的发展也有阴暗面：最近的研究表明，如果核战打响，那么原爆扬起的尘埃将遮天蔽日，导致地球寒化。即使是那些没直接参与战争的国家也会因此遭遇前所未有的灾难。技术的发展既能帮人类进一步探索宇宙的奇迹，也能让地球陷入混乱无序。我们有幸生于史上最重要的时代之一，甚至有幸决定历史的走向。

《宇宙》项目规模庞大，我没办法在这里向每一个为它做出过贡献的人表达谢意。但我要特别感谢B. 金特里·李；纪录片的制作人员，包括资深制片人杰弗里·海茵斯－斯泰尔斯、大卫·肯纳德和执行制片人艾德里安·马龙，艺术家乔·隆伯格（他在《宇宙》视觉效果设计和组织阶段起了关键作用）、约翰·艾利森、阿道夫·夏勒、里克·施特恩巴赫、唐·戴维斯、布朗和安妮·诺尔察；顾问唐纳德·戈德史密斯、欧文·金格里奇、保罗·福克斯和黛安·阿克曼；卡梅隆·贝克；KCET管理层，特别是格雷格·安道菲尔，他向我们传达了KCET的提案，查克·艾伦、威廉·兰布、詹姆斯·洛佩尔；还有《宇宙》电视纪录片的承销商与联合制片人，包括美国大西洋里奇菲尔德公司、公共广播公司、亚瑟·维宁·戴维斯基金会、阿尔弗雷德·P. 斯隆基金会、英国广播公司和波利提尔国际公司。另一些帮助我澄清事实或方法的人会列在书后。当然，本书的最终责任人是我。我得感谢兰登书屋的工作人员，包括编辑安妮·弗里德戈德。他们不仅工作出色，还在纪录片和书本的最后档期起冲突时展现出了极大的耐心。我要格外感谢我的行政助理雪莉·阿尔丁。她乐天开朗，工作高效。雪莉不但负责本书初稿的打字工作，也参与了成书的各个阶段。实际上，她对《宇宙》项目贡献良多，远不止于此。对于给了我两年假期来从事此项目的康奈尔大学，以及我的大学同事、学生，还有我在NASA（美国国家航空航天局）、喷气推进实验室，以及“海盗号”成像团队的同事，我的感激之情同样无以言表。

在纪录片《宇宙》的创作过程中，给予我最大帮助的人是电视纪录片的合作编剧安·德鲁彦和史蒂文·索特。他们对《宇宙》系列纪录片的基本创作理念、整体知识结构、章节的安排和风格的奠定做出了重大的贡献。他们对本书早期版本的批评，在后续版本提出的建设性、创造性修改建议，还有对纪录片脚本的定夺，都影响了本书的最终成稿。和他们的数次讨论让我获益良多，这也是《宇宙》项目带给我的最大回报之一。

卡尔·萨根

于伊萨卡和洛杉矶

1980 年 5 月

1984 年 7 月修订

01

第一章 星海之滨

最初创造成形的人被唤作“笑巫”“夜巫”“不洁者”和“黑巫”……他们有智慧，通晓天地间的一切。他们睁开眼，便洞悉万物。他们依次望向天堂的穹顶、大地的圆脸……（然后造物主说：）“他们无所不知……该拿他们怎么办呢？让他们的眼睛只能顾及近旁；让他们只看得到大地之脸的片段吧！……我们所造的，不该是简单的自然生物吗？难道要让他们也成神吗？”

——《波波尔·乌》[1]，基切玛雅人

已知有涯，而未知无涯；我们如同立于荒岛之上，被苍茫大海所困。每一代人的任务，都是填出一小块新的陆地。

——T.H.赫胥黎，1887年

---

1. 《波波尔·乌》：古代基切玛雅人的圣书，成书于16世纪。

宇宙即一切。过去是，将来亦如是。对宇宙的遐思即便再卑微渺小，也能撼动人心——那是脊柱上传来的刺痛、嗓子里的哽咽，或者某种模模糊糊、从高处坠落的久远记忆。如此，我们知道，那最伟大的谜团近了。

宇宙的规模和年龄远超常人想象。我们的行星家园只是迷失在永恒和无限间的小小一点。从宇宙的角度来看，人类的关注无关紧要，甚至微不足道。但这个物种年轻、好奇、勇敢，而且充满希望。近几千年来，我们对宇宙以及我们在宇宙中所处的位置有了惊人的发现。这些发现不仅令人振奋，还提醒我们，人类已经进化到了以学习为乐，并以获取知识为生存先决条件的地步。我相信，人类的未来取决于对宇宙的了解程度。毕竟苍穹浩瀚，我们不过是辰空中一粒飞扬的尘埃。

探索宇宙，需要兼具想象力和怀疑精神。想象力能开启未知世界，少了它，我们将一事无成。怀疑精神则可以区分幻想和现实，检验我们的推测。宇宙有无法穷尽的优美天体、错综的关联、微妙的法则、可供探索的无限空间。

地球位于星海边缘。人类的绝大部分知识都在这里学得。如今，我们刚向海洋探出一小步，被海水濡湿了脚趾——至多到脚踝。恰人的水温，宛如海洋的呼唤。内心深处有个声音说，那里是起源，是游子渴望回归的故乡。这渴望可能会触犯某些神明，但我相信它并无不敬之意。

在地球上所用的单位，比如米或者英里，放在宇宙尺度下会失去意义，得改用光速来衡量距离。光在一秒内能飞行 186000 英里，也即 300000 千米，可绕地球 7 圈。太阳发出的光抵达地球需要 8 分钟，因此我们说太阳距离地球 8 光分。一年的时间里，光能跑出 10 万亿千米，或者 6 万亿英里。光在一年里飞过的距离，叫作光年。它度量的不是时间，而是距离——非常遥远的距离。

地球是宇宙里的一个地点，但绝不是唯一一个。它甚至并不典型。实际上，没有哪个行星、恒星或者星系能够算作典型，因为宇宙的绝大多数地方都是空的。真正典型的是广袤、寒冷的真空，那里陌生而荒凉，处于永夜之中。与之相比，行星、恒星和星系显得稀缺而美丽。如果我们被随机抛进宇宙某处，落在行星或者附近的概率会小于 $1/10^{33}$（1 后面跟 33 个 0）。这样的数字极难在日常生活中见到，可见星球多么稀少。

如果位置合适，我们能在星系间的深空里看到无数微弱、纤细的须卷状光芒。它们如同海上的泡沫，被空间的波浪打散。那些光就是星系。其中一些独行流浪；大多数则群集于一处，在宇宙无垠的黑暗中漂流。现在展现在我们眼前的，就是宇宙最宏伟的尺度。我们已经来到了星云的王国，它距离地球 80 亿光年，位于已知宇宙的中央。

星系由气体、尘埃和恒星组成——数以十亿计的恒星。只要身旁存在行星，每颗恒星都可能是某个文明的太阳。也许那里正有许许多多的生命和智慧生物在繁衍生息，不过从远处看，星系更容易让人联想到可爱的收藏品，就像贝壳或者珊瑚，它们是大自然在浩瀚星海中劳作亿万年的成果。

宇宙里星系的数量多达几千亿（10^{11}）个，每一个都包含了几千亿颗恒星。如果星系中的行星数量和恒星差不多，那它们就有$10^{11}\times10^{11}=10^{22}$个，整整百万亿亿之多。面对如此惊人的数字，生命只存在于一颗普通恒星——我们的太阳——旁的宜居行星上，这概率得多小呢？生活在星海一隅的我们，凭什么成为这样的幸运儿呢？在我看来，更可能的情况是宇宙间到处都有生命，只是还不为我们所知。人类才刚刚开始探索之旅。

从 80 亿光年之外看过来，连银河系所在的星系团都微不可见，更别说小小的太阳跟地球了。这个距离上，它们根本无法观察。即使凑到近旁，地球也不过是岩石和金属构成的小点，微弱地反射着阳光，丝毫不像唯一一颗有文明存在的星球。

现在我们旅行到的地方，被地球上的天文学家叫作“本星系群”。它横跨数百万光年，由二十多个星系组成。这是个稀疏模糊而低调的天体群。从地球上看，其中一个叫 M31 的星系位于仙女座中。和其他旋涡星系类似，它像一个由恒星、气体和尘埃组成的大风车。两个矮椭圆星系像卫星一样绕着 M31 转。束缚着它们的引力规则，和让我坐稳椅子的力量是同一种东西。整个宇宙的物理法则都一样。现在，我们离家 200 万光年。

M31 外侧，有个与它非常相似的星系，就是我们的银河。它的悬臂缓缓转动，每 25 亿年才划过一圈。到了这个距地球 4 万光年的地方，我们开始朝着银河系巨大的中心区域坠落。但且慢，如果想找到地球，我们就得换个方向，沿一条遥远的悬臂，去它边缘附近的僻静地方。

即使在悬臂之间，我们也会被眼前的景象震撼：那是汇聚成河的群星。它们大小不一，形态各异：有的脆弱如肥皂泡，体积却大得惊人，足以容纳上万个太阳，或万亿个地球；有的小如市镇，然而密度比铅大一百万亿倍；有些恒星茕茕孑立，像我们的太阳一样形单影只；但多数恒星彼此相伴。它们通常是相互绕转的双星，然而你也能见到从三星系统到几十颗恒星组成的恒星系团，甚至容纳百万恒星的巨大球状星团。有些双星近得仿佛黏在一起，甚至有恒星物质在两者间流动，多数则彼此分离相当于木星和太阳的距离；超新星爆发的光芒，和它所在的整个星系一样明亮；而只要走到几千米开外，黑洞就会变得不可见；有的星体光芒安稳，有的明灭不定，有的则按照有规律的节奏闪烁。有的星球通体圆润，庄严而典雅；有的转速过快，把自己拉成了扁平状。多数星体发出的是可见光或红外光，但另有一些则是 X 射线或者无线电波的强烈来源。年轻的恒星发蓝光，高热量；中年的恒星发黄光，光源稳定；红色的恒星往往年事已高；还有挣扎在死亡边缘的白矮星、黑矮星。银河里大概有四千亿颗各种各样的恒星，它们以复杂而有序的轨迹运动着。所有这些星体里，地球人比较了解的，迄今为止只有一颗。

每个恒星系都是太空里的一座岛屿，与邻居相隔数光年。我可以想象，在无数世界里演化繁衍的生物，在初获智慧的启蒙时，都会认为他们渺小的行星和微不足道的几个太阳就是一切。我们在隔绝中各自成长，对宇宙的认识无法一蹴而就。

许多恒星也许被数百万了无生气的碎岩包围，永远停留在了演化的早期阶段。但或许，也有不可胜数的恒星系和太阳系差不多：边缘是巨大的气态行星和冰冷的卫星，接近中心处有着蓝白色覆盖云层的行星。或许在某些这样的星球上，已经进化出了智慧生命，他们甚至对地表进行了大规模的工程改造。这些物种是我们在宇宙里的兄弟姊妹。他们会和人类有多大的不同？他们会有什么样的生命形式、身体结构、神经系统、历史、政治、科学、技术、艺术、音乐、宗教和哲学？或许有一天，我们能认识他们。

现在，我们终于来到自家的院落，离地球只有一光年的地方。冰雪、岩石和有机分子凝结成巨大的雪球，构成太阳系的最外圈：它们就是彗星的核。每隔一段时间，从附近经过的恒星会导致引力扰动，牵动其中一颗雪球进入内太阳系。冰雪被太阳加热蒸发，就成了可爱的彗尾。

旅程继续深入，更大的星球映入眼帘。这些行星被太阳俘获，受引力牵引，只能沿近乎圆形的轨道运动，地表温度也主要源自阳光。冥王星覆盖着甲烷冰，与巨大的卫星“卡戎”结伴而行。在冥王星附近远眺，我们会发现太阳不过是漆黑天空里的一个明亮光点。海王星、天王星、土星——太阳系的宝石们——还有木星，都是巨大的气态行星，被一颗颗冰封的卫星拱卫着。从这些气态行星和冰山卫星处再前进一步，我们就进入了温暖、多岩的内太阳系。举个例子，红色的火星上有高耸的火山、巨大的裂谷、横扫地表的尘暴，说不定还存在着最简单的生命。当然，所有星球都绕着最近的恒星太阳公转。太阳由氢和氦组成，它们不断发生热核反应，为整个星系输送光和热。

终于，漫游临近终点，我们回到了星海之滨——那颗小巧、脆弱的蓝白色星球。星海浩渺，远超人们最狂野的幻想。它包含的众多世界里，地球实在微不足道。可能只在我们眼里，它才显得无比重要。地球是我们的家，它养育了我们。人类在这里诞生，演化至今，在这里走向成熟，在这里培养出探索宇宙的热情，也是在这里，怀揣着痛苦与不安，摸索着走向未知的命运。

欢迎来到地球——这里有蔚蓝的天空、液态水的海洋、凉爽的森林与草地，到处都焕发着勃勃生机。我得说，即使从宇宙角度来看，地球也是个美到令人心醉的稀罕地方。我们如此漫长的时空旅行中，目前唯一一个能真实证明宇宙中存在智慧生命的地方，就是地球。太空里肯定还有很多类似的世界，然而只有这里是我们的起点。人类一代又一代的先祖以千万年光阴为代价，终于积累起了足够的智慧。生活在当下是一种幸运，我们身边有那么多才华横溢、求知若渴的同族，与此同时，对知识的探求又得到了普罗大众的尊重。人类生于群星，暂居于地球，现在终于开始了漫长的返乡之旅。

公元前 3 世纪时，人类最伟大的城市位于近东地区的埃及，名为亚历山大。正如其他许多重要发现，人类正是在这里第一次意识到，地球只是寰宇中的小小一隅。

埃拉托色尼，一位亚历山大的居民，被同时代的人称为“贝塔”。这个外号不无嫉妒之意，因为贝塔是希腊字母表的第二个字母，这是在说埃拉托色尼不管干什么都只能排老二。但很显然，埃拉托色尼其实是个“阿尔法”。他同时是天文学家、历史学家、地理学家、哲学家、诗人、喜剧评论家和数学家。他写的书题材广泛，既涉及天文学，又包含治愈痛苦的方法。埃拉托色尼还是亚历山大大图书馆的馆长。有一天，他在一本莎草纸书里读到：每年的 6 月 21 日中午，赛伊尼（尼罗河第一瀑布附近的城市）南边，垂直的树木都没有影子。夏至日是一年中白昼最长的一天，随着正午临近，神庙石柱的阴影越来越短，直至消失，而太阳的倒影出现在了最深的井底。换言之，阳光从头顶直直地照射下来。

这个观察似乎乏善可陈。树木、阴影、井里的倒影、太阳的位置，都不过是些日常琐事，能有多重要呢？但埃拉托色尼是个科学家，他对这些琐事的思考改变了世界；某种意义上，它们定义了世界。埃拉托色尼想出了一个简单的试验：6 月 21 日那天，他要看看亚历山大港的垂直立木会不会留下影子。他后来获得了试验结果：影子依然存在。

埃拉托色尼问自己，为什么明明是同一时刻，赛伊尼的树木影子消失，而遥远北方的亚历山大影子却依旧明显？请想象一张古埃及地图，上面有两根等长的杆子，一根立在亚历山大，一根立在赛伊尼。假设某一时刻，两根杆子都没有留下影子，那这很容易理解——只要地球是平的，阳光从顶上垂直洒下就行。当然，如果它们的影子等长，那同样能证明大地是平的，因为无论何时，阳光照在两根杆子上的角度都相同。但赛伊尼的杆子没有影子，亚历山大的杆子的影子却清晰可见，这该作何解释呢？

他意识到，问题只有一个答案：地表是弯曲的。不仅如此，曲率越大，阴影的长度差异就越明显。太阳离得如此遥远，阳光照射到地球上时可视为完全平行。根据阳光照射角度不同，木杆会投下长度不同的影子，而根据影子的长度，可以推算出亚历山大和赛伊尼之间，有大概 7 度的夹角。也就是说，如果这些杆子向下延长，直达地心，那么它们会形成 7 度角。7 度差不多是地球整个圆周 360 度的五十分之一，埃拉托色尼又雇人测量，得知亚历山大和赛伊尼之间相隔约 800 千米，那么 800 乘以 50，约等于 4 万千米。所以，地球的周长就得出来了。

他算得没错。埃拉托色尼仅有的工具是木杆、眼睛、脚、大脑，还有对实验的兴趣。仅仅用这些东西，他就推算出了地球的周长，而误差不过百分之几。对 2200 年前的人来说，这真是了不得的成就。他是世界上第一个精确测量出行星大小的人。

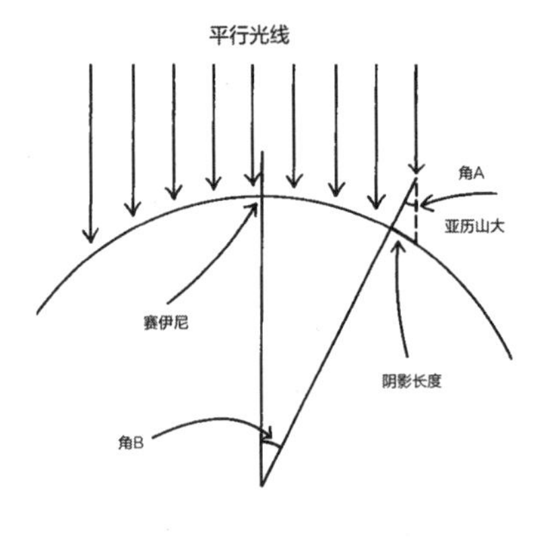

通过亚历山大港的杆子影子的长度，可以测出角 A 的度数。而只需要简单的几何学（如果两条平行线与第三条线相切，内错角相等），就可以得知角 B 等于角 A。通过测量亚历山大港的杆子阴影长度，埃拉托色尼得出结论，赛伊尼和亚历山大的偏差角是∠ A= ∠ B=7°

当时，地中海是世界上航海业最昌盛的地区，而亚历山大是世界上最大的海港。当你知道地球是个不大不小的球体以后，难道不想展开一场探险之旅，去寻找未被开拓的土地，甚至试着环绕地球吗？埃拉托色尼诞生前 400 年，埃及法老尼科就雇佣过一支腓尼基舰队沿着整个非洲绕了一圈。他们可能乘着简陋的敞篷船扬帆起航，从红海出发，沿着非洲东海岸一路向南抵达大西洋，然后北上穿过地中海返回起点。这史诗般的航行历时 3 年，相当于今天“旅行者号”探测器从地球飞到土星的时间。

埃拉托色尼之后，许多勇敢的航海家展开了伟大的航行。他们的船很小，导航设备也简陋不堪。他们采用航位推测法，尽可能沿着海岸线航行。通过夜复一夜地观察星座相对于海平面的位置测定纬度，但经度只能靠猜。看到熟悉的星座在未知的海域升起，那一定是莫大的安慰。星辰一直是航海家的朋友。过去，他们的船航于海面，现在则行于天空。有许多古代航海家尝试环绕世界，真正取得成功得等到麦哲伦的时代。水手和航海家大概是世上最务实的人，但他们竟然敢把性命押在亚历山大港的古代数学家身上，这是怎样的勇气和冒险精神啊！

埃拉托色尼时代，人们就造出了地球仪。观察地球仪就仿佛从天空俯瞰大地。在探索得较为充分的地中海地区，绘图还算准确，但离得越远就越离谱。我们目前对宇宙的了解其实也与此类似。1 世纪时，亚历山大的地理学家斯特拉博如此写道：

> 那些想要环游世界的人回来说，阻止他们前进的并不是未知的大陆，海洋也往往平静如常。问题在于他们缺少定位手段和物资补给……埃拉托色尼说，如果大西洋不那么宽广，也许我们从伊比利亚出发，就能轻松抵达印度……很可能在温度适宜的地区，还有一两块适合居住的大陆。如果（世界的那个部分）不但有居民，而且和我们有很大不同，应该视之为另一个世界。

不管怎么看，这都是人类探索其他世界的开端。

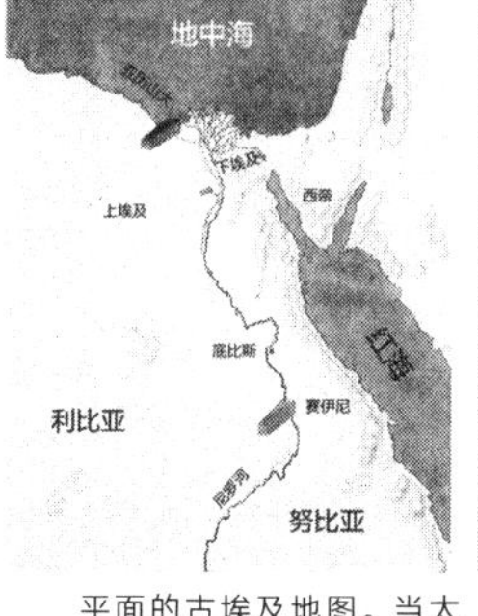

平面的古埃及地图。当太阳从正上方直射时，亚历山大和赛伊尼的垂直方尖碑都没有留下影子

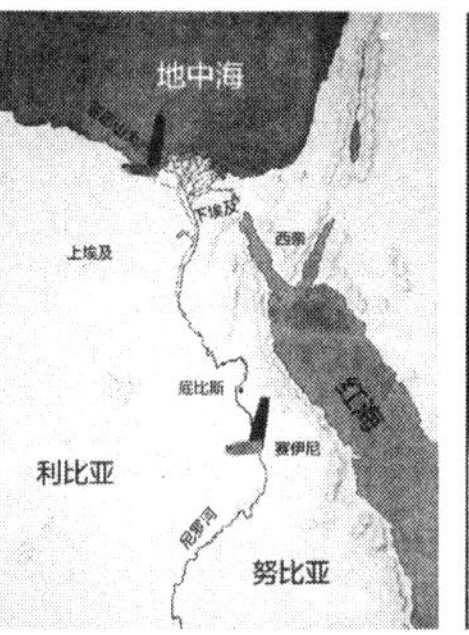

平面的古埃及地图。当太阳斜射时，两者投下的影子长度相等

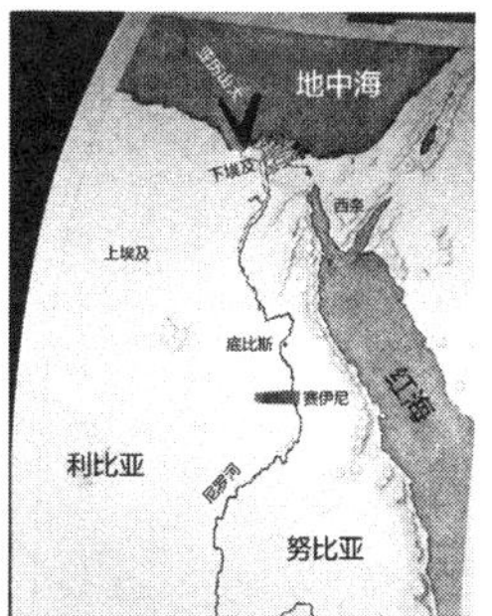

弯曲的古埃及地图。太阳直射在赛伊尼时，赛伊尼的方尖碑没有影子，但同一时刻的亚历山大有影子

后来，从中国到波利尼西亚，各地的人们都开始了对世界的探索。当然，地理大发现的高潮是由哥伦布掀起的，从他抵达美洲算起，人类花了几个世纪终于清楚了大地的形状。哥伦布的首次航行直接源于埃拉托色尼的计算。埃拉托色尼说过“从伊比利亚到印度”，哥伦布也这么想。他决定往西航行，直达日本、中国和印度，而不是按照传统航线从非洲一路向东。

哥伦布本是个四处兜售地图的小贩，他孜孜不倦地阅读了古代地理学家，包括埃拉托色尼、斯特拉博和托勒密的著作。问题在于，要开辟去印度的贸易捷径，让船只和海员度过漫长的旅途，那地球就必须比埃拉托色尼计算的尺寸更小。正如萨拉曼卡大学教职人员所指出的，哥伦布在计算时要了花招。他选用了各种推测里最小的地球周长，以及所有地图中往东延伸最多的亚洲，甚至在这个基础上还作了夸张。要不是半路撞上了美洲，哥伦布的冒险就会成为一场彻头彻尾的失败。

现在地球表面已经被探明，不可能还有什么新的大陆或者失落王国在等待被发现。但让我们探索和居住在地球最偏远地区的科学技术，正带我们离开这颗星球深入太空，去寻找新的世界。从太空回望这颗早已被埃拉托色尼推算过大小的球体，还有各块大陆的轮廓，你不得不为那些古代地图测绘者击节叫好。要是埃拉托色尼和其他亚历山大的地理学家也能像我们这样欣赏大地，那他们会多么开心啊。

以公元前300年的亚历山大港为起点，随后整整600年里，人类一直在进行智识的冒险。正是这场冒险，终于把我们带到了星海之滨。但回望那座光辉灿烂的大理石之城，你会发现它已经荡然无存——对知识的排斥和恐惧抹掉了人们对古亚历山大的记忆。

那是座多么伟大的城市啊！它的人口结构极其复杂，马其顿人和后来的罗马士兵、埃及祭司、希腊贵族、腓尼基水手、犹太商人、从印度和撒哈拉以南地区来的旅行者，所有这些人——除了庞大的奴隶人口——在亚历山大港兴盛期的绝大多数时间里和睦相处，相互尊重。

这座城市由亚历山大大帝奠基，他的近身护卫官[1]建造。亚历山大大帝欣赏外来文化，对待知识的态度十分开明。据说——姑且不论事实如何——他是世界上第一个乘坐潜水钟抵达红海海底的人。他鼓励将士和波斯人、印度人通婚，对不同国家的宗教也保持尊敬。他收集奇珍异兽，曾献给他老师亚里士多德一头大象。以他为名的城市规模宏大，是世界贸易、文化和学术中心。这里有宽达30米的主干道，优美的建筑和雕像。亚历山大本人的陵墓也在这座城里。港口巨大的灯塔，位列世界七大奇迹。

但亚历山大城最了不起的奇迹，是它的大图书馆及其附属博物馆（“博物馆”的字面意思是“献给九位缪斯的场馆”[2]）。这座传奇图书馆如今只剩下一间阴暗潮湿、被人遗忘的塞拉皮斯地窖，本属于塞拉皮斯神庙——大图书馆的附属建筑。地下室中仅存几个腐烂的书架，但它们印证着逝去的辉煌。

亚历山大曾是这颗行星上最伟大的城市，大图书馆是它的智慧源泉，也是史上第一个真正的学术研究机构。无数学者在这里研究宇宙（Cosmos），这是个希腊语词汇，意思是“万物的秩序”。在某种意

---

1. 亚历山大的近身护卫官：即托勒密。托勒密与亚历山大的友谊自童年便开始，曾任亚历山大的护卫。亚历山大死亡后，托勒密分到了领地埃及，并建立王朝。

2. 博物馆的英文museum，就源于文艺女神缪斯Muse。—— 译注

义上，它是混沌的对立面，暗示着世间一切都存在深层的联系，也表达了对宇宙复杂精妙的敬畏之情。聚集于大图书馆的学者无拘无束地研究着文学、医学、天文、地理、哲学、数学、生物和工程等学科。在这个黄金时代里，科学和学术开花结果，天才层出不穷。在亚历山大大图书馆，人类第一次认真、系统地研究起了世界。

除了埃拉托色尼，这里还有希帕克斯，他描绘星图、观察群星亮度；欧几里得为几何学建立了明确的系统，在国王碰到数学难题的时候直言“数学没有捷径”；色雷斯的狄俄尼索斯为语言学做出巨大贡献，不亚于欧几里得之于几何学；希罗菲卢斯发现人类思考的器官是大脑，而非心脏；亚历山大的希罗是齿轮传动系统和蒸汽机的发明者，他写的《自动装置》是史上第一本有关机器人的著作；佩尔加的阿波罗尼奥斯，确立了圆锥曲线[1]的算法——包括椭圆、抛物线和双曲线，现在我们知道行星、彗星和恒星就是沿着这些轨迹移动的；阿基米德可算是列奥纳多·达·芬奇之前最聪明的机械天才；还有天文学家、地理学家托勒密——虽然他的著作成了今天知名伪科学占星术的源头，他错误的地球中心论则统治了天文学界整整1500年，这提醒了我们再聪明的人也可能犯错；在这些才华横溢的学者中，别忘了伟大的女性希帕蒂娅。她是数学家和天文学家，也是大图书馆的最后一道光芒。她的殉难，与大图书馆在建成七个世纪后被毁有着千丝万缕的关系。这个故事我们会在后文提到。

亚历山大之后的埃及诸王都非常重视学习。几个世纪的漫长光阴里，他们始终支持研究事业，为当时最优秀的学者在大图书馆里提供

---

1. 圆锥曲线：之所以这么叫，因为它们可以通过不同角度切割圆锥体取得。18个世纪后，阿波罗尼奥斯的著作内容终于被约翰内斯·开普勒第一次用在了对行星运动的分析上。

良好的工作环境。大图书馆里有十个大型研究厅，主题各不相同，还有喷泉和柱廊厅、植物园、动物园、解剖室、天文台，以及一个大餐厅，人们常常在那里对各种各样的想法展开自由辩论。

大图书馆的核心，当然是林林总总的藏书。图书馆的管理者派人去海外购买各式各样的书籍，把它们按照文化和语言分类摆放。靠港的商船遭到盘查——但巡查搜的不是违禁品，而是书籍。人们从商人处借来卷轴，抄写后再物归原主。虽然没有准确的数字，但整个图书馆的藏书可能超过了 50 万册，全都是手写的莎草纸卷轴。想知道那些书后来的命运？很遗憾。随着创造它们的古典文明崩溃灭亡，大图书馆也遭到了破坏，只有一小部分作品和残片幸存了下来。这是多么惨痛的损失啊！举个例子，图书馆的书架上曾经有本书，作者是萨摩斯的阿利斯塔克，这个天文学家认为地球只是行星之一，和其他的行星一样绕着太阳公转，夜空中星辰距离地球极其遥远。他的每一个结论都完全正确，然而等到近两千年后人们才重新发现了这一点。我们得把阿利斯塔克作品乘以十万倍才能理解古典文明的成就，以及它们毁灭的悲剧。

现代人对科学的认知远超过古代，但历史已经留下大段不可弥补的空白。想象一下，假如我们有亚历山大大图书馆的借书证，就能解决多少谜题。我们知道，有一部三卷本《世界历史》已经失传，作者是巴比伦的祭司贝罗索斯。书的第一卷讲述了从创世到大洪水之间的事。贝罗索斯认为这个时间段长达 43.2 万年，接近《旧约》说法的十倍。我很想知道他到底写了些什么。

先人们知道这世界很古老，并试图回望遥远的过去。如今我们发现，宇宙的年龄远超他们的想象。我们研究太空，发现自己其实生活在一个稀疏星系最偏远角落一颗寻常恒星旁的尘埃上。我们只是浩瀚太空里的一粒沙，宇宙历史长河里一滴水。我们发现，宇宙——或者说它最新的这个版本——已经存在了150亿或者200亿年。宇宙的起点是“大爆炸”。顾名思义，那是一场惊人的爆炸。太初时，没有星系、恒星和行星，没有生命和文明，只有一个充满所有空间的火球。从大爆炸的混沌到宇宙的秩序，我们有幸瞥见了质能之间最叹为观止的转换。在找到其他智慧生物前，人类就是这转换最不可思议的产物。作为大爆炸的子嗣，人类也正在理解，并逐步改造这个孕育了他们的世界。

02

第二章 宇宙的复调

地球上所有存在或曾经存在的生物，可能都从某种原始形态演化而来。那是生命的第一次呼吸……这是种动人的生命观……当这颗星球按照万有引力的法则循环往复时，生命从最最简单的形式演化而成，而且将继续演化出数之不尽、美轮美奂，又无比奇妙的形式。

——查尔斯·达尔文，《物种起源》，1859年我一生都在思考生命是否可能存在于别处。它们是什么模样？由什么物质构成？地球上的每个生命都由有机分子构成。这些分子微观结构复杂，碳原子在其中起着核心作用。生命出现前，地球曾经一片荒芜，而现在到处绽放着生命。这是怎么发生的？没有生命的情况下，碳基有机分子是怎么生成的？生命如何起源？又是怎么不断演化，甚至产生出人类这种精细复杂，还喜欢探索自身起源奥秘的生物的？

可能还有无数行星在绕着其他恒星转，那里也能孕育生命吗？外星生命如果存在，会和地球生物类似，基于同一套有机分子吗？它们和地球生物的相似度如何？会不会因为环境不一样，所以演化方向也截然不同？有没有其他可能？探究地球生命的本质和寻找外星生命其实是同一个问题的两面，这个问题就是：我们到底是什么？

群星之间，飘荡着气体、尘埃等有机物组成的云团。多亏了射电望远镜，我们得以看到那些种类不同的有机分子。它们证明了组成生命的物质在宇宙里到处都是。也许只要有足够的时间，生命必然出现。银河的恒星系数以千亿计，其中大多数可能从来没有生命萌芽，另一些恒星系中，生命可能曾经兴起又消亡，或者始终停留在最简单的结构上。只有很小一部分世界才诞生了智慧生物，他们的文明程度说不定远超我们。

我时不时看到有人说，生命能诞生在地球，纯粹是撞了大运——要同时凑齐合适的温度、液态水，以及富含氧的大气层等因素，是多么难得啊！这看法多少有些本末倒置。地球生物之所以需要地球环境，恰是因为我们生在这里。不能适应地球环境的生物，在演化过程中都被淘汰了。我们最最最遥远的祖先——当时它们还是微生物——就已经是物竞天择中的优胜者了。换个完全不同的环境，能生存、演化下来的生物，无疑也会觉得它们生活的地方才是天堂。

所有地球生命都血脉相连，我们有着相同的有机化学机制和遗传系统。从这个角度来讲，地球上的生物学家其实受到了极大的限制。他们只能研究一种生物学，那是生命乐章诸多复调的其中之一。这微弱的笛鸣，真的是方圆数千光年里唯一的响声吗？还是说，其实存在一种宇宙赋格曲[1]？它有主题、有对位、有不和谐音，也有和声？整个银河里，是不是正有10亿不同声音在奏响生命的乐章？

让我来讲讲生命乐章地球复调中某一小节的故事吧。故事发生在公元1185年的日本，安德天皇时年7岁。安德天皇是权臣家族平氏名义上的领袖，而平氏和另一个大家族源氏都声称自己才是皇权的正统继承人。血腥的战争已在他们之间持续多年。1185年4月24日，源、平两军在坛之浦海上决战，平氏无论舰船数量还是谋略皆输给了源氏，许多将士战死当场，幸存者大量投海身亡。天皇的祖母二位尼御前不愿自己与天皇遭虏，她所做的决定，在《平家物语》里有详细的记载：

---

1. 赋格是盛行于巴洛克时期的复调音乐体裁，结构规整。以单声部形式贯穿全曲的主要旋律即“主题”，与主题形成对位关系的称为“对题”。

天皇时年七岁，但少年老成。他姿容端庄，风采照人，绺绺黑发，长垂背后。他不胜惊愕地问祖母：“您要带我去哪里？”

二位尼御前背对年幼的天皇，泪流满面……她安慰着他，把那头长发包裹在山鸠色的御袍里。天皇两眼含泪，合起漂亮的小手，先是转向东方，向伊势神宫告别，然后转向西方，诵读佛号不止。二位尼御前把他紧紧抱在怀里，说完“海底是我们的皇都”，便带着他一道投入波涛之中。

平氏舰队全军覆没。只有43个女眷活了下来。为了求生存，她们被迫向战场附近的渔民兜售鲜花，以及提供其他服务。经此一役，平氏几乎从历史上消失。但这些落魄的女眷，还有她们和渔民所生的后代，每逢海战纪念日都会举办活动。这一习俗延续到了今天。每年4月24日，继承了平氏血脉的渔民披麻戴孝前往赤间神宫祭奠安德天皇。神宫里还有讲述“坛之浦合战”的戏剧演出。当地人认为沉海的平氏武士们在几个世纪后依然做着徒劳的抗争，想要洗刷浸透鲜血的耻辱。

民间传说里，平氏武士至今仍在日本内海游荡——但他们都化作了一种螃蟹。这种“平家蟹”的壳上有诡异的纹路，就像武士的脸。渔民不但不吃这些螃蟹，反而会把它们放回大海。

武士的脸怎么会出现在蟹壳上呢？答案也许出乎你的意料：它们是人造的。当然，蟹壳的纹路出于遗传，但螃蟹和人类一样，存在众多不同的遗传分支。假设很久以前，偶然出现过一种蟹壳纹路和武士面容接近，或者哪怕只有一点点像的螃蟹，那么甚至在坛之浦合战前，人们就不太愿意吃这种螃蟹了。渔民把它们丢回海里，决定了如下的演化路径：如果你是螃蟹，而你的甲壳普普通通，那人类就会吃掉你，你这一支的后代自然越来越少。但你的壳要是看起来有那么点像人脸，就有概率能死里逃生，留下更多后代。从这个角度来讲，平家蟹的兴盛很大程度上取决于甲壳纹路。几代过去后，那些纹路长得最像人脸的螃蟹最容易存活，再往后，壳上的图案就不仅仅像人脸了，甚至会让人联想到满面怒容的武士。所以，决定平家蟹长什么样的不是它们自己，而是外部环境。它们越像武士，活下来的概率就越大。结果到最后，就出现了许许多多的平家蟹。

平家蟹的大量繁衍无关螃蟹的自身愿望，而是渔民们无意识选择的结果。我们把这个过程叫作“人工选择”。实际上几千年来，人类一直在有意识地选择哪些动植物应该生存，哪些应该淘汰。我们从小就接触的果蔬家畜来自哪儿？它们是不是在野外自由地生活着，后来才决定去农场过不那么艰苦的生活？不，当然不是了。它们中的绝大多数品种都是人类造就的。

一万年前，世界上可没有奶牛、猎犬，或大穗的玉米。我们驯化了这些动植物的祖先——有些和其后代样貌截然不同——控制了它们的繁衍。那些性状比较符合人类需要的品种得到保留，优先繁衍。当我们想要一只能帮忙照看羊群的狗时，会培养比较聪明、听话，还有一定放牧天赋的狗，因为这些品质让它们能够管理大群动物。人类对牛奶和奶酪的喜好，导致了奶牛乳房不断膨大。我们的玉米，或者说玉蜀黍，在经过上万代的选育后，比它干瘦的祖先更美味，也更富有营养；少了人类，它们甚至完全无法自我繁衍。

人工选择的本质——包括平家蟹、狗、奶牛和大穗玉米——可以归结于：动植物的性状和行为都是遗传的，人类出于某些原因，会选育其中的一些种类，淘汰另一些。得到选择的品种繁衍壮大；另一些日渐稀少，甚至灭绝。

既然人类能让动植物产生新品种，那大自然难道就不能了吗？当然能了。类似的过程叫作“自然选择”。亿万年光阴里，生物发生彻头彻尾的变化，本质和人类在短时间内改变动植物的性状并无不同。这一观点有化石作为证据支撑。化石记录清楚地显示，许多曾经横行于地球的生物如今彻底消失。灭绝的物种，远比现存的物种要多；它们是漫长生物演化史中已经终结的试验。

物种驯化的遗传变异速度惊人。直到中世纪早期，兔子才得到驯化（完成这一功绩的是法国僧侣——他们相信新生的兔子等于鱼，而教历中的某些日子禁止食用常规肉类）；咖啡要等到 15 世纪才被驯化；甜菜则是 19 世纪；貂依然处在驯化的早期阶段。不到一万年里，驯化让羊从每次产出不到 1 千克的粗毛，变成了 10 千克甚至 20 千克的细毛；奶牛泌乳期产出的牛奶，也从几百毫升增至足足百万毫升。如果人工选择能在这么短的时间里造成如此巨大的改变，那持续亿万年的自然选择，又能带来什么呢？答案是千姿百态、斗艳争辉的生物界。物种演化绝非空中楼阁似的理论，它有的是看得见摸得着的实例。

物种演化在于自然选择，这一伟大发现与查尔斯·达尔文、阿尔弗雷德·拉塞尔·华莱士的名字紧紧联系在一起。一个多世纪前，他们就说大自然里新生的动植物数量，远比最终活下来的要多，环境压力选择了那些因为偶发变异而更适宜生存的物种繁衍后代。变异——遗传上的突变——是真的，为演化提供着基础素材。大自然选择那些更适宜生存的突变体，导致生命逐渐从一个形态转变到另一个新形态，而这就是新物种的由来[1]。

达尔文在《物种起源》中写道：

> 人类并不能直接改变物种；他们只是把生物置于新的环境下。是自然法则在影响那些生物，导致它们变异。但人类确实可以在自然变异中进行选择，并按自身意愿让其逐渐累积。通过这种方式，他就培育出了更符合自身利益或喜好的动植物。这一过程可以是有目的、有计划的，也可能是无意识行为的结果。比如他只是保留了最有用的个体，对于品种本身的改变并未加以考虑……我找不到明显的理由，认为在驯化环境下行之有效的原则，在自然条件下却不会发生作用……生物的繁殖数量，远比最终存活的要多……无论什么物种、什么年月、什么季节，只要它能比竞争对手多一点点优势，或对周遭环境的适应力更好一些，就会打破平衡。

T.H. 赫胥黎是演化论在 19 世纪时最坚定的捍卫者和推广者，他曾这样评价达尔文和华莱士的著作：“一道刺破黑夜的光，让迷失的人找到了路。无论这条路能否带他回家，至少提供了前进的方向……

---

1. 玛雅圣书《波波尔・乌》把各种各样的生物描述为诸神不那么成功的尝试。他们想用实验来创造人类，但一开始与目标相去甚远，结果诞生了各种各样的低等动物；倒数第二次尝试差点成功，猴子就是这么来的。中国神话里，人类由神明盘古身上的虱子变化而来。18世纪时，德・布丰提出观点，认为地球的实际年龄比《圣经》所称更久远，而生命不知怎的在千万年的时间里逐渐变化，但他同时相信猿猴是被遗弃的人类后代。虽然这些概念和达尔文、华莱士表达的观点有出入，但它们是对演化论的预演。德谟克利特、恩培多克勒等早期爱奥尼亚科学家们的观点也是如此。第七章里，我们会就此展开讨论。

第一次读到《物种起源》时，我禁不住感叹：‘我居然没想到这一点，真是愚蠢啊！’我猜，哥伦布的同伴们也说过一样的话……物种多样化、生存竞争、对环境的适应，这些事众所周知；然而在达尔文和华莱士驱散黑暗之前，谁也没想到通往问题核心的道路就在我们身边。”

演化论和自然选择这两个概念曾让世人震惊不已，对不少今人而言依然如此。生物的优雅简洁，它们结构与功能的高度吻合，让我们的祖先赞叹折服，从而相信那是出自伟大设计师的手笔。即使是最简单的单细胞生物，也比最精巧的怀表复杂，而怀表不会自己进行组装，或者慢慢发生变化，更不会从落地钟演变而来。钟表的存在，意味着钟表匠的存在。原子和分子似乎不可能自发结合，创造出那些无处不在的、复杂又微妙的生物。我们祖先掌握的历史记录十分有限，因此他们认为每个生物都经过精心设计，一个物种不会变成另一个物种。我们渴望理解自然的意义及其法则，而“伟大设计师的精心设计”恰好满足了这种渴望。这解释既自然，又动人，而且富有人性。但正如达尔文和华莱士所示，还有另一种解释。它不仅同样自然、动人、富有人性，而且比前者更令人信服：那就是自然选择。它使生命乐章随着世代流逝而愈发美妙。

有人争辩说，古生物的化石证据，未必和伟大设计师的说法相悖；也许当设计师对某些物种感到不满的时候会把它们毁掉。只是这个说法令人隐隐不安。全知全能的设计师，难道不应该从一开始就设计出他想要的作品吗？化石意味着尝试、犯错、无法预知未来，这和伟大设计师的全知全能起了冲突（除非这个设计师性格古怪，喜欢故弄玄虚）。

20世纪50年代我上大学那时，有幸在H.J.穆勒的实验室里工作。

穆勒是伟大的科学家，他发现了辐射会导致变异，我能意识到平家蟹和人工选择的关系也是因为他。在实验室里进行遗传学实践时，我花了几个月时间研究黑腹果蝇（拉丁语意为“黑色的露水情人”），这种温和的小东西有两片翅膀和大大的眼睛。我把两个品种的果蝇养在一品脱牛奶瓶里，让它们相互杂交，看它们能在亲本基因重新排列以及外界环境的诱发下发生些什么改变。实验室技术人员在牛奶瓶底抹上糖浆，母果蝇把卵产在里面以后，我们会塞上瓶口，耐心等待两周，直到受精卵孵出幼虫，幼虫化蛹，蛹里再钻出新的成年果蝇。

有一天，我一边用低倍双目显微镜观察一批刚出生的果蝇（它们被乙醚麻醉了），一边用骆驼毛刷把它们按品种分开。眼前的生物让我非常震惊：那可不是小变化——比如红眼睛替代了白眼睛，或者颈部长出细毛之类——那完全是另一个功能健全的物种。它们翅膀更长，长着羽毛般的触须。这是命运的安排，我想，居然能亲眼见到一个物种在单代中发生这么巨大的变异。穆勒曾说这种情况不可能发生，看它不但发生了，而且就在他的实验室里。想到该怎么对教授解释，我就头疼万分。

怀着沉重的心情，我敲了敲穆勒办公室的大门。“请进。”门内传来沉闷的喊声。进去后，我发现房间里一片漆黑，只有一盏小灯照亮了他工作的显微镜台。我在这阴暗的环境里结结巴巴地告诉他，我发现了完全不一样的果蝇，而且可以百分之百确定它是从糖浆的虫蛹里钻出来的，我不想打扰穆勒教授，但是……

“它是不是更像鳞翅目，而不是双翅目？”他反问时，灯光自下而上照亮了他的脸。见我没反应过来，他解释道：“它翅膀是不是很大？触须是不是羽毛状的？”我尴尬地点点头。

穆勒打开顶灯，露出了慈祥的笑容。事情其实老套得很。有一种飞蛾已经适应了果蝇基因实验室的环境。它跟果蝇一点儿也不像，也不打算跟它们打交道，只是喜欢糖浆。在实验室技术人员打开牛奶瓶塞——比如说要把母果蝇放进去——的短暂瞬间，它俯冲过去，把卵产在了美味的糖浆里。我发现的并不是什么重大突变，而是大自然展现的另一种可爱的适应性，它是微小突变和自然选择的产物。

演化的奥秘在于淘汰和时间——大量未能完全适应环境的物种遭到淘汰，适应环境的小突变则随着时间不断累加。有些人反对达尔文和华莱士，部分原因在于时间跨度——我们连几千年的光阴都很难想象，更不要说亿万年了。7000 万年对于一个寿命只有它百万分之一的物种来说到底意味着什么？我们就像蝴蝶，飞翔在日光下，以为白昼是永恒。

演化很可能也在宇宙其他角落发生，但如果从蛋白质化学结构或大脑神经系统这样的细节来看，地球生命的故事在整个银河里都是独一无二的。大概 46 亿年前，地球由一堆星际气体和碎石凝聚而成。化石记录告诉我们，生命在那之后不久——约莫 40 亿年前——就在早期地球的池塘和海洋里登台亮相了。原始生命远不及后来的单细胞生物复杂，甚至可以说非常简陋。那段日子里，地球电闪雷鸣不断，异常炽烈的阳光不断分解原始大气中的富氢分子，而那些碎片重新结合成越来越复杂的分子。这种早期化学反应的产物不断溶解在海中，把它变成了一锅日渐稠密的有机汤。终于有一天，可能只是机缘巧合，一种分子出现了。它能以汤锅里的其他分子作为材料，粗略地复制自身（我们以后会再讨论这个话题）。

这种物质的后代叫作“脱氧核糖核酸”，简称 DNA，是地球生物的核心分子。它的形状如同螺旋形梯子，由四种不同的分子组成梯级，这些分子叫作核苷酸。它们好比四个字母，拼写出地球上所有生物的遗传密码。生物个体的遗传密码各不相同，但书写语言用的是同一套。核苷酸的不同组合制定出生产有机体的指令，造就生物之间的千差万别。所谓突变，就是核苷酸上发生的变化，它们会遗传给下一代，也即“真实遗传”。而由于过程的随机性，绝大多数变异都会产生无效酶，有害或者致命。可能要等上好久，才会碰到让有机体得到优化的突变。然而，正是这些概率极小，且只有千万分之一厘米大小的核苷酸改变，使演化得以实现。

40 亿年前的地球是分子伊甸园。那时候还没有掠食生物，只有一些分子在争夺素材，低效地复制自身。早在当时，演化便已开始。繁殖、突变和自然选择淘汰了最低效的物种。随着时间推移，它们的繁殖能力越来越强。具有特殊功能的分子最终聚合在一起，形成了一种分子集合体——史上第一个细胞。今天的植物细胞里有微小的分子工厂，这些被称为叶绿体的东西负责光合作用，也就是把阳光、水和二氧化碳转化成碳水化合物和氧。动物血液里则含有另一种工厂，它们名为线粒体，能把食物和氧气结合以获取能量。这些工厂如今广泛存在于植物和动物细胞里，但在遥远的过去，它们也许是独立活动的。

30 亿年前，某种突变阻止了单个细胞在一分为二后继续分裂，一些单细胞植物聚集在了一起。就这样，第一个多细胞生物诞生了。你体内的每个细胞都是社群成员，它们曾经自由生活，却为了共同的利益团结起来，这样的 100 万亿个细胞组成了你——我们每个人都是一个群体。

性别的出现要追溯到20亿年前。更早的时候，生物种类若要推陈出新，只能依赖不断累积的突变。靠遗传信息一个字母一个字母地随机变化，自然演化的速度一定极其缓慢。然而性别出现后，两个生物可以交换整段、整页、整册的DNA代码，产生新的种类以供筛选。很显然，大自然选择了那些有性别的生物，因为那些对性兴趣不大的生物很快就灭绝了。这种选择，不仅决定了20亿年前的微生物的命运，也让我们人类至今依然热衷于交换DNA片段。

到10亿年前，植物的相互合作使地球环境发生了天翻地覆的变化。绿色植物能产生氧分子，而海洋充满了原始的绿色植物，因此氧气就成了地球大气的主要成分。它们不可逆转地改变了原来的富氢环境，结束了地球历史中生命“从无到有”的阶段。问题在于，氧气也会使得有机分子分解。不论我们多么喜欢氧，它对未受保护的有机物来说无疑都是一剂毒药。大气氧含量逐渐增加，导致绝大多数不能适应氧气的生物灭亡。而一些原始的生命，比如肉毒杆菌和破伤风杆菌，至今只能在无氧环境下生存。地球大气里的氮是惰性化学物质，比氧温和得多，但它同样是生物造就的。99%的地球大气源自生物。可以说，生命创造了天空。

生命诞生的这40亿年里，统治时间最长的物种是微型蓝藻，它们一度覆满了整个海洋。大约6亿年前，大量新生命出现，打破了蓝藻的霸权，史称“寒武纪大爆发”。地球诞生不久生命随即出现，这表明类地行星上出现生命很可能是必然。但之后的30亿年里，除了蓝藻没有诞生别的生命形式，意味着具备特殊器官的大型生物并不容易出现，甚至比生命的起源还要难。也许宇宙里有许多星球上存在大量微生物，但没有大型动物和植物。

寒武纪大爆发后，海洋里很快出现了各种各样的生物。5亿年前，三叶虫大量繁衍，它们如同大号昆虫，成群结队地在海底狩猎。三叶虫体态优美，眼里长着用来探测偏振光的晶体。但现在找不到活的三叶虫了；实际上，它们在两亿年前就走向了灭绝。那些曾经存在于世的动植物今天都没了踪影。当然，我们今天所见的一切物种当时也不存在，在古老的岩石里找不出像人类的化石。没有物种可以永存，它们存世的时间或长或短，总归要走向消亡。

寒武纪大爆发之前，物种的演化速度似乎相当缓慢。其中部分原因在于我们探究的历史越久远，所能掌握的信息就越少；生物在草创阶段，几乎没有坚硬的部分，柔软的肢体又难以变成化石；从另一方面来讲，化石只能记录生物的外部形态，细胞结构的艰苦演化无法通过化石反映出来。寒武纪大爆发之后，新的物种层出不穷。第一批鱼类和脊椎动物很快出现；以前只生长在海洋里的植物终于登上了陆地；昆虫和它们的后代成了动物在陆地上拓殖的先驱；有翼昆虫登场的同时，类似肺鱼的早期两栖类也出现了，它们能同时在水里和陆地生存；接下来是最早的树木和最早的爬行动物；恐龙的时代来临了；哺乳动物登台亮相，然后是鸟类；第一朵花绽开；恐龙灭绝；鲸目动物——海豚和鲸鱼的祖先——出现；同一时期，我们人类和猴子共同的祖先灵长类动物初露头角。不到1000万年前，自然演化出了第一批长得像人类的物种，他们的大脑容量在短时间内暴涨；几百万年前，真正的人类终于出现了。

人类在森林中长大，对树木有天然的亲近感。树木是向天空伸展的可爱生命，用叶子进行光合作用，主要通过屏蔽邻里的阳光展开生存竞争。如果仔细观察，你常常能发现两棵紧挨着的树在有气无力地推推搡搡。这些优雅而美丽的机器由阳光提供动力，从大地吸取水分，在空气中汲取二氧化碳，再把这些物质转化成食物，供给自己……和我们。生成的碳水化合物是植物展开其绿色业务的能量来源，而我们动物只有窃取这工作成果才能生存繁衍。消化植物的过程中，碳水化合物和血液中的氧结合，产出供我们行动的能量，而我们呼出的二氧化碳被植物再度吸收，制造出更多的碳水化合物。植物和动物呼吸着彼此的气息，浑然一体。整个地球上的生命在相互复苏，而这个优美的循环由 1.5 亿千米外的恒星提供动力，多么神奇的协作！

目前我们已知的有机分子种类多达数百亿，但其中作用于生命基本活动的只有大约 50 种。同样的分子被一而再、再而三地使用，巧妙应用在许多不同方面。深入地球生命的核心——控制细胞化学的蛋白质，以及携带遗传信息的核酸——我们会发现这些分子在所有动植物身上都基本相同。橡树和人类由同样的材料构成，我们有同一个祖先。

细胞的复杂和优雅不亚于银河与群星。这精巧的机制是 40 亿年艰苦演化的产物。它们能吸收食物碎片，把碎片转变成细胞结构。昨天你吃的奶油菠菜，是怎么在今天变成白细胞的？究竟是怎么做到的？细胞的内部结构错综复杂、如同迷宫，它们转换分子、储存能量，随时准备自我复制。如果深入细胞，我们能看到许多蛋白质分子斑点，有的疯狂活动，有的静静等待。蛋白质里最重要的是酶，它们控制着细胞化学反应，每个酶都有明确分工，就像流水线上的工人：比如流水线的第四步是构建鸟嘌呤核苷磷酸盐，或第十一步是分解糖分子以提取完成作业所需的能量。

虽然酶极其重要，但它们并非掌控全局的角色。对它们发号施令的分子叫作核酸——实际上，酶就是遵照核酸指令构建的。核酸隐居在细胞核内的深宫里。如果通过孔隙进入细胞核，你会觉得自己走进了一家忙乱的意面工厂——到处是乱糟糟的线圈和链条。那是两种核酸：知道该做什么的 DNA，以及向细胞其他部分传达 DNA 命令的 RNA。它们是 40 亿年演化后大自然最绝妙的作品，包含了如何让一个细胞、一棵树，或者一个人得以存在的全部信息。人类 DNA 里的信息如果用普通语言书写出来，得有一百卷那么厚。更重要的是，DNA 知道怎么才能精确地复制这些信息，纰漏最多不过几处。它们真的很厉害。

DNA 是双螺旋结构，两条缠绕的链条如同螺旋形的楼梯。所谓生命的语言，就是沿链条排列的核苷酸顺序。DNA 浸泡在细胞核内的黏稠液体里。繁殖过程中，双螺旋会在一种特殊解旋蛋白的帮助下分离，每条螺旋都会使用漂浮在近旁的核苷酸，合成另一条螺旋的完美副本。解旋过程开始后，DNA 聚合酶会参与进来保证复制过程近于完美。如果出现错误，就会有酶来进行裁剪，把写错的核苷酸替换成正确的。这些酶作为分子机器，有着惊人的能力。

除了保证复制过程准确无误——毕竟这事关遗传——DNA 还会指挥细胞的其他活动，也就是所谓的新陈代谢。它们合成信使 RNA，后者离开细胞核，确保酶在正确的时间、正确的地点得到制造。这些工作的成果，也就是单一的酶，能够执行细胞的某个特定化学反应。

人类 DNA 长梯上的核苷酸多达 10 亿。大多数的核苷酸组合可能都没有意义：它们合成出的蛋白质没有任何功能，能给我们这样复杂的生物带来益处的只有很小一部分。但是，它们能做出的组合数量多得惊人——甚至比全宇宙的电子和质子加起来还要多。也就是说，人类拥有的可能性，远远多于历史已经呈现的样貌：我们还有巨大的潜力尚未得到发掘。肯定有什么组合方法能让核酸发挥出——不管选取什么标准——更好的效果，完全超越我们和先人。尽管目前人们还不知道该怎么重排核苷酸序列来创造全新的人类，但将来某一天，我们肯定能让新生儿具备任何想要的特征。只是这个前景令人警醒不安。

演化是通过变异和自然选择进行的。如果 DNA 聚合酶在复制过程中出错，突变就可能产生——但它很少出错。除此之外，辐射、太阳紫外线、宇宙射线或者环境中的化学物质，都可能改变核苷酸的序列，或者让核酸扭结。如果突变率太高，我们就会失去 40 亿年艰苦演化的遗传成果。如果太低，物种演化速度又会跟不上未来环境的变化。物种演化需要在基因突变和自然选择中取得精确的平衡，才能展现出非凡的适应性。

DNA 上单个核苷酸的变化，会导致该 DNA 编码的单个蛋白质氨基酸发生变化。欧洲裔人口的红细胞多呈球状，一些非洲裔人口的红细胞则像镰刀或者新月。镰状细胞能携带的氧含量较少，容易导致贫血症，但对疟疾有抗性。毫无疑问，贫血症肯定比死亡好。两种红细胞的区别之大，看一眼照片即知。这种对血液功能的重大影响是个典型例子，说明人类细胞 DNA 里百亿核苷酸的其中之一遭到改变，可能会导致什么样的结果。而我们至今不了解绝大多数的核苷酸到底能起什么作用。

光是看外表，人类和树木很不一样，我们和树木对世界的感知方式也天差地别。然而深入生物分子层面上，树木和人并无二致。我们都用核酸来进行遗传，都以蛋白质为酶来控制细胞的化学反应。更重要的是，和几乎所有地球生物一样，我们用同一套编码手册来将核酸的信息转化为蛋白质信息。[1] 这种分子层面的一致性，最可能的解释是所有生物——树也好，人也好，琵琶鱼也好，黏菌也好，草履虫也好——的祖先，都是这颗星球早期历史上某种单一又普遍的生物。问题是，那个决定性的分子到底是怎么产生的呢？

我在康奈尔大学有间实验室。除了通常的内容，我们还研究生命起源前的有机化学，算是给生命的乐章补充点注解。我们在一个容器里还原了早期地球的大气，成分包括氢、水、氨、甲烷、硫化氢——你能在今天的木星和宇宙各处找到这些气体。然后，我们用火花放电刺激气体。电火花相当于闪电——它们同样存在于远古地球和今天的木星上。容器起初是透明的，什么都看不见。但是10分钟以后，容器壁上慢慢浮现出了奇怪的棕色条纹。那是褐色的焦油层。随着它们不断增厚，容器变得越来越不透明。如果我们用紫外线来模拟当时的阳光，结果也会大同小异。焦油是复杂有机分子的集合体，其中包括了蛋白质和核酸的组成部分。这个实验告诉我们，为生命创造原材料实在是一件很轻松的事情。

早在20世纪50年代初，斯坦利·米勒就做过这个实验，他当时还是研究生，师从化学家哈罗德·尤里。尤里曾有力地论证过，和宇宙大部分地方一样，地球早期大气富含氢。后来地球的氢慢慢消失，

---

1. 并非所有地球生物的基因密码都完全相同。一些已知案例中，DNA信息在从线粒体转录进蛋白质时，使用的密码本与细胞核基因所使用的并不相同，这表明线粒体与细胞核在一段漫长的时间中彼此独立演化。这也印证了一个观点，即线粒体曾自由生存，直到数十亿年前才与细胞共生，融为一体。顺便说一句，这种共生关系的发展和成熟，也从侧面解释了细胞的起源，以及多细胞生物在寒武纪大爆发的原因。

而巨大的木星没有发生类似的情况；至于生命，它们在氢气消失之前就起源了。有人问尤里，他希望通过原始大气火花放电实验得出什么结论，尤里回答：“拜尔施泰因。”《拜尔施泰因》是厚达28卷的德语著作，列出了所有化学家知道的有机分子。

只要用上早期地球存量最丰富的几种气体，再加上能够破坏化学键的能量，我们就有了制造生命的基础材料。但出现在容器里的东西只能算生命的音符，构不成旋律。这些分子积木还得按照正确的顺序组合在一起才行。是的，构成蛋白质的氨基酸和构成核酸的核苷酸远远不算生命，但在把这些积木拼接成分子长链方面，实验也已经取得了进展。氨基酸在原始地球环境下组装出了类似蛋白质的分子，它们当中还有一些接近酶，能够对化学反应进行些许控制。核苷酸拼接在一起，形成了几十个单位长的核酸链。假使容器中的条件合适，短核酸还能合成出与自身相同的拷贝。

这类还原早期地球环境的试验有许多，但到目前为止，还从没有报告说有新生命爬出了试验缸。类病毒是我们已知的最小生物，由不到一万个原子组成，能引发栽培植物的好几种疾病。不过，类病毒可能是由更复杂，而不是更简单的生物演化变成的。说实话，很难想象出比它们结构更简单的生物。类病毒只由核酸构成，和病毒不一样，连衣壳蛋白都没有。它们不过是一条RNA链，呈线条状或闭合环状。尽管体型微小，类病毒的破坏力可不弱。这些顽强的寄生生物和病毒类似，能接管更大、功能更完善的细胞，把它们改造成生产同胞的工厂。

独立生存的生物里，最小的要数PPLO（类胸膜肺炎微生物）以及类似的生物，它们约由五千万个原子组成。为了独立求生，它们得比类病毒和病毒更复杂。当今的地球环境对简单生物来说并不友好，你只有拼尽全力才活得下来，还得应付想拿你当饭吃的掠食者。但在这颗星球历史的早期，也就是由阳光照射富氢大气产生大量有机分子那阵子，即使是非常简单的非寄生生物也有竞争的良机。最早的独立生存生物可能接近类病毒，只有几百个核苷酸长。尝试创造这类生物的工作也许会在 20 世纪末展开。关于生命的起源，包括遗传密码的起源，我们还有太多需要了解。不过我们从事这方面的研究才 30 年，而大自然可是早在整整 40 亿年前就动手了。这么一想，我们干得还不赖。

这些实验使用的材料并非地球所独有。实际上，你能在宇宙各处找到相似的气体和能量。实验室容器里的变化，很可能也是星际间有机物质和陨石上氨基酸的来源。银河系数十亿的行星上一定产生过同样的反应。宇宙中充满了生命的分子。但即使另一个星球的生物有着和我们一样的分子化学，你最好也别指望它们会长成我们熟悉的模样。想想地球的生物多样性吧，这还只是同一颗星球，同一套分子生物学体系的产物。外星动植物很可能与我们熟悉的任何生物都大相径庭。也许我们能找出些趋同演化的迹象——因为某些环境问题可能只有一个最优解——比如长出两只眼睛去观察可见光，但总的来说，由于演化过程的随机性，它创造出的生物会远远超出人类的想象。

我无法明确告诉你外星生物可能会长什么样，因为我对生命的了解仅仅局限于地球。有些人，比如科幻小说作家和画家，构思过外星人的模样。但我对绝大多数的此类幻想持怀疑态度，因为那太像我们了解的生命形式了。每一种生物之所以会形成某一样貌，都需要历时甚长、几乎无法复现的演化史。我不认为外星生物看起来会像是爬虫、昆虫或者人类——就算把皮肤染绿、耳朵拉尖、加上触须也一样。不过，如果读者坚持，我可以试着想点不一样的东西出来：

假设有一颗巨大的气体行星，它类似木星，大气中富含氢、氦、甲烷、水和氨，往下探不到陆地，但那里有稠密的云层，有机分子从大气高层落下，就像天上掉的馅饼，这个过程和我们实验室容器里发生的没什么区别。但想在这样的地方讨生活，生物必须克服巨大的环境障碍：这里湍流动荡，下方无比炽热。要是不小心行事，就会落下去被烤熟。

为了证明即使在这样的环境下生命也可以存在，我和康奈尔大学的同事 E.E. 萨尔皮特做了些计算。当然，我们不可能确切地描绘出居于此地的生物会长什么模样，不过我们想看看物理和化学定律能否允许生命存活于此。

这种环境下，你必须在自己被烤熟前繁衍后代，并且希望对流能把你的一些子嗣带往更高，也更凉爽的气层，这意味着你不能长太大。我们就姑且把这种生物叫作“沉降者”好了。但反过来说，也可以是“飘浮者”——飘在空中的庞然大物，如同巨大的氢气球。你把氦气和其他较重的气体排出体内，只留下最轻的氢气；或者你通过食物获得能量，为自己提供保持浮力的热量，就像热气球。和地球上的气球同理，飘浮者的位置越低，升力就越强，越容易返回大气层高处凉爽、安全的区域。飘浮者可能会以有机分子为食，或者类似地球植物，从阳光和大气中汲取能量。某种程度上，飘浮者越大，能量利用效率就越高。萨尔皮特和我想象中的飘浮者宽达数千米，比有史以来最大的鲸鱼都要大，规模堪比城市。

飘浮者可能会像冲压式发动机或者火箭那样，通过排气推着自己在行星大气层中移动。在我们的想象中，凡目力所及之处，全是这些懒洋洋的生物。但飘浮者外皮上伪装性的纹路，暗示了它们也有烦心事。因为在这样的环境下，至少还存在另一个生态位，那就是“捕食者”。捕食者灵活机动、动作迅捷，为了获取有机分子或纯氢无情地猎杀着飘浮者。中空的沉降者可能演化成了最早的飘浮者，而能自主推进移动的飘浮者又演化成了最早的捕食者。捕食者不会太多，毕竟猎物一旦耗尽，猎人也会灭亡。

物理和化学定律允许这样的生物存在，艺术加工则赋予它们些许魅力。然而大自然没有必要遵守我们的推测。但如果银河系里有生命的星球数以十亿计，那沉降者、飘浮者和捕食者这种我们基于科学幻想出来的生物，就真有可能存在于某处。

比起物理学，生物学更像历史学。你只有了解过去，才能理解现在。你必须尽可能地掌握细节。生物学没有预测未来的理论，历史学也一样。对现在的我们来说，这两门学科都太过复杂。不过，我们可以通过参考其他事例来增加对自身的了解。如果能对地外生命展开研究，哪怕就只有一例微不足道的样本，也足以使生物学打开新世界的大门。生物学家将意识到，其他类型的生命是可能存在的。我们认为寻找地外生命很重要，并不是说真的很容易找到，而是说它值得寻找。

迄今为止，我们听见的生命之音只回荡在这个小小的世界里。但我们终于开始侧耳倾听宇宙赋格曲的其他声音了。

03

第三章 和谐世界

我们不该问鸟儿为什么歌唱，因为那是它们与生俱来的欢快天性。同理，我们不该问为什么人类要费尽心思探寻天空的奥秘……自然的参差多态之美，天空无穷无尽的奥妙，都是为了使人类的大脑永远不会缺少新鲜的营养。

——约翰内斯·开普勒，《宇宙的奥秘》

如果我们生活在一个什么都不会改变的星球上，那就没多少事情可做。少了需要解决的新问题，科学会失去发展动力。如果我们生活在一个无法预测的世界里，所见的一切都在以完全随机，或者太过复杂的方式变化，抓不住事物背后的规律，科学同样会停滞不前。但我们生活的宇宙介于两者之间。这里没有一成不变之事，万物的变化又有迹可循。抛向天空的棍子总会落下，西沉的太阳第二天黎明总在东方升起。我们可以从这些叫作自然规律的东西里窥出些门道，进而发展科学，再用科学来改善生活。

人类擅长理解世界，向来如此。我们之所以能够狩猎或者生火，都是因为找对了方法。人类诞生以来的大部分时间，都没有电视、电影、广播或者书籍的陪伴。我们会在没有月亮的夜晚，坐在篝火余烬前仰望星空。

星空很有趣，它布满了图案。你不用费多大劲就能想象出不同的画面。举个例子，北方的天空中，有一个星座看着像熊，所以一些文明称之为“大熊星座”。另一些星辰构成了别的图案。当然，天上不可能真的有动物，它们完全出自人类想象。我们的先人以狩猎为生，在群星间看到了猎户和猎犬、熊、少女等他们感兴趣的东西。到了

17 世纪，欧洲水手第一次看到南方的夜空时，就用 17 世纪的物品为星座命名，比如犀鸟、孔雀、望远镜、显微镜、罗盘和船底。如果星座是在 20 世纪命名的，我想会有自行车和电冰箱、摇滚“明星”，甚至蘑菇云——总之，人们把期望和害怕的东西都投射进了星空。

我们的祖先还注意到，时不时有明亮的星星拖着长长的尾巴飞驰过天空。他们称之为“陨星”，也就是我们所说的流星。“陨星”这名字不好，因为那些星星一闪而过后，古人认识的星星都还在老地方，没有真的陨落。出于某些原因，一些季节流星很多，另一些季节则罕见。这里也能找出规律。

和太阳、月亮一样，群星也东升西落，用一整晚的时间横贯天空。虽然季节不同，星座不同，但无论在哪年的初秋，你看到的星座总是这几个，绝不会有新的星座突然从东方升起。群星代表了一种秩序，一种可预测性，一种永恒。从某些角度来看，它们抚慰人心。

有些星辰会在日落后不久出现，有些则黎明前升起。它们的位置随季节的变化而变化。如果花几年时间兢兢业业地记录它们，就能准确地判断出当下时节。当然，记录太阳每天在地平线上升降的位置也有同样的效果。天空就像宏伟的日历，任何有能力、愿意为之付出时间的人都能看懂。

为了测量时间的流逝，我们的先人修建了不少设施。新墨西哥查科峡谷有座巨大的无顶神庙，它的建成时间可以追溯到 11 世纪。每年 6 月 21 日，也就是一年中白昼最长的那一天，一束阳光会在黎明时分穿过窗户，慢慢移动，照亮一个特制的壁龛。这种情况只会在 6 月 21 日发生。我想象着当年的吉日，自称“远古之人”的阿纳萨齐人聚坐在长椅上，穿着坠饰铃铛和绿松石的羽衣，齐声吟唱祈祷，庆祝太阳的伟力。这些人也留意了月亮：神庙的高处另有 28 个壁龛，它们可能指代月亮在星座间巡游，直到返回初始点所需要的天数。密切关注太阳、月亮和群星的不止阿纳萨齐人。我们能在柬埔寨吴哥窟、英格兰巨石阵、埃及阿布辛贝、墨西哥奇琴伊察，还有北美的大平原找到类似的建筑。

有些所谓的历法建筑可能纯粹出于巧合，只是 6 月 21 日那天窗户的位置刚好和太阳对上了。但除了那些建筑，还有其他奇妙的设施。美国西南部有个地方立着 3 块石板，约莫一千年前，有人把它们摆在了那里。石板上雕刻的螺旋有点像银河。到了 6 月 21 日，也就是夏季的第一天，从缝隙间倾泻而出的阳光会把螺旋从中一分为二；到了 12 月 21 日，冬季的第一天，则是两束阳光把螺旋包夹起来。毫无疑问，这是个利用正午阳光来看日历的巧妙装置。

为什么世界各地的人们都这么痴迷于天文？因为我们追逐的瞪羚、羚羊和野牛会随着季节不同展开迁徙；因为水果和坚果的采集需要等待时节；因为农业发明后，我们必须注意什么时候播种，什么时候收获；因为散落各处的游牧部落，要赶赴约定的集会。能否阅读天空这本日历事关生死。此外，世界各地的人都能看到月亮的阴晴圆缺；日食后太阳复又出现；每一天，太阳都会沉入地下，又在苦寒的夜晚过去后一定升起：从这些现象里，我们的先人读出了复活永生的意味。天空象征着不朽。

风呼啸着穿过美国西南部的峡谷，除了我们，没别人关心它的嘶鸣。这让我想起人类已经繁衍了四万代，然而我们对于祖先几乎一无所知。而正是那些善于思索的男男女女，为今日的文明奠定了基础。

岁月流逝，一代又一代的人学习着祖先的知识。你越是清楚地理解太阳、月亮和星星的位置，就越能掌握采猎、播种、收获、部落集会的时间。随着测量精度的提高，人们势必要留下记录，所以天文学的发展推动了测量技术、数学和写作的发展。

但很久以后，人们产生了奇怪的新念头。曾经被经验主义主导的学科，遭到了神秘主义和迷信的侵犯。我们的祖先知道太阳和群星控制着季节、食物、温度，月亮控制着潮汐、许多动物的生活周期，也许还包括了人类的经期[1]——对一个热衷于繁衍后代的物种来说，这至关重要。但除了这些天体，天空中还有种奇怪的星星，叫作行星。我们的游牧民祖先肯定觉得行星很有趣。不算太阳和月亮，你在整片天空中只能找出5颗这样特殊的星体，它们以那些更遥远的星辰为背景。如果你花个把月观察行星运动，会看到它们离开一个星座，进入另一个，甚至偶尔在天空中缓缓绕圈。天空中其他的一切都给人们的生活带去了实实在在的影响，这些行星肯定也不例外。但那些运动究竟意味着什么？

在当今西方社会，想买本占星术杂志不过举手之劳，随便找个报摊就行，正经的天文学书籍反倒难找得多。美国几乎所有报纸都刊有占星术每日专栏，但几乎没有哪家媒体会给天文学留出每周的空间。美国的占星学家至少比天文学家多十倍。参加聚会时，我要是不自我介绍说是科学家，就常常有人问我“你是双子座吗？”（反正瞎猜也有十二分之一的概率）或者“你什么星座？”我几乎从来没遇到过“你听说了吗，黄金是由超新星爆发产生的”或者“你认为国会什么时候批准火星探测器计划”这样的问题。

---

1. 经期：英文为menstrual，它的词根代表了“月亮”。

占星术相信，你出生那一刻行星在星座中的位置，会对你的运势产生深远影响。行星的运行决定了帝王、朝代乃至帝国命运这种想法，几千年前就已经存在。占星学家观察行星，然后问自己，上次它们划出同样轨迹时发生了什么事。打个比方，金星这次在山羊座升起，会不会也发生些似曾相识的事情。这实在是个微妙又危险的工作。许多国家有专司占星的皇家职位，而平民解读天空中的预兆则等于犯下死罪。毕竟预言政权垮台是推翻它的好办法之一。中国古代钦天监的太史令要是做出了错误的预言，可是要被杀头的。另一些国家的官员则会人为编辑记录，让它看起来像那么回事。于是乎，占星术发展成了一种奇怪的混合体，它既有观测、数学计算、精心的记录，又包含了大量的臆想和迷信。

如果行星真的能决定国家的兴衰，又怎么可能不影响你明天的运程呢？个人占星学从埃及的亚历山大发展起来，两千年前就传遍了希腊和罗马世界。我们今天使用的一些词语，就源自古老的占星术。比如灾难（disaster），在希腊语里的意思是“灾星”；流感（influenza）在意大利语里，专指星星对人的“影响”；mazeltov是希伯来语，古巴比伦人也用这个词，意思是“吉星”；意第绪语shlamazel指厄运缠身的倒霉蛋，也可以追溯到巴比伦的天文学词汇。根据普林尼[1]的说法，罗马人认为中风是“行星冲撞”。人们普遍相信死亡是行星带来的，更严谨的说法是“和行星有关”。以1632年伦敦的死亡人数统计为例，我们查阅卷宗，会发现记录在册的婴幼儿死亡数字共计9535例，除了正常的死因和诸如“光明升起”“国王的

---

1. 普林尼：盖乌斯·普林尼·塞孔都斯（公元23或24—79），又称老普林尼，古罗马的百科全书式的作家，著《自然史》。——译注

罪孽”之类名字奇特的病症外，还有 13 人死于“行星”。这个数字比死于癌症的还要多。我挺想知道那到底是什么。

个人占星学的红火势头一直持续到了今天。你可以在同一天、同一座城市里，买到两份不同的报纸，参看它们的占星术专栏的“运势预测”。比如我们来翻一下 1979 年 9 月 21 日的《纽约邮报》和《纽约每日新闻》。假设你是天秤座，也就是出生在 9 月 23 日到 10 月 22 日之间的人，那么按照《纽约邮报》的说法,“妥协有助于和缓局势”。这话兴许有用，但有些含糊不清。我们再翻开《纽约每日新闻》，可以看到占星专家说你必须“对自己提出更高要求”，同样是模模糊糊的告诫。这些“运势预测”并不是预测，倒更像在提建议。它们只说该做什么，但不说到底会发生什么。它们模棱两可，怎么都说得通，而且经常彼此矛盾。这样的东西，怎么能像体育比赛的统计数据和股市报告一样，堂而皇之地刊载在媒体上？

占星术靠不靠谱，想一下双胞胎就知道了。许多双胞胎的命运截然不同。比如其中一人摔下了马或者遭到雷击没活长久，另一个却安享晚年。双胞胎都是同年同月同地生，出生的先后最多间隔几分钟。他们诞生的时候，同样的行星在同样的星座里运行。假如占星术是真的，那双胞胎的命运怎么会差别这么大呢？另外，占星学家甚至没法就不同星座的意义达成一致。其实真要深究，你会发现占星学家并不能预测人们的性格和未来，除了对象的出生时间和地点外，他们根本一无所知。[1]

让我们把目光转向国旗。研究不同国家的国旗，就会发现它们挺有趣。美国国旗上有 50 颗星；苏联和以色列只有 1 颗；缅甸 14 颗；格林纳达和委内瑞拉 7 颗；中国 5 颗；伊拉克 3 颗；圣多美普林西比 2 颗；日本、乌拉圭、马拉维、孟加拉的旗帜上是太阳；巴西是天球；澳大利亚、西萨摩亚、新西兰和巴布亚新几内亚的国旗上有南十字星；不丹的旗帜上的龙珠象征大地；柬埔寨国旗是吴哥窟古天文台；印度、韩国和蒙古人民共和国的国旗图案代表了宇宙；社会主义国家的旗帜上多见星星，伊斯兰国家则常有新月。换句话说，接近半数的国旗上有天文符号。这种现象跨越了文化、宗教、地域，也超越了时代：公元前 3000 年的苏美尔滚筒印章以及中国早期道教的旗帜上都有天文符号。我毫不怀疑，各国都想获得某种天授的权力。我们想和宇宙联系在一起，想理解那异常恢宏的尺度。事实证明，这联系确实存在——但绝不是占星师们假装出来的那种既狭隘，又没有想象力的联系。我们和宇宙的联系无比深远，它涉及万物起源、地球的宜居性、物种演化和人类的命运。这些主题我们后面会展开讨论。

当代占星术的起源，可以直接追溯到克劳狄乌斯·托勒密乌斯，也就是托勒密。埃及曾经有个王朝也叫托勒密，但两者没什么关系。2 世纪时，托勒密在亚历山大大图书馆工作。今天所有那些关于行星

1. 对占星术及其相关学说的怀疑态度并非西方独有。举个例子，1332年，吉田兼好随笔集《徒然草》中写道：（日本的）阴阳学说并没有提到赤舌日。过去的人们并不忌讳这些日子，但后来——我不知道到底是谁起的头——人们开始说什么“在赤舌日开始的工作，永无完结之时”，还有“赤舌日所说所做之事注定失败：你会失去所得，计划无法完成”。这真是一派胡言！如果算一算那些在“良辰吉日”开始的项目，你会发现它们也往往不了了之，跟赤舌日哪有什么差别。

的神秘学名词，比如“上升星座”、太阳或月亮的“宫位”“水瓶年代”都源自这个编纂了巴比伦占星学传统书籍的学者。对于托勒密时代典型的占星术，我们可以从一张写了希腊文的莎草纸上一探究竟。那是写给出生在公元150年的一个小女孩的：“菲萝，生于安东尼乌斯·恺撒十年，法莫诺斯月15至16日深夜，凌晨1点。太阳在双鱼，木星水星在白羊，土星在巨蟹，火星在狮子，金星和月亮在水瓶，属摩羯。”后来几个世纪里，人们计算年月的方法大改，占星术却变化甚微。托勒密的《占星四书》里有段典型的文字，称“土星如在东，受其控制者肤色发黑、体格强健、黑发带卷、多胸毛、眼睛大小和身高中等、性情湿冷”。托勒密不仅相信行星能影响人们的行为模式，还决定了他们的身材、肤色、性格乃至先天生理缺陷。在这一点上，当代的占星师似乎采取了更为谨慎的立场。

但托勒密清楚的春秋分岁差，却被当代占星师忘记了。而且他们还忽略了大气折射，托勒密则论述过这个现象。他们几乎不关注托勒密时代以后发现的卫星、行星、小行星、彗星、类星体、脉冲星、爆炸星系、共生星、激变变星和X射线源。天文学是一门科学，研究宇宙的本质。占星术则是伪科学，它宣称行星影响了我们的日常生活，却拿不出相应的证据。托勒密时代，天文学和占星术之间的区别并不明显，但今天，它们泾渭分明。

作为天文学家，托勒密给群星命名，测量亮度。他有力地论证了地球为什么是球体，还预测了日食和月食的时间。但最重要的是，他试图理解行星为什么会以其他星座为背景进行奇怪的移动。为了探明个中的缘由，为了解开天空的讯息，他制作了一套预测模型。研究天空让托勒密狂喜不已。“我只是凡人，”他写道，“但我知道，我生来就是为了这一天。当我满怀喜乐，追寻起繁星周而复始的轨迹时，就仿佛离地而起……”

托勒密相信地球是宇宙的中心，太阳、月亮、行星和其他星星都绕着地球转。他有这样的看法再自然不过。不管怎么想，我们脚下的大地都稳如磐石，而天体不断东升西落。无论哪个文明都相信过地球中心论。正如约翰内斯·开普勒所写：“如果没有接受过理性教育，就不可能不把地球想象成一栋巨大的房子，它以苍穹为屋顶；房子一动不动，而小小的太阳划过天际，就像空中的飞鸟。”但我们该怎么解释行星的运动呢？比如托勒密诞生几千年前就已经被人们注意到的火星？（古埃及人给火星起的绰号之一是“sekdedef em khetkhet”，意思是“后退的人”，显然指它逆行和环行的独特轨迹。）

当时的人们已经开始用小型机械装置来模拟事物的运行原理，托勒密也不例外。[1]关键在于这个机械模型要怎么才能还原出行星“真实”的运动。它不但要从“外面”的太空视角对行星运动做出精准展示，还得顾及“里面”，也就是地球视角观察到的一切。

按照托勒密的假设，行星绕着地球转动，仿佛附着在完美的透明球体上。但它们在机械模型上并未与球体直接相连，而是通过一种偏心轮进行了间接联结。球体转动时，它们被小轮带动，也跟着旋转。举个例子，从地球上观察火星时，它会展现出环行的轨迹。这个模型用来预测行星运动的准度相当高，对托勒密所处的那个时代，甚至包括以后的许多个世纪来说都显得绰绰有余。

---

1. 早在4个世纪以前，阿基米德就曾经制造过类似的机械。罗马的西塞罗曾检查那模型，并对它进行描述。模型当时的拥有者是罗马将军马塞勒斯。征服叙拉古期间，马塞勒斯手下的士兵无故违背命令，杀死了年逾七旬的老科学家。

托勒密假说里行星附着的以太[1]球层，中世纪时被人们想象成某种透明的水晶。我们今天所说的天球音乐[2]和七重天堂就是这么来的。七重天堂，就是指月亮、水星、金星、太阳、火星、木星、土星和遥远的星辰各自附着于一个球层上，每个球层都有一重“天堂”。在这个模型里，地球位于宇宙中心，其他的一切都绕着地球旋转。由于人们想象中的天堂建立在和地球完全不同的自然法则上，天文观测失去了意义。

托勒密的模型在黑暗时代[3]得到教会支持，在一千多年里阻碍了天文学发展，直到1453年，一个名叫尼古拉斯·哥白尼的波兰牧师发表了一篇颠覆性的文章。文章提出的假说从崭新的角度解释了行星视运动。它大胆地假设太阳，而非地球，才是宇宙中心。地球被降级成了绕着太阳旋转的第三颗行星，以完美的圆形轨道运行。（托勒密也考虑过日心说，只是立刻被他自己否定了：因为按照亚里士多德的物理学观点，日心说中地球会剧烈旋转，完全不符合实际观察结果。）

在解释行星运动方面，哥白尼的假说至少和托勒密的天球理论一样有效，但它惹恼了不少人。1616年，教会审查员把哥白尼的著作列入“需要更正”的禁书名单，直到1835年才解禁。[4]马丁·路德说哥白尼是“自大的占星师……这个白痴想颠覆整个天文学。但是《圣经》说得明明白白，约书亚让太阳停下，而不是地球”。甚至一些哥

---

1. 以太：古希腊哲学家亚里士多德假想的一种构成天体的物质，其内涵随物理学发展而不断演变。—— 译注
2. 天球音乐，又称天体音乐。毕达哥拉斯认为恒星和行星有规律地转动，会产生一种和谐有序的天堂之音，这个概念对后世天文学家如约翰内斯·开普勒造成了很大的影响。—— 译注
3. 黑暗时代：此处指欧洲中世纪。—— 译注
4. 最近的研究发现，哥白尼的著作在16世纪遭到的审查并不严苛：意大利只“更正”了其中的60%，伊比利亚半岛则是一本也没动。—— 译注

白尼的支持者也说，他并不是真的相信太阳才是宇宙中心，只是提出了一个能更简洁地计算行星运动的理论而已。

地心说和日心说这两种宇宙观的对立在 16 世纪和 17 世纪时达到了顶峰，而在矛盾的风口浪尖上，出现了一个人。他和托勒密一样，既是占星师又是天文学家。他生活在一个灵魂受束缚、思想遭钳制的时代；当时的教会宣称，一两千年前留存下来的科学知识，比用当代新技术所获得的发现更加可靠；当新知旧识出现矛盾，哪怕只是些晦涩的神学问题时，不愿守旧的人都会遭到教会（无论天主教还是新教）的反对，被羞辱、罚款、流放、刑罚甚至处死。“自然现象背后可能存在物理定律”这样的科学观点当时并不存在，人们更愿意相信天使、恶魔，还有上帝之手，推动着那些附着行星的水晶球。但那个勇敢者单打独斗，硬生生点燃了现代科学革命的烈火。

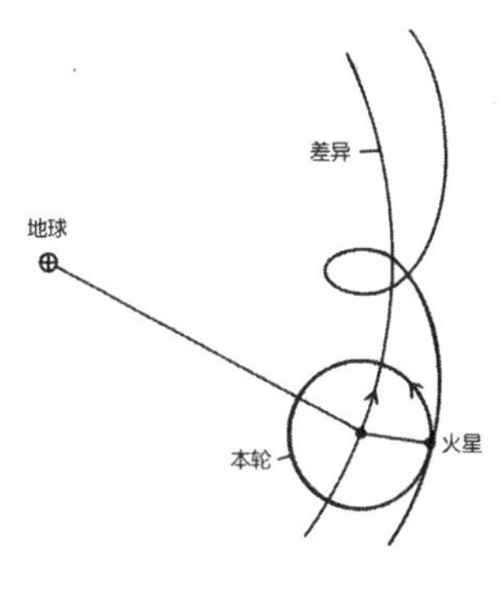

托勒密的地心说模型里，包含行星的小球被称为本轮，与一个更大的旋转球体相连，这样就能在遥远星辰的背景下产生逆行的视运动

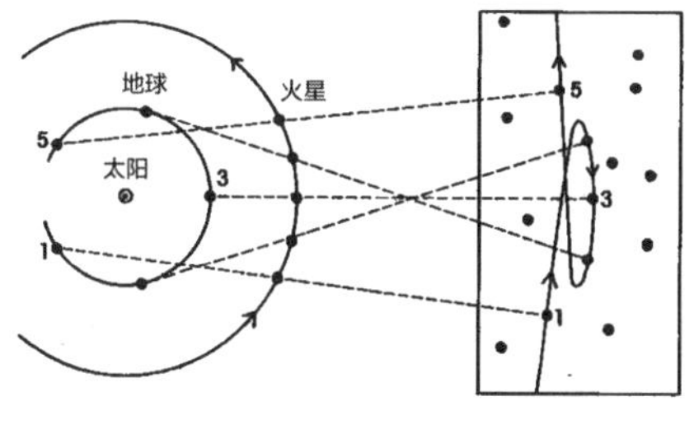

哥白尼的日心说模型里，地球和其他行星围绕太阳运动。当地球超越火星时，火星就会在遥远星辰的背景下呈明显的逆行

约翰内斯·开普勒，1571 年生于德国，少年时被送往毛尔布隆乡下的新教神学院去接受神职人员教育。你可以把那里想象成兵营，专门训练年轻人用神学武器去攻打罗马天主教的堡垒。开普勒聪明、固执、异常独立，他在偏僻无聊的毛尔布隆待了两年，没有交到一个朋友，反而变得更加孤僻。那段时间里，开普勒常常为不足挂齿的小罪忏悔，他相信自己在上帝眼里无足轻重，不配得到救赎。

但开普勒的上帝并非只是充满怒火、亟须抚慰的圣灵。上帝在他面前，更是化身为了宇宙的创造之力，让这个男孩的好奇心战胜了恐惧。开普勒想学习末世论，甚至想估摸上帝的心思。这些危险的幻想起初只在心头若隐若现，却最终决定了他的一生。是的，一个神学院学生的狂妄念头，带领着欧洲冲破了中世纪修道院的高墙。

那个时候，古代科学已经沉寂了上千年，但它们发出的回声得到了阿拉伯学者的聆听和记录。到中世纪后期，这些微弱的回声逐渐渗入欧洲的教育课程，毛尔布隆也不例外。除了神学，开普勒还学习了希腊语、拉丁语、乐律和数学。在接受欧式几何学教育的过程中，他相信自己瞥见了充满光辉的完美宇宙图景。他后来写道："几何学在一切被创造出来以前就已经存在。它和上帝的思想一样久远……几何学为上帝提供了创造的模板……几何学就是上帝。"

醉心于数学的同时，开普勒过着与世隔绝的生活。但外部世界的糟糕状况无疑影响了他的性格。那个时代，迷信是无权无势的平民应对饥荒、瘟疫，还有宗教战争的万能药。在许多人看来，世道纷乱，只有星星恒常不变，所以占星术在欧洲各地的庭院、酒馆、旅店里蓬勃发展。开普勒对占星术的态度始终模棱两可，他一直想摸清楚日常的混乱背后是否隐藏着规律。如果世界由上帝创造，他难道不检查一下自己的作品吗？所有事物，不应该都是上帝内心和谐的体现吗？“自然”这本书在一千多年以后，终于又迎来了一个读者。

1589 年，开普勒离开毛尔布隆去图宾根大学继续进修。就是在那里，他寻获了内心的解脱。面对那个时代最汹涌的知识潮流，他的聪明才智立刻得到了老师们的赏识，其中一人还把哥白尼那个危险的假说告诉了他。日心说与开普勒的宗教观——太阳暗喻上帝，是一切的中心——不谋而合，他立刻成了日心说的拥趸。在正式取得神职前，开普勒找了份不错的世俗工作。也许意识到自己并不适合老老实实当个牧师，他再也没回头。开普勒被奥地利格拉茨一所中学聘去教数学，后来准备从事天文观察和气象历表制作工作，同一时间他还研究了占星术。“上帝为每种动物都提供了食物来源。”他写道，“而对天文学家，他提供了占星术。”

开普勒是个杰出的思想家和文笔清晰的作者，但绝对不是合格的讲师。他说话咕咕哝哝，总是离题万里，让学生摸不到头脑。在格拉茨的第一年，只有几个学生来上他的课，第二年一个都没有。讲课时，各种各样的想法和思路纷至沓来，让开普勒完全没法集中注意力。一个宜人的夏日午后，开普勒又讲了堂冗长的课。而就在授课的间隙，一道灵光突然闪现。这思绪从根本上改变了天文学的未来，但台下的学生们大概心不在焉，满心盼着放学，丝毫没有注意到老师突然的停顿，浑然不知自己刚见证了一个历史性的时刻。

开普勒的时代，人们只发现了 6 颗行星：水星、金星、地球、火星、木星和土星。开普勒想知道为什么行星只有 6 颗，而不是 20 颗，或者上百颗？为什么它们的轨道和哥白尼的推测有一定的误差？这样的问题以前还从没人问过。古希腊的毕达哥拉斯论证了正多面体，或者说“柏拉图式”多面体，一共只有 5 种，它们由正多边体组成。开普勒认为这两个数字是有联系的。行星之所以只有 6 颗，是因为正多面体只有 5 种。通过这些多面体的相切嵌套，就能算出它们和太阳之间的距离。这些完美的几何体让开普勒相信他已经找到了六大行星间看不见、摸不着的支撑结构。他把这发现叫作“宇宙之谜”。他认为，毕达哥拉斯多面体和行星位置的联系，只有一个解释：它们出自上帝这个几何学家之手。

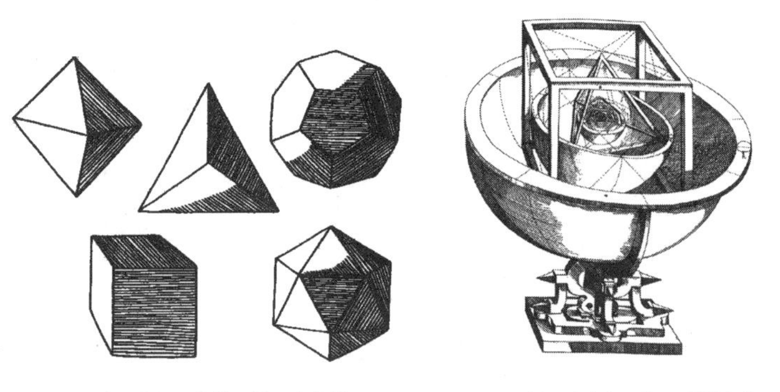

毕达哥拉斯和柏拉图的 5 个完美正多面体（详见附录 2）

开普勒的“宇宙之谜”。开普勒相信 6 颗行星嵌套在毕达哥拉斯和柏拉图的 5 个完美正多面体中。最外侧的正多面体是正方形

开普勒自认罪人，却被神选中承担做这样重大的工作，这让他震惊不已。他向符腾堡公爵提交一份研究资金申请，想把相互嵌套的正多面体模型做出来，以便其他人也能一窥几何学的神圣之美。如果可以，他在申请书上写道，它最好是用银和宝石做成的，还能当作公爵的圣餐杯。这个提议遭到了拒绝，不过公爵好心地建议，他可以先用纸做个比较便宜的版本出来。开普勒立刻接受了。“从这个发现里，我获得了难以言喻的快乐……无论计算多么困难，我都不愿逃避。我夜以继日地推算，一定要得出结论，看我的理论能不能和哥白尼的假

说吻合。否则，我将再也感觉不到快乐。”虽然无论开普勒多么努力，几何体和行星轨道的轨道都无法完全吻合，但那理论本身的优雅和宏大慑服了开普勒，他相信理论没错，问题肯定出在观察上。再说，这种情况在科学史上有不少先例。当时，全世界只有一个人能对行星位置做出精准的观察。那人曾是丹麦贵族，但选择了自我流放，后来被神圣罗马帝国皇帝鲁道夫二世聘为了宫廷数学家。他就是第谷·布拉赫。因为一次偶然的机会，开普勒受到鲁道夫的邀请，可以去布拉格和第谷见面。

这份邀请令他惶恐。开普勒只是一个籍籍无名的中学老师，出身低微，除了少数几个数学家，没人听说过他。但冥冥之中似有定数。1598 年，一场预示着后来“三十年战争”的社会动荡毁掉了开普勒的平凡生活。当地的天主教大公笃信教条，发誓“宁可领地变成荒地，也不给异教徒容身之所”[1]。新教徒被驱离经济界和政治界，开普勒任职的学校也遭关停。任何被打上异端标签的祷告行为、书籍、颂歌都被封杀。最后，镇上居民被召集起来进行宗教审查，那些拒绝奉罗马天主教为正统的人必须缴纳什一税，不然就要被流放，永远离开格拉茨。开普勒选择了后者。“我拒绝虚伪。我有正信。信仰绝非儿戏。”

离开格拉茨后，开普勒带着他的妻子和继女踏上了前往布拉格的艰难旅途。他们的婚姻与幸福无缘，更像是一段漫长的折磨。在两个孩子早夭后，他的妻子变得“愚蠢、闷闷不乐、孤独，而且忧郁”。她生在乡下小贵族家庭，看不起开普勒从事的职业，对她丈夫的工作

---

1. 这不算中世纪和欧洲宗教改革时期最极端的言论。围攻一座阿尔比派占领的城市时，属下问后来被称为“圣多米尼克”的多明戈·德·古兹曼，应该怎么区分信徒和异端，他答道：“全都杀了。上帝自会分辨。”

一无所知。开普勒时而劝解她，时而忽视她。“研究工作有时让我无暇他顾，但我吸取了教训，知道要对她保持耐心。看到她愿意把我的话记在心里，我宁可啃自己的手指，也不想再让她生气。”无论如何，开普勒的心思还是放在研究上。

他把第谷的工作场所想象成避难所，能让他远离邪恶，继续证明“宇宙之谜”。在望远镜诞生前，第谷就一直在观测群星，在长达35年的时间里记录着群星机械般精准的移动。开普勒盼望着与伟大的第谷·布拉赫共事，但他的愿望落了空。第谷性格张扬，安了个金鼻子，原本的鼻子在学生时代的一场角斗中被削掉了——起因是他和人争论到底谁才是最伟大的数学家。围绕在第谷周围的人形形色色，有助手，有马屁精，有远房亲戚，还有各种各样的跟班。开普勒在这些人眼里就是个老实巴交的虔诚乡巴佬，没完没了地遭受冷嘲热讽。开普勒难过地记载道：“第谷……钱多到没地方花，也不知道钱应该怎么花。他手头的任何一件设备都比我全部家当还要贵重。”

至于第谷的观测数据，开普勒每次只能窥探到九牛一毛：“第谷不给我分享经验的机会。他只有在吃饭和做其他事情的空当里才会顺便提一两句，比如今天某颗行星到了高点，明天另一颗行星又会到什么节点……第谷有最先进的望远镜……还有很多合作者。他只是缺少一个能用上这些资料的建筑师。”

第谷是那个年代最天才的观测者，而开普勒是最棒的理论家。他们都知道光凭自己单打独斗是没法把准确完整的宇宙体系建立起来的，但又都迫切地想这么做。问题在于第谷视开普勒为潜在对手，并不打算把毕生的心血交给这个年轻的后生。出于某些原因，他也不愿意和开普勒在合作研究上联合署名。因为不信任彼此，现代科学——

理论和观测的产物——险些难产。直到第谷生命的最后18个月，两人还在不断地争吵与和解。后来在一场罗森堡公爵举办的晚宴上，认为“礼仪胜于健康”的第谷纵酒过度，又不愿离席小解，结果引发尿道发炎感染，最终被夺走了生命。弥留之际，第谷终于决定把他的观测资料交给开普勒。“最后的那个晚上，他似乎出现了轻微的幻觉。他一遍又一遍地重复这些话，就像在作诗：‘不要让我虚度此生……不要让我虚度此生。’”

第谷死后，开普勒晋升为宫廷数学家，他设法从第谷顽固的家人手里拿到了观测资料。然而第谷的资料并不比哥白尼的好多少，他还是无法证明“五个正多面体构成六行星轨道”的假说。后来发现的天王星、海王星和冥王星[1]，更是直接推翻了“宇宙之谜”——没有更多的正多面体可以用来推测那些行星和太阳之间的距离了。更何况这些层层嵌套的正多面体不曾给月亮留下空间，伽利略发现的四颗木星卫星同样令人不安。但开普勒并没有因此变得郁郁寡欢，相反，他渴望知道每颗行星到底有多少卫星。他写信给伽利略：“我立刻开始思考，有没有什么方法能让我的宇宙假说接纳更多行星而不遭推翻，因为五个欧几里得正多面体嵌套结构，不支持太阳系里存在六颗以上的行星……我绝对没有怀疑四卫星行星的意思。如果可能的话，我希望你能继续观察。按照我的理论，火星可能存在两颗卫星，土星有六到八颗，水星、金星则各有一颗。”今天我们已经得知，火星确实存在两颗小卫星。人们把其中较大那颗上的主要地质特征称为开普勒山脊，以此纪念他的猜测。然而开普勒对土星、水星和金星的看法完全

1. 冥王星：根据国际天文联合会（IAU）2005年定义的新概念，冥王星不再算作行星。现在它属于矮行星。正因为此，太阳系现在只有八大行星。下同。—— 译注

错误，实际上木星的卫星也比伽利略发现的更多。我们至今依然不知道为什么太阳系会有不多不少九大行星，也没发现它们和太阳保持目前的距离到底有什么意义（详见第八章）。

第谷对火星以及其他行星运动的观测持续了许多年。在望远镜发明前的几十年间，它们是人类所获得的最精确的天文数据。为了理解它们，开普勒倾注了大量心血：他能从地球、火星相对太阳的运动，以及火星相对于背景星座的逆行环形里解读出什么来？第谷曾经让开普勒注意火星，因为它的运行最不规则，很难放进正圆形的轨道。（他还给那些可能厌烦了他冗长计算的读者留言说：“如果你觉得这过程乏味无聊，就可怜可怜我吧。同样的尝试我至少进行了七十多次。”）

生活在公元前六个世纪的毕达哥拉斯、柏拉图、托勒密，以及开普勒之前的所有基督教天文学家都认为行星沿着正圆形的轨道运行。这个圆一定得是“完美”的，这样行星才能高高在上，远离“堕落”的地球。伽利略、第谷和哥白尼都相信这种神秘学观点，认为行星在做匀速圆周运动，哥白尼更是断言说，思考其他的可能会导致“心灵受创”，因为“造物尽善无瑕，另作他想则毫无意义”。因此一开始，开普勒也想以地球、火星沿正圆形轨道绕太阳转为前提来解释观测结果。

经过三年的计算，开普勒相信他终于推算出了火星的圆形轨道，它与第谷的测量结果误差不超过 2 角分。我们知道，1 个角度包含了 60 角分，而从地平线到天顶有 90 度角，几个角分的误差实在算不上什么，更何况当时没有望远镜。2 角分只有从地球上看满月的角直径的十五分之一。但开普勒的欢欣欢快变成了沮丧，因为第谷的两个进一步观测数据与开普勒推算的轨道差别更大，它们之间差了 8 角分。

他写道：“神圣的天意让第谷·布拉赫这样勤勉的观测家降临于世，让他以观测证明……实际偏差多达 8 角分；我们当怀着感恩的心接受上帝的礼物……我也可以无视这 8 角分，以便修正我的理论，但我没法对它视而不见。正是它，为天文学的彻底改革指明了方向……”

假想的正圆形轨道和真正轨道之间的误差，只有最精确的测量才能发现，而它揭露的事实，又只有勇敢的心灵才能面对：“我们一直相信宇宙比例和谐，但先入之见必须让位于事实。”被迫放弃正圆形轨道的概念，并对神圣的几何学上帝产生怀疑，让开普勒惶恐不安。少了那些完美的圆和螺旋，“只剩下了一车粪便”。这些粪便，就是有点拉长的圆，或者说椭圆。

冷静下来以后，开普勒终于承认他对正圆形的迷恋只是错觉。正如哥白尼所言，地球不过是一颗行星，开普勒对此可是深有体会。地球饱受战争、瘟疫、饥荒和各种各样灾难的摧残，根本不完美。开普勒意识到，其他行星可能也类似地球，由并不完美的物质构成。从古至今，他是提出这个观点的第一人。如果行星并不完美，那又怎么能要求它们的轨道完美无瑕呢？开普勒不断计算，他尝试了各种各样的卵形曲线，还在计算上犯过错（这导致他一开始拒绝了正确的答案），直到几个月以后，他在绝望中尝试了一个椭圆形公式——它可以追溯到亚历山大大图书馆的馆藏，最早由佩尔加的阿波罗尼奥斯[1]所写——发现它和第谷的观测数据非常吻合。“我曾经拒绝了自然的真相，它却从后门偷偷溜了回来……我得多愚蠢，才能干出这种事！”

通过研究火星，开普勒意识到行星的轨道并不是正圆形，而是

1. 阿波罗尼奥斯（约前262—前190）：古希腊数学家，著有《圆锥曲线论》。——译注

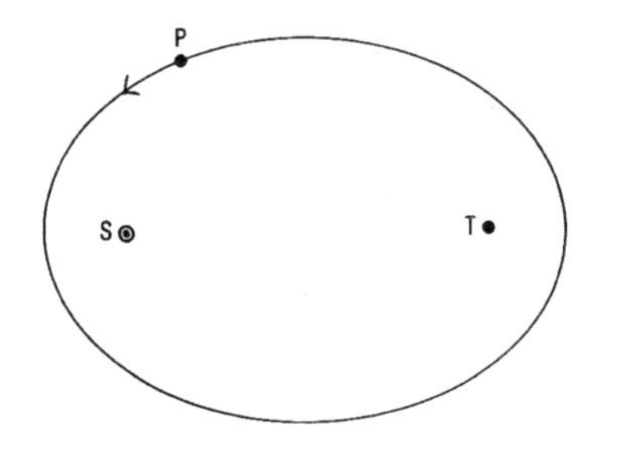

开普勒第一定律：每一颗行星（P）的轨道都呈椭圆形，而太阳（S）位于椭圆的一个焦点上

椭圆。其他行星的轨道拉伸程度远不如火星，所以假如第谷让开普勒关注金星，那他可能永远也发现不了真相。在这样的轨道系统里，太阳并不处于中心，而是偏移到了椭圆的一个焦点上。当行星接近太阳时，它会加速，远离时减速。这就是为什么行星永远在朝着太阳飞行，却始终不会撞上去。开普勒的行星运动第一定律很简单：行星沿椭圆轨道环绕太阳，而太阳则处在椭圆的一个焦点上。

匀速圆周运动中，行星在相同时间内划过的角度，或者在圆上经过的弧长相同。举个例子，行星绕圆形轨道走三分之二圈的时间，是走三分之一圈的两倍。但椭圆有些不同之处：行星在绕着轨道飞行时，会在椭圆内扫出一片扇形区域。接近太阳的情况下，它能在一段时间内划出很大的圆弧，但圆弧所包括的扇面并不特别大，因为它离太阳太近了。当行星远离太阳时，相同时间里它走出的弧线更短，但由于远离太阳，它扫出扇面相对更大。开普勒发现，无论行星的椭圆轨道有多扁，这两块区域的面积都相同。换言之，行星远离太阳扫出的狭长扇面，与接近太阳扫出的短宽扇面，面积完全一致。这就是开普勒第二定律：行星在相同时间内扫出的面积相同。

开普勒的这两个定律似乎有些抽象。行星的轨道是椭圆的，它们

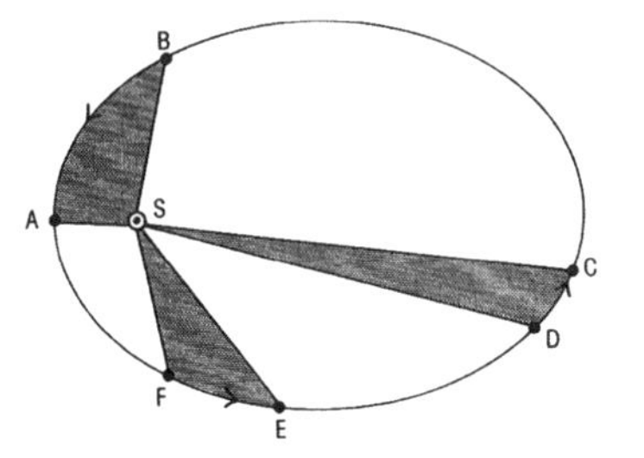

开普勒第二定律：行星在相同的时间内扫过面积相等的区域。从 B 到 A、从 F 到 E、从 D 到 C 的用时相同；阴影区域 BSA、FSE 和 DSC 的面积也相同

在相同时间内扫出相同面积。没错，但那又怎么样呢？还不如圆周运动更简单易懂些。大多数人也许觉得这些定律不过是数学理论上的修修补补，和日常生活无甚关系。但我们的星球就遵循着这法则，满载被重力黏到地面上的人类在星际空间里飞驰。我们的许多举动都要遵守开普勒发现的定律：在我们向其他行星发射航天器的时候，在我们观察双星的时候，在我们研究遥远星系的运动时，你会发现整个宇宙都在遵守开普勒定律。

发现第一和第二定律的多年后，开普勒发现了行星运动第三定律。这个定律把各个行星的运动联系到一起，展示出太阳系如同钟表一般的结构。开普勒在《世界的和谐》里详细描述了该定律。“和谐”一词在开普勒心中含义非凡，它不仅包括行星运动的秩序与优雅、解释这种运动的数学公式——能够上溯到毕达哥拉斯，甚至还包括“天球音乐”的乐律。除了水星与火星，其他行星的轨道都接近正圆形，所以即使有特别精确的图表，我们也难以察觉它们的真实轨道。你可以把地球想象成移动的平台，我们在这里观察其他行星相对于遥远星座的运动。太阳系内行星的运动很快——水星“墨丘利”正是因此得名。墨丘利是众神的信使。金星、地球、火星绕行太阳的速度逐次降低。那些外行星，比如木星和土星，它们的运动缓慢庄严，符合主神的身份。[1]

开普勒第三定律，是指行星周期（即它们绕轨一圈的时间）的平方，与它们和太阳的平均距离的立方成正比。以木星为例：遵照定律 $P^2=a^3$，其中 P 表示行星绕太阳公转的周期（以年为单位），而 a 是行星到太阳的距离（它的度量衡是“天文单位”），木星距离太阳 5 个天文单位，那么 $a^3=5\times5\times5=125$。哪个数字的平方是 125？嗯，11 比较接近。没错，11 年就是木星绕太阳一圈的时间。类似的论证适用于所有的行星、小行星和彗星。

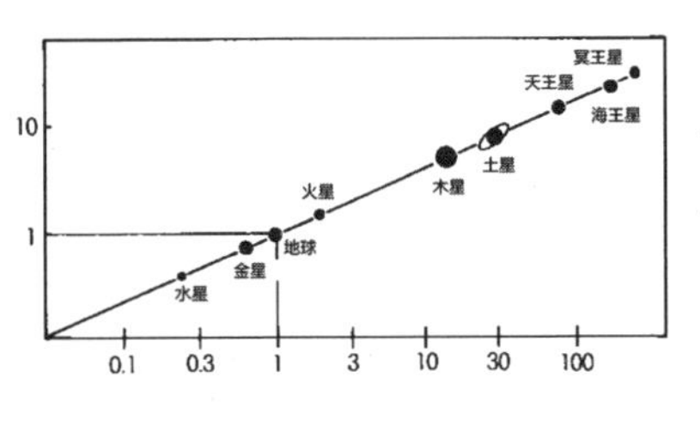

开普勒第三定律或“和谐定律”显示，行星的轨道和它们绕行太阳的周期存在精准的对应关系。这些规律同样适用于他死后才被人们发现的天王星、海王星和冥王星

这几条规律是开普勒从行星的自然运动中提炼出来的，但他不满足于此，还想找出更深层的原因，也即太阳和行星运动之间的关系。行星接近太阳时加速，远离时减速，这说明它们以某种方式感受到了太阳的存在。由于这种情况和磁力类似，开普勒提出，太阳和行星之间有某种类似磁力的力场。这简直是对万有引力的惊人预测：

> 我想揭示出天体系统并非神圣的有机体，而像发条……那些繁复的运动都出于简单的磁力作用，就像发条装置，所有运动只由单一的力量驱动。

---

1. 水星英文名为墨丘利，金星是维纳斯，火星是玛尔斯，木星是朱庇特，土星是萨图恩。—— 译注

开普勒的第三定律显示，行星的轨道和它们绕行太阳的周期存在精准的对应关系。这些规律同样适用于他死后才被人们发现的天王星、海王星和冥王星。

现在我们知道，决定恒星和行星关系的不是磁力，而是引力，但这不会使开普勒那惊天的构想黯淡半分。他是历史上第一个意识到适用于地球的物理法则也同样支撑着天空的人。对天空的祛魅，使得地球真正成为宇宙的一部分。“天文学，”开普勒说，“是一种物理学。”开普勒站在历史的转折点上，他既是最后一个理解科学的占星师，也是第一位天体物理学家。

对于自己做出的贡献，开普勒不想轻描淡写：

> 伴着这些和谐之声，人可以在一小时内穿越永恒的时光，一窥神灵的喜乐，他（上帝）是最伟大的艺术家……我自愿屈服于那迷乱的圣光……死亡逐渐临近，我正写下这本书——它会马上迎来读者还是要静待遥远的未来，其实无关紧要。我可以等上一个世纪，就像上帝等了六千年才被见证荣光。

对于“和谐之声”，开普勒的解释是每颗行星的运动速度，都和他所处时代的拉丁音符有对应关系——do、re、mi、fa、sol、la、ti、do。他说在天体的和谐乐曲中，地球发出的是 mi，mi 在拉丁文里代表了饥荒，而地球一直多灾多难。这一点令人难堪，但事实如此。

开普勒发现第三定律仅仅八天后，布拉格爆发事件，三十年战争正式开始。[1]这场战争规模浩大，粉碎了数百万人的生活，开普勒也未能幸免。他的妻儿死于军队带来的流行病，他的皇室赞助人遭免职，他本人因为笃信个人主义，拒绝就教义问题妥协而被逐出路德教会。多年后，开普勒又一次成为难民。这场战争被天主教徒和新教徒描绘为圣战，实则是渴望土地与权力的人对宗教狂热的利用。传统上，交战方的战略储备一旦耗尽，战事就宣告终结。但三十年战争中，为了保持军力，军队会对平民进行有组织的掠夺。欧洲陷入了铸犁为剑[2]、百姓任人鱼肉的绝境。

在此期间，无知与迷信的浪潮席卷乡村，无权无势的底层民众受害尤其深重。开普勒的家乡小镇魏尔德尔施塔特在1615至1629年间，平均每年都有三个妇女被诬告为女巫，遭到杀害。他独居的老母亲也被人半夜塞进洗衣车，用使用巫术的罪名抓了起来。凯瑟琳娜·开普勒是个脾气古怪的老太太，像今天的墨西哥江湖术士一样兜售催眠药和致幻药，结果被卷入多起纠纷，惹恼了当地的贵族。可怜的开普勒相信母亲被捕和自己有一定关系。

他认为这是因为自己创作了《梦境》(*Somnium*)，世界上最早的科幻小说之一。为了解释和普及科学，开普勒在文中幻想出去月球的旅行，还描写了从月面欣赏地球挂于天际、缓缓而行的场景。他认为通过转换视角，我们能更好地看清世界运行的原理。开普勒所处的时代，人们反对地球自转的主要理由是无法切身感受到那高速的运动，所以开普勒想把地球自转描写得如梦似幻，易于人们接受："只

1. 指"抛窗事件"。因为笃信天主教的费迪南大公对新教徒大肆迫害，引发后者抵抗。1618年5月23日，新教徒在布拉格爆发起义，冲进城堡将两名大臣与一位书记官丢出窗外。这次起义虽然被镇压，但成为三十年宗教战争的正式起点。—— 译注

2. 它们中的一些至今仍然能在格拉茨的武器库里找到。

要普罗大众不走上歧途……我愿意支持他们。为此我花了许多力气，向尽可能多的人进行解释。”[1]（他还在一封信里写道：“不要以为我的工作全是单调无聊的数学计算——我还需要时间冥想，那给了我无上的快乐。”）

望远镜的发明让开普勒所说的“月球地理”成为可能。他在《梦境》里描写月球地表到处是高山峡谷，还“布满孔洞，就像许多相互连通的洞穴”。毫无疑问，这是指伽利略刚刚用史上第一部望远镜观察到的景象。开普勒还想象月球也有住民，他们已经适应了周遭险恶的生存环境。小说中，从月表看到的地球缓缓转动，海洋与大陆清晰可见。直布罗陀海峡是西班牙与北非突出部最接近的地方，远看似乎只有咫尺之遥，开普勒说那就像穿着裙子的姑娘亲吻爱人——虽然在我看来更像鼻尖相触。

考虑到月球的昼夜长度，开普勒说那里“气候极端，冷热交替的温差巨大”。他的观点完全正确。当然，他也不是每件事都说得全对。举个例子，他认为月球也有大气、海洋和居民。其中最有趣的，是那些让月球看起来“像小男孩被天花毁掉的脸”的环形山。他说环形山是陷坑而非土堆，这点没错。他注意到了陷坑

---

1. 第谷和开普勒一样，对占星术并不抱有敌意，但他自行建立了一套占星方法，并认为它比大众相信的占星法更准确。1598年，他出版了《新天文仪器》（*Astronomiae Instauratae Mechanica*），书中称如果星图得到适当改进，占星术将“比人们想象的更可靠”。第谷写道：“从23岁起，我就一直研究炼金和占星。”他觉得这两门伪科学所涉及的秘密，对一般老百姓来说过于危险（不过他似乎认为把同样的知识教给那些前来寻求帮助的皇亲国戚就很安全）。从某些角度来讲，第谷·布拉赫和一些科学家维护的这种悠久传统才真的危险，因为他们认为除了自己，只有世俗和教会的掌权者才能习得那些神秘的知识：“把这样的知识公之于众既没有用处，也不合理。”与他相反，开普勒在学校里教授天文学，发表了大量论文，其中不少是自费的，他还写科幻小说——这些小说当然不是给科学同行看的。按照当下的定义，他可能不算优秀的科普作家，但他和第谷·布拉赫之间只隔了一代人，这种态度的转变意味深长。

周围壁垒似的山体，以及陷坑中央的隆起。不过开普勒相信如此规则的圆坑只有具备一定智慧的生物才能开凿。他没有想过从天而降的陨石也会撞出各个方向完全对称的圆形坑洞——这就是包括月球在内的许多星球上环形山的起源。相反，他推断说“某些通晓理性的物种，挖掘了月球表面上的陷坑。这个物种肯定分成了许多不同的聚落，住在各自挖出的坑洞里”。为了堵住怀疑者的嘴，开普勒拿埃及金字塔和中国长城举了例子，这两座人造建筑，我们确实能从地球高层轨道上观察到。开普勒这辈子始终相信规则的几何图形表明了智慧的存在。他对月球环形山的看法成了火星运河论的先声（见第五章）。想一想，对地外生命的探索和望远镜的发明同期出现，促使当时最伟大的理论家涉身其中，这是个多么奇妙的时代。

《梦境》中有一部分明显是开普勒的自传。比如主角的双亲靠贩卖药剂为生，再比如他拜访过第谷·布拉赫。主角的母亲有精灵加护，他前往月球的道路就由其中一个精灵开启。开普勒的同代人未必理解，但我们很清楚“梦境允许人们想象日常无法感知之事”是什么概念。由于三十年战争时期的人们从没见识过科幻小说，所以《梦境》成了开普勒母亲是女巫的罪证之一。

尽管自己也麻烦缠身，开普勒还是拼命赶到了符腾堡。他发现74岁的老母亲被锁在新教徒设立的地牢里，就像伽利略被关在天主教徒牢房里一样，随时可能酷刑加身。身为科学家，开普勒自然寻找起了各种证据，来反驳针对母亲行使巫术的指控（符腾堡居民当时把小病小恙都归罪于女巫施法）。他的辩护取得了巨大的成功。此案彰显了理性对迷信的胜利，而开普勒的余生也致力于此。母亲最后被判处流放，只有重返符腾堡才会遭处决；而公爵禁止人们再因鸡毛蒜皮的小事拿“巫师”当替罪羊，这显然归功于开普勒的积极辩护。

战争带来的巨变切断了开普勒的大部分资金来源，导致他晚年只能不时找人讨要赞助。早年他曾为鲁道夫二世提供占星服务，现在不得不为华伦斯坦公爵[1]做同样的事。在生命的最后几年，他生活在西里西亚的萨根，那是华伦斯坦治下的城市。他为自己撰写了墓志铭：“我昔日测量天空，而今测量幽冥。天空心之所向，大地身之所往。”可惜，开普勒的坟墓在三十年战争中遭到损毁。如果今天我们再立一块碑，上面可能会写：“直面严酷的事实，胜过沉溺最美的幻想。”谨以此纪念他在科学上的勇气。

约翰内斯·开普勒相信终有一日，世间会出现“乘着天堂之风，扬帆天际的船”，船上载满“对无垠太空毫不畏惧”的开拓者。今天，他的梦境已经成真，而为探索者的船只在穿越浩瀚太空时指引方向的，正是让开普勒投入了一生，并从中体验到无上快乐的行星运动三定律。

约翰内斯·开普勒终生探索行星运动，寻找天体间的和谐。他去世 36 年后，这项研究在艾萨克·牛顿手里达到顶峰。牛顿出生于 1642 年圣诞节，用他妈妈后来的说法，小牛顿发育不良，刚落草时能装进一夸脱的马克杯里。这个体弱多病、觉得被爸妈抛弃的小男孩成年后不爱交际，总是与人争吵，守了一辈子童贞。但他大概是有史以来最伟大的科学天才。

---

1. 阿尔伯莱希特·华伦斯坦（1583—1634）：三十年战争中的著名将领，曾率领天主教阵营哈布斯堡王朝-神圣罗马帝国军队与反哈布斯堡同盟作战。—— 译注

牛顿年轻时就对一些深奥莫测的问题表现出了极大的兴趣，比如“光是物质还是现象”或“引力如何通过真空发生作用”。按照传记作者约翰·梅纳德·凯恩斯的说法，他很早就认定基督教三位一体的信仰是对《圣经》的误读：

> 牛顿的信仰，更接近于迈蒙尼德[1]犹太教一神论。这并非理性思考或者怀疑论的产物，而是纯粹出于对古代经典的解读。牛顿相信早期的基督教教义并不支持三位一体，后来的资料都是伪造的。“显现的神”[2]是唯一的神。这是个可怕的秘密，牛顿一生都在拼命掩盖。

和开普勒类似，牛顿不可避免地受到了当时迷信思潮的影响。牛顿的智力发育很大程度上可以归因于理性和迷信间的紧张冲突。1663年，20岁的牛顿去了斯陶尔布里奇集市，在那里买了本讲占星术的书，“好奇里面写了点什么”。他读着读着，碰上了一幅不太明白的三角插图，就又买了本三角学书籍，很快，他意识到自己还需要理解几何原理，于是干脆找到欧几里得的《几何原理》，如饥似渴地读了起来。两年多之后，他发明了微积分。

学生时代的牛顿痴迷于研究光线和太阳，甚至尝试过用镜子看太阳这种危险行为：

---

1. 迈蒙尼德（1138—1204）：西班牙犹太哲学家、科学家及神学家。—— 译注
2. “显现的神”出自马丁·路德的《论意志之束缚》。路德把上帝分为Deus revelatus（显现的）和 Deus absconditus （隐匿的），他通过耶稣基督，以矛盾的模样向人类呈现。—— 译注

几个小时后，太阳仿佛烙进了我的眼皮，哪怕什么都不看，它也一直在那里。我不敢读书，不敢写字，在暗室里待了三天三夜，其间用尽一切方法消除幻象。因为我只要稍微动一动念头，它就会浮现在黑暗中。

1666 年，23 岁的牛顿还是剑桥大学的本科生，一场瘟疫把他困在家乡小镇伍尔索普，与外界隔绝了近一年。在此期间，他把所有精力都投入到科研。他发明了微积分，探明了光的基本性质，为万有引力理论奠定了基础。科学史上唯一能与之相提并论的年份是 1905 年，爱因斯坦的“奇迹年”。有人问牛顿，他是怎么获得这些惊人发现的，牛顿的回答简单得出奇：“就是想想而已。”这些学术成果的意义之重大难以衡量，以至于牛顿的剑桥导师艾萨克·巴罗在这位年轻人返校 5 年后主动辞去数学教授职务，改由牛顿担任。[1]

牛顿四十多岁时，他的仆人是这么描述他的：

我从不知道他有什么娱乐消遣，他不骑马、不散步、不打保龄球或者参加任何运动。他觉得时间不花在研究上就等于浪费。除了出门讲课，他从不离开房间……听他讲课的人不多，能理解的更少。因为没有听众，他常常只能对着空气朗读。

开普勒和牛顿的学生都不知道他们错失了什么。

---

1. 巴罗辞去的是卢卡斯数学教授职位，这是剑桥大学的荣誉职位，授予对象为数学及物理相关的杰出研究者，同一时间只授予一人，牛顿、霍金、狄拉克都曾担任此教席。——译注

牛顿发现了惯性定律，即：运动的物体在不受外力影响产生偏移的情况下，会沿直线一直前进。在牛顿看来，月亮本该直线飞行，在目前的轨道上拉条切线一路飞出去，除非有什么力量一直把它笔直地扯向地球，迫使它划出近乎圆形的轨道。牛顿把这种力叫作“万有引力”，并相信它能隔空发生作用：地球和月亮并不直接相连，但地球依然一直把月球拉向我们。利用开普勒第三定律，牛顿在数学上推导出了引力的性质。[1] 他证明了这股力量不但把月球固定在轨道上，还使苹果落地，当时刚刚发现的木星卫星为什么绕着那颗遥远的行星以固定轨道转动，同样可以用引力解释。

从古至今，物体一直从高处往低落；有史以来，月球始终绕着地球转。但牛顿是史上第一个意识到它们背后是同一种力的人。万有引力完美地阐释了什么叫作“宇宙”[2]。无论在宇宙哪个角落，万有引力定律都适用。

万有引力定律是个平方反比定律，即力的大小和距离的平方成反比。两个物体间的距离扩大至两倍，把它们拉向一起的引力就只有原先的四分之一。如果距离扩大十倍，则引力就只剩 $1/10^2=1/100$，也即百分之一。毫无疑问，这种力会随着距离增大而减小。假如这种力随着距离增大而增大，那离得越远的物体间引力越强，我猜这样一来，宇宙间所有的东西都会撞成一坨。引力随着距离增大而减小也解释了为什么彗星和行星在远离太阳时速度慢，靠近时速度快——离太阳越远，它们受到的引力就越小。

1. 遗憾的是，牛顿没有在他的杰作《原理》中提及开普勒。但他在1686年写给埃德蒙·哈雷的一封信里，谈到了万有引力定律：“我很确定，那是20年以前，我从开普勒定理里推导出来的。”
2. 宇宙（universe）的形容词universal亦有普遍、普适之意。—— 译注开普勒的所有行星运动定律都可以从牛顿的发现中反推出来。开普勒的定律是经验主义的杰作，基于第谷·布拉赫的艰苦持久的观测；而牛顿的定律是抽象的数学理论，第谷的所有测量结果都能够以之推出。牛顿不打算掩饰这份自豪，他为万有引力定律写道：“我以此论证世界的结构。”

牛顿后来当上了科学家团体“皇家学会”的会长和铸币局总监，花了不少精力在对付假币上。他变得越来越孤僻忧郁。因为和其他科学家在学术成果的归属上发生争执，他决定放弃这些方向上的科研努力；有人散布谣言，说牛顿“精神崩溃”，但他依然在炼金术和化学上（当时两者还没分家）孜孜不倦地做着实验。最近的一些证据表明，与其认为牛顿的反常行为是心智出了问题，倒不如归因为重金属中毒。当时的化学家普遍用嗅觉来进行实验分析，他的神经系统可能受到了小剂量的砷和汞的污染。

无论如何，牛顿那惊人的智力丝毫没有衰减的迹象。1696 年，瑞士数学家约翰·伯努利向同行们发起挑战，希望他们能解决最速降线问题，即给两个高低不同的点连上一条曲线，在只计算重力的前提下，找到能让物体在最短时间内落下的那条曲线。伯努利原本给出的期限是 6 个月，但在另一个著名学者莱布尼茨（他和牛顿各自独立发明了微积分和积分学）的要求下，把时长改成了一年半。1697 年 1 月 29 日下午 4 时，牛顿收到挑战，次日早晨上班前，他就为数学发明了一门全新的分支学科：变分学。牛顿用变分学解决了最速降线问题，然后把答案寄了回去。按照牛顿的要求，他发表的文章没有署名，但横溢的才华和独创的见解暴露了作者的身份。当伯努利看到牛顿的解答时，他评论道：“我们从爪印里认出了那只雄狮。”当时牛顿已经 55 岁了。

牛顿晚年主要的学术追求是整理和编校古代文明历史年表，这个传统异常悠远，从曼涅托、斯特拉博和埃拉托色尼时代就已经存在。他的遗作是《古王国年表修订本》，我们在这本书里可以发现，牛顿对许多历史事件进行了天文学校准修订；又试图复原所罗门神殿的建筑造型；他还提出了颇具挑衅意味的观点，即所有北半球的星座，都以希腊神话《伊阿宋和金羊毛》诞生之后的英雄、物品和事件为名；此外，所有文明提及的所有神明，除了牛顿自己信仰的那个外，都只不过是被神化的古代国王和英雄。

开普勒和牛顿代表了人类历史的一个关键转折点。他们发现简单的数学法则，能适用于包括大地和天空在内的整个自然界；他们发现以人类的所思所想，能理解世界的运转规则。他们尊重观测数据，准确预测了行星的运动，证明人类对宇宙的了解可以达到出乎意料的深度。我们今日的全球化文明、对世界的看法，还有对宇宙进行的探索，都从他们的洞见中获益良多。

牛顿小心地保护着他的科研成果，为此不惜和同行翻脸。他相信至少一二十年里，科学界无法取得超越万有引力定律的成就。但在宏伟又精巧的大自然面前，他和托勒密、开普勒一样，既兴奋又谦卑。去世前不久，他写道：“我不知道世人怎么看我；但我就像个在海边玩耍的儿童，为不时找到些漂亮卵石和贝壳而高兴不已，却对浩瀚的真理之海浑然不觉。”

04

第四章 天堂和地狱

天堂之门毗连地狱之门，且完全相同。

——尼可斯·卡赞扎基斯，《基督的最后诱惑》

地球是个可爱的，至少还算比较平静的地方。这里万事万物都在变化，但速度缓慢。我们可以平静地度过一生，其间遭遇的最大灾难也不过一场风暴。正因如此，我们变得自大、怠惰，忘了居安思危。但大自然的历史记录清晰地显示，世界曾经遭到过毁灭。其实，就算没有自然灾难，新发展出的技术可能也会让人类有意无意地迈向自我毁灭。而那些更古老的过去，都完好地记录在其他星球饱经摧残的地貌里。灾难只是个时间问题，这并非危言耸听。百年难得一见的劫难，放在千年里可能难以避免。实际上，哪怕只看地球，哪怕只看这个世纪，我们也能观察到一些非常独特的自然事件。

1908 年 6 月 30 日早晨，西伯利亚中部地区，一颗巨大的火球飞快地划过天际，在地平线上引发了剧烈的爆炸。2000 平方千米的森林被夷平，爆炸中心附近的几千棵树遭到焚毁，冲击波沿着大气层扩散，绕地球两圈才停息。它扬起的尘埃充斥在大气层中，人们甚至能在 1 万千米外的伦敦街头借尘埃散射的亮光，在半夜读书看报。

沙俄政府无意调查此等琐碎小事，毕竟它相隔遥远，又只有西伯利亚的通古斯人受到了影响。直到十月革命 10 年后，才有人去实地调查和采访目击者。下面的内容，摘自他们的记录：

那是个大清早，人们还在睡觉，突然连着帐篷一起被吹了起来。掉下来以后，一家子都多少有点儿擦伤，阿库琳娜和伊万还陷入了短暂的昏迷。他们醒来时听到巨大的噪音，看到周围的森林着了火，许多树都倒伏在地。

……那天早饭时间，我在瓦诺瓦拉贸易站的门廊里望向北方，正举着斧子给木桶箍圈……天空突然被劈开，森林上空，还有北方的整片天空好像都被点着了。随后热浪滚滚而来，我的衬衫跟烧起来了一样……我想把衬衫脱掉，但天空传来一声炸响，接着是轰鸣，而我被掀到了门廊外三沙金斯[1]的地方。我婆娘把迷迷糊糊的我拖进了棚屋。接下来的声音就像天上掉下了许多石头，或者枪炮齐鸣，大地也随之颤抖。我趴在地上捂着脑袋，怕被石头砸到。天空被撕开的时候，有热风跟炮弹似的从北方刮过棚屋，经过的地方一片狼藉……

……我坐在犁边吃早饭，突然听到轰的一声，好像有人放炮，我的马吓得跪倒在地。森林北边蹿起一团火焰……大风吹弯了冷杉树，好像飓风。我两手抓着犁，免得被吹跑。那风大得吓人，卷起了好多泥土，还在安加拉河上刮起了一道水墙。因为我的农地在山坡上，所以这些我都看得很清楚。

……那巨响惊到了马儿们，它们带着犁四处逃窜，要不就倒在了地上。

……头一次和第二次巨响后，木匠们比画起了十字。随后第三声巨响传来，他们从屋顶上摔进了木材堆。有几个人惊恐不

1. 沙金斯：Sajenes，旧俄制长度单位，3个沙金斯约为7米。—— 译注

已，我不得不想办法让他们平静下来。所有人都放下工作，走进村庄。当地的居民已经聚集在了街上，正惴惴不安地讨论着刚刚发生的事情。

……我在田里……刚给一匹马装好了耙子，打算给另一匹装，这时右边传来炮声似的巨响。我马上转过身，看到天上有一道细长的火焰，头比屁股大得多，颜色就是那种白天点着的火。它比太阳大，但没那么亮，可以用眼睛直接看。跟在火焰后面的东西似乎是烟，一圈圈的，还有些蓝色火苗……那火焰刚刚消失，就传来了比开炮更大的声音。地面颤动起来，木屋的窗子都碎了。

……我在坎河边洗羊毛，忽然听到响声，就像受惊的鸟儿拍打翅膀……接着河上涌来波浪。然后是一声巨响，有个工人……掉进了水里。

这就是著名的通古斯事件。有些科学家认为它是一块高速运动的反物质导致的。反物质和地球上的普通物质相遇后湮灭，消失在伽马射线的闪光中，但人们没在撞击现场找到能支持这个假说的放射性物质。另一些人怀疑某个迷你黑洞从西伯利亚钻进地壳，从地球另一边钻了出去，但大气记录显示，当天晚些时候并没有什么东西从北大西洋冒出来。当然也可能其实是某个地外文明先进到难以置信的太空船遇上了致命故障，坠毁在了这个偏远的行星上，然而人们同样没在撞击点找到飞船的痕迹。为了解释通古斯大爆炸，各种各样的假说层出不穷，其中一些看起来多少有点意思，可无论哪个都缺少强有力的证据支持。通古斯爆炸的几个关键信息，可以归纳为猛烈的爆炸、高强度的冲击波、森林大火，以及爆炸中心不存在撞击坑。似乎只有一种假说可以符合所有已知的事实：1908 年，一颗彗星撞击了地球。

行星之间的广袤太空里存在许多物体，有些是岩石质地，有些是金属，有些是冰，还有些由包括有机物在内的不同物质复合而成。它们大小不一，袖珍的小于沙粒，大的则超过了尼加拉瓜或者不丹的国土面积。有时候，它们的轨迹会恰好指向行星。通古斯事件可能是由一个直径 100 米的冰体彗星碎片引发的，它有足球场大小，重达 100 万吨，以每秒 30 千米，即每小时 108000 千米的速度坠落。

考虑到紧张的国际局势，这样的撞击如果发生在今天，很可能被误认为核爆。毕竟彗星的撞击、爆炸，还有随后的蘑菇云都与百万吨级的核爆外观接近，只有两点不同：没有伽马辐射与放射性物质。彗星撞地球这种自然事件有没有可能引发核战？这情景想想就滑稽：一颗平平无奇的彗星，落到早有千百万颗陨星光顾过的地球上，而地球文明的反应居然是迅速自我毁灭。为了避免这种情况，我们也许应该增加自身对彗星撞击的了解。举个例子，1979 年 9 月 22 日，美国的船帆座卫星[1]侦测到南大西洋和西印度洋交界处爆发了两次强烈的闪光。早先的猜测认为，那是南非或者以色列进行的低当量（2000 吨级，威力约为广岛原子弹的六分之一）核武器试验，继而引发了全球范围的政治风波。但如果那闪光其实只是小行星或者彗星坠落引起的呢？因为闪光处附近的大气层并没有异常的辐射读数或者扰动迹象。在核武器已经登台亮相的时代，如果我们不加强对太空的监测，那些潜在的危险可能就会实打实地显露出来。

---

1. 船帆座（Vela）卫星是伽马射线探测卫星，冷战期间用于监视全球核试验。—— 译注

彗星的主要成分是水冰（H_2O），还有一些甲烷冰（CH_4）和氨冰（NH_3）。即使是不那么巨大的彗星碎片，也会在进入地球大气层时产生庞大的火球和骇人的冲击波，它们能焚毁树木，夷平森林，发出全世界都听得到的响声，却未必能留下多大的撞击坑。因为冰体会在大气层中汽化，几乎留不下什么可供辨认的碎片——也许只有彗核非冰部分的少量颗粒。最近，苏联科学家 E. 索博托维奇在通古斯遗迹里找到了许多微小的钻石颗粒，而这种钻石在其他陨石里也能找到，所以它们可能就是彗星的遗留物。

在许多清朗的夜晚，如果抬头细看，能不时见到流星一闪即逝。但在一些特定的日子，流星会如雨般落下。流星雨是大自然的烟火表演，来自天堂的娱乐消遣。它们只在每年固定的日子出现。流星其实是太空微粒物质，还没芥末籽大。与其称它们是星星，不如说是飘落的绒毛。当它们进入地球大气层时，会在大约 100 千米的高空被摩擦殆尽，绽放出短暂的光与热。流星是彗星的残余。[1] 老迈的彗星在一次次经过太阳近旁时逐渐被蒸发、解体，一路撒下碎片。当地球移动到与这些彗星轨道相交的位置时，流星雨就出现了。由于那些碎片位置不变，流星雨总是在每年的固定日子里现身。1908 年 6 月 30 日是地球又一次和恩克彗星轨道相交，赶上金牛座 β 流星群的日子。通古斯事件似乎就是恩克彗星的一块碎片引发的，只不过它比那些闪闪发光的无害小流星要大得多。

彗星总是能引起恐惧、敬畏和妄想。它们如同偶尔浮现的幽魂，

---

1. 流星雨和彗星有关的说法，最早是亚历山大·冯·洪堡在他的科普巨著《宇宙》里提出来的，那数卷巨著出版于1845—1862年间。正是因为阅读了洪堡早期的著作，年轻的查尔斯·达尔文才决定投身于地理探索与博物学的事业之中。做出这个决定后没多久，他就在小猎犬号上谋得了博物学家的职位，而此事直接导致了他写出《物种起源》。

触犯宇宙永恒不变的庄严。古人相信，这样壮观的乳白色火焰条纹肯定出于什么理由才会夜复一夜地升起降落，它一定预兆了人类的某些事务。古人把彗星认作灾难的预兆、天谴的先声，相信它们预示了君主的陨落、王朝的覆灭。至于彗星的形状，巴比伦人觉得它们像胡子，希腊人认为它们像飘散的长发，阿拉伯人则从中看出了燃烧的剑。托勒密时代，彗星还按照形状被精心分成了柱形、喇叭形、瓶形等种类。托勒密认为彗星会带来战争、干旱和“环境紊乱”。有些中世纪文献说彗星是飞行的十字架。路德教派的一个“负责人”，也可能是马格德堡一个叫安德里亚斯·希里裘斯的主教在1578年发表文章《新彗星的神学暗示》，说彗星是“人们罪孽的浓烟，它们每一天、每一个钟头、每一秒都在升腾。这些恶臭恐怖的烟雾在上帝面前卷曲缠绕，逐渐凝成彗星，最终被至高无上的审判长那炽烈的怒火点燃”。但也有人反驳说，如果彗星是罪恶的烟火，那夜空恐怕总要闪闪发光。

有关哈雷彗星的记载，最早见于中国古书《淮南子》。公元前1057年，武王伐纣，彗星出而授殷人其柄。约瑟夫斯描写的公元66年在耶路撒冷上空悬挂了一整年的剑，可能也是这颗彗星。1066年，诺曼人目睹了哈雷彗星的又一次回归，认定某个王国即将毁灭。从这个角度上来说，彗星鼓励了征服者威廉对英格兰的入侵。当时的“报纸”贝叶绣帷也报道了这起事件。1301年，现代写实主义绘画的奠基人之一、意大利画家乔托目睹了哈雷彗星，将它画入了耶稣诞生图。1466年的大彗星——回归的哈雷彗星——引发了全欧洲的恐慌：当时土耳其人攻陷了君士坦丁堡，基督徒们担心上帝站到了土耳其人那边。

十六七世纪的天文学家痴迷于彗星，牛顿也被搞得神魂颠倒。开普勒说彗星划过天空，“就像鱼儿畅游海中”，但它们会被阳光驱散，所以彗尾永远背离太阳方向。大卫·休谟是众所周知的理性主义者，然而他说彗星就像太空生殖细胞——精子或者卵子，行星则是从这种星际性爱中诞生的。牛顿上大学时反射望远镜还没发明，他用裸眼观察彗星，就这样度过了许多不眠之夜，还累得生了病。继第谷和开普勒之后，牛顿也得出结论，认为彗星的位置并不像亚里士多德和其他不少人所说的那样位于大气层里，而是比月球更远，但还未到土星的距离。和行星一样，彗星的光芒源自阳光反射，“觉得它们和远方静止的星星一样遥远，肯定大错特错了；因为如果这样，彗星能接受的阳光，不会多于地球接受的遥远星光。”他还推测出彗星和行星一样，轨道呈椭圆形：“彗星也是一种行星，只是它们绕太阳飞行的轨道偏心率特别大。”有了对彗星轨道的理性解析和预测，他的朋友埃德蒙·哈雷于 1707 年预言，那颗于 1531 年、1607 年和 1682 年三度出现，每次间隔 76 年的彗星，会在 1758 年再度现身。哈雷去世后，那颗彗星果然准时出现，于是人们将其命名为“哈雷”。哈雷彗星在人类历史里扮演了有趣的角色，它 1986 年回归，届时可能还会成为人类用航天器观测的第一颗彗星。[1]

当代的行星天文学家提出了这样一种观点，即彗星与行星的碰撞，也许会给行星的大气层带去重大影响。举个例子，今天火星大气层里所有的水，可能都是最近一颗小型彗星撞击带去的。牛顿注意到逐渐

1. 萨根说的没错。欧洲空间局的“乔托号”探测器和苏联的“维加1号（Vega 1）”“维加2号（Vega 2）”探测器1986年穿越过哈雷彗星的彗发，拍摄了彗核的影像，观察了彗尾的挥发性物质。—— 译注

挥发的彗尾物质会被周围行星重力俘获，据此认为地球的水也在逐渐减少，“消耗在植被和腐坏中，大地越来越干燥……如果缺少外来供应，水会不断减少至枯竭”。牛顿似乎相信地球的水来自彗星，生命离了彗星带来的物质就无法生存。他还更进一步说：“我怀疑彗星是灵魂的主要来源。灵魂是我们大气中最缥缈，却又最关键的部分，它是生命之所以存在的核心。”

早在1868年，天文学家威廉·哈金斯就发现彗星和自然界中的“油性”气体光谱近似。他发现的其实是彗星中的有机物质；几年后，由一个碳原子和一个氮原子组成的氰基（CN）——氰化物的分子碎片——在彗尾上被发现。由于1910年地球要穿过哈雷彗星的彗尾，许多人因此感到恐慌。他们忽视了一个事实：彗尾物质极度弥散，那些毒物带来的危险远远比不上大城市工业的污染。

但科学事实无法打消任何人的疑虑。让我们来看看，1910年5月15日，《旧金山纪事报》的文章标题包括了《房屋一样大的彗星相机》《彗星来临，丈夫悔过》和《彗星派对风靡纽约》。《洛杉矶考察家报》的语调更为诙谐：《说吧！那彗星让你氰化了没？》《全人类都将享受免费的气体浴》《期待“狂欢”》《多人品尝了氰的滋味》《受害者爬上树，试图给彗星打电话》。1910年的世界氰化末日前，人们纵情欢乐，聚会不断。商人们借机兜售各种抗彗星药丸和防毒面具，后者某种意义上是第一次世界大战的可怕预兆。

彗星带来的一些困扰持续到了现在。1957年，我还是芝加哥大学叶凯士天文台的研究生。有天晚上我独自待在天文台里，电话响个不停。我拿起听筒，里头传来醉醺醺的声音。“我要和天、天、天文学家说话。”“请问您需要什么帮助？”“我们在威尔米特开派对，天上有什么东、东、东西。它有点、点、点儿意思，如果你盯着它看，它就不见了，但你要是不看，它又会冒出来。”我知道视网膜最敏感的部分不在视野中央，你稍微移开视线，反而能看到一些诸如暗淡的星辰之类的东西，而那时天空中刚好有新发现的阿兰德－罗兰彗星。于是我告诉他，他看见的可能是颗彗星。他停顿了很久，然后问道：“啥是彗星？”“彗星，”我答道，“就是 1 英里（约 1.6 千米）宽的雪球。”打电话的人又顿了顿，然后要求道：“我要和真正的天、天、天文学家说话。”我有点好奇等哈雷彗星 1986 年回归时，会不会又有哪些政治家感到恐惧，人们还会不会干出蠢事来。

虽然行星绕太阳转的轨道呈椭圆形，但乍看上去好像是圆的。而彗星——特别是那些公转时间很长的——轨道非常扁圆。如果说行星是太阳系的老前辈，彗星则是小后生。为什么行星的轨道接近圆形，彼此相隔甚远？这是因为如果行星轨道扁长，和别的星球轨道交错，它们迟早会撞在一起。太阳系形成初期，可能有很多行星因此毁灭，只有轨道接近圆形的行星才更有机会幸存下来。是大自然选择了今天的行星轨道。我们的太阳如今正值中年，星系环境稳定，但在它诞生初期，层出不穷的灾难才是主旋律。

太阳系的最外层，比诸行星更遥远的黑暗中，数以万亿计的彗核组成了广阔的环状云层。它们绕太阳公转的速度，还没印第安纳波利斯 500 比赛上的车子快。[1] 典型的彗核是直径长达 1000 米、不断翻滚的大雪球。它们中的绝大多数都不会越过冥王星轨道。但从太阳系近旁经过的恒星偶尔会在彗星云中产生引力扰动，导致一大批彗星沿着高度扁平的轨道向着太阳俯冲。遇上木星或土星后，它们的路径会进一步拉伸，于是每隔一个世纪左右，都会来内太阳系走一遭。到了木星和火星轨道中间的某个地方，彗星开始被加热、蒸发，从彗核上脱离的尘埃和碎冰被太阳风裹挟着吹向与太阳相反的方向，形成彗尾。假如木星直径被看作一米，那彗星就要比尘埃还小，但发育成熟的彗星，彗尾长能横跨两条行星轨道。每一颗能观察到的彗星都会激起地球众生的迷信热潮。但地球人最终明白了那东西并不在他们的大气层里，而是飞驰于行星之间。他们计算了彗星的轨道，也许不久的将来，还会发射小小的航天器去探索那来自群星间的访客。

彗星撞上行星只是个时间问题。彗星和小行星是太阳系刚刚形成时留下的星际碎片，它们已同地球、月亮相撞过许多次。碎片越小，数量越多，由此可以想见小型撞击的次数远多于大型撞击。通古斯级别的事件应该平均每隔千年就能遇到一次。但类似哈雷彗星这种彗核宽达 20 千米的大家伙，可能每 10 亿年才会和地球来一次亲密接触。

小型冰质天体撞在行星或者月亮上可能不会留下特别明显的痕

---

1. 地球和太阳的距离r=1个天文单位（au）=150,000,000千米（1.5亿千米）。按照圆形轨道粗略地计算，可得轨道圆周是$2\pi r \approx 10^9$千米。我们的行星每年都会沿着这么长的轨道转一圈。每年的时长是3×10^7秒，所以地球的绕轨速度是10^9千米/3×10^7秒≈30千米/秒。现在来想一想彗星。许多天文学家认为环绕太阳系的彗星云约在100,000天文单位之外，几乎是最近恒星系距离的一半。按照开普勒第三定律，我们立刻可以得出结论，即这些天体中的任意一个，绕转太阳需要$(10^5)^{3/2}=10^{7.5}\approx3\times10^7$年，也就是3000万年。如果你住在太阳系边缘，那公转一圈的时间真的很漫长。彗星的轨道长达$2\pi a=2\pi\times10^5\times1.5\times10^8$千米$\approx10^{14}$千米，而绕轨速度仅为$10^{14}$千米/$10^{15}$秒=0.1千米/秒≈220英里/小时。

迹。但如果它们的体积更大，或者质地为岩石，那就会撞出半球形的碗状陷坑，我们称之为“陨坑”。如果不被腐蚀风化，也没有遭泥石填埋，陨坑能存在几十亿年。月球上不存在沙土腐蚀现象，所以我们观察月表时，能找到大大小小的陨坑，它们的数量比如今内太阳系寥寥可数的彗星和小行星多得多。这些陨坑，是数十亿年前毁灭与浩劫的明证。

陨坑不只月表上有。我们能在内太阳系各处找到它们，包括离太阳最近的金星、云层覆盖的水星、火星和它两颗小小的卫星福波斯、德莫斯。这些行星和我们的星球同属一家。因为和地球多少有些相似，我们管它们叫“类地行星”。类地行星有坚固的地表、岩铁质地的核心，还有大气层，虽然其中一些大气层近似真空，另一些则压力超过地球 90 倍。就像露营者围坐在火堆旁，类地行星绕行太阳，感受着它的光与热。它们的年龄约莫 46 亿年，和月球一样，它们也见证了太阳系诞生初期充满撞击的灾变时代。

只要越过火星，我们就会进入非常不一样的区域，那是木星和其他类木行星的王国。这些庞大的星球由氢和氦组成，还有少量富氢气体，如甲烷、氨和水。我们没法在类木行星上找到坚实的地表，这里只有厚重的大气和五彩斑斓的云层。和它们比起来，地球只是碎片似的小世界，而这些才算是真正的行星。木星体量之大，能塞下百来颗地球。如果彗星或者小行星落进的是木星的大气层，就根本见不到陨石坑，只有云层会略略扰动。不过即使在外太阳系，也存在数十亿年前天体剧烈碰撞的证据——因为木星有十多颗卫星，其中五颗被“旅行者号”近距离观察过。我们在这些卫星上同样找到了灾难的痕迹。等到探索完整个太阳系，我们也许会发现，从水星到冥王星的各大行星，还有它们的卫星，甚至彗星和小行星上，那段历史的证据随处可见。

月亮朝向地球的这面约有10000个陨坑，你用望远镜就能看到。它们中的大部分都位于古老的月球高地，形成时间可以追溯到星际碎石开始堆积，月球刚刚成形之际。月海里直径超过1000米的陨坑大约有1000个。这里的“海”（maria）是拉丁语，意思是“海洋”，它们其实是月表低洼地区。月球形成初期，熔岩可能淹没过这些区域，覆盖了原有的陨坑。粗略来算，月球陨坑的形成速度大概是10^9年/10^4个=10^5年/个，换句话说平均10万年一个。不过，既然十多亿年前太阳系中的星际碎片比今天多得多，我们可能得等不止10万年才能看到月球上诞生新的陨坑。至于比月球大得多的地球，我们兴许只要等上1万年就能看到地表被撞个直径1000米的新坑来。亚利桑那州有个约1000米宽的巨型陨坑，它形成于两至三万年前，跟我们粗略的计算大致相符。

如果彗星或者小行星撞击月球，我们能以肉眼观察到爆炸时发出的短暂强光。可以想象10万年前某个夜晚，我们的祖先正悠闲地仰望天空，突然看到月亮阴影面升起一团被阳光照亮的奇特云彩。但我们最好别指望能在历史记载上读到这样的事情，因为它发生的概率实在太低。不过话说回来，历史上确实有个记载，可以解读成在地球用裸眼观看月面撞击：1178年6月25日晚，不列颠群岛上的五个僧侣报告了一件怪事，它后来被坎特伯雷的杰维斯收录进了编年史里——学界一般认为这本编年史对当年的政治文化活动做出了可靠的记载。杰维斯本人和目击者见了面，听他们发誓故事字字为真。书里这样记载道：

> 那是轮明亮的新月，它和往常一样，像一只向东方倾斜的号角。可是号角突然间一分为二，一支火炬从它们中间升起，它向外喷出火焰和热炭，火星四溅。

天文学家德拉尔·穆赫兰和奥德莱·卡拉姆计算出月面遭到撞击时会升起一团尘云，外观与坎特伯雷僧侣们的报告类似。

如果800年前真的发生过这样的撞击，那么陨坑应该清晰可见。由于缺乏空气和水体，月表侵蚀速度极慢，十多亿年前的小型陨坑也能得到相对完好的保存。根据杰维斯的描述，我们甚至能找到目击地点的大致区域。撞击会产生辐射，还有细小粉尘喷射而成的线状痕迹。但只有最年轻的陨坑——比如以阿利斯塔克、哥白尼和开普勒为名的那几个——能监测到辐射的痕迹。这是因为陨坑虽然能够在缺少侵蚀作用的环境下长存，但辐射并不能。随着时间流逝，辐射痕迹会越来越弱，即便是微流星——来自太空的微小尘埃——也能破坏和覆盖先前的痕迹，让它们彻底消失，因此辐射是新近撞击的标志。

陨石学家杰克·哈通说，就在坎特伯雷僧侣提及的月表区域，有一个非常新的小型陨坑。它正是以16世纪罗马天主教学者焦尔达诺·布鲁诺命名的。布鲁诺认为宇宙间有无穷多的世界，其中很多都有人居住。因为信奉各种异端邪说，他于1600年被处以火刑。[1]

卡拉姆和穆赫兰提供的另一条线索值得注意：月球在遭到外来物体的高速撞击后，会发出轻微的晃动。虽然这种振动会逐渐减弱至无

---

1. 因为布鲁诺提倡日心说，19世纪至20世纪早期的评论者们常常把他当作科学烈士加以纪念。然而后来的研究发现，布鲁诺其实是因为否认数项天主教核心信条，如否认地狱永罚、三位一体、基督天主性、玛利亚童贞性、圣餐化质变体论，才被宗教法庭判处极刑。—— 译注

法察觉，但那需要远超 800 年的光阴。当代的激光反射技术可以识别出这种振颤。“阿波罗”任务的宇航员在月球的几个地方设置了特殊的激光反射镜，从地球发射的激光束会在照射到镜子以后反射回来。我们只要把精确测量出的光束往返时长再乘以光速，就得到了那一刻地球与月球的距离。几年的测量下来，我们发现月球有周期 3 年、振幅约 3 米的振动，这与布鲁诺陨石坑形成于不到 1000 年前的假说吻合。

不过，所有这些证据都是间接推论出来的。正如上面所说，人类书写历史的时间太短，遇上这样的事概率较小。但无论是通古斯事件还是亚利桑那陨坑都在提醒我们，并非所有的撞击灾难都发生在太阳系诞生初期。月表上只有少数陨坑留有明显辐射纹，也在告诉我们，即便在月球上，腐蚀作用同样存在。[1] 通过分析陨坑的重叠样式和月球地层的其他痕迹，我们可以重现月球遭撞击和岩浆淹没的历史，而布鲁诺陨坑——这个可能最近才形成的陨坑——的诞生，也被包括其中。

地球和月亮挨得很近。如果月亮被撞得千疮百孔，地球怎么可能独善其身？但地球上的陨坑为什么如此稀少？难道彗星和小行星认为它们不该撞击存在生物的星球吗？这当然不可能。唯一的解释是，陨坑在月亮和地球上生成的速度一样，只不过它们能在缺乏空气和水的月面保留很长很长时间，在地球上却被缓慢侵蚀、填埋，直至消失不见。奔流的水、呼啸的风和地壳运动改变地貌的速度虽慢，但经过百万乃至数亿年后，它们能彻底抹去哪怕最庞大的撞击坑。

任何卫星或者行星的地表都会受到外来和内在双重力量的影响。前者如陨石撞击，后者如地震。这些影响里，有些是突发的灾难事

1. 火星的侵蚀作用更强烈。尽管它地表陨坑众多，但正如我们所预计的，那里不存在带辐射纹的陨坑。

件，如火山爆发，有些则细碎绵长，如风沙侵蚀。对于外在的、内在的，或迅猛的、缓慢的，到底哪种力量主导了地貌的生成，我们无法给出统一答案。月表由外来的猛烈力量塑造，地表无疑受内在缓慢影响更多，火星则居于两者之间。

火星和木星轨道之间有无数小行星，其中最大的长达数百千米。这些小行星往往是椭圆体，它们在太空里不停翻滚。两个或者更多的小行星的轨道常常会交织在一起，引发频繁相撞。撞出的碎块有一些恰好飞向了地球。我们博物馆里展出的许多陨石就来自这遥远的世界。小行星带仿若巨大的磨盘，星际碎片在这里越磨越小，直到化作尘埃。而从这里漏出去的大块碎片和彗星一起成为行星地表陨坑的主要来源。小行星带也许本能成为另一颗行星，但因为木星附近的巨大引力潮汐而未能成形；当然它也可能是行星爆炸的残骸。不过就科学界目前的理解而言，行星爆炸这种事似乎没理由发生。这真是万幸。

土星环和小行星带有相似之处。本质上，那是数万亿绕着土星旋转的冰冻小卫星。它们之所以存在，可能是因为土星的引力阻止它们凝聚成真正的卫星，或者它们其实是一颗距离土星太近，而被引力潮汐撕成碎片的卫星的残骸。还有一种可能，即土星环处在一种动态平衡态下：它们是包括泰坦（土卫六）在内的土星卫星喷出物质，正在逐渐落入行星大气。最近我们发现，木星和天王星也有环带，只是非常稀薄，几乎无法从地球上观察到。海王星是否存在光环，是行星科学家最近非常关注的问题。[1] 总的来说，环带可能是整个宇宙间类木行星的标准配置。

---

1. 海王星存在5个主要行星环。1984年，它们由天文学家在智利拉西拉天文台发现。1989年，旅行者2号为它们拍摄了第一张照片。—— 译注

一个叫伊曼努尔·维利科夫斯基的精神病学家在1950年出版了一本畅销书，名叫《碰撞中的世界》，他在书里假设了从木星到金星的一系列撞击事件。他认为有个质量与行星相仿的物体——他称之为“彗星”——不知怎么着在木星系统里诞生，3500年以前，它进入内太阳系，多次掠过地球和火星，导致了许多不可思议的后果，比如分开红海，让摩西和以色列人逃离埃及，还让地球在约书亚发令时停止自转。书里说，它还同样导致了火山大量喷发和洪水泛滥[1]。维利科夫斯基猜想这颗“彗星”，在进行了一场复杂的星际“台球游戏”后，终于稳定下来，成了沿近乎圆形的轨道绕太阳转动的行星之一。他认为这颗星球是金星。换句话说，在这件事发生以前，金星并不存在。

我在其他地方详细解释过，这观点纯粹是胡扯。天文学家并不反对天体剧烈碰撞的说法，然而近期不存在这样的事件。在任何太阳系的模型里，你都不可能把行星和恒星按照真实的比例尺展现出来，因为有的行星太小了，几乎注意不到。如果非要展示出来，那它们只有尘埃大小。通过这个比例尺，我们能直观地意识到地球和某颗特定彗星在未来千年里相撞的概率低到可以忽略不计。除此之外，金星的质地主要是岩石和金属，缺乏氢元素，木星则几乎完全由氢构成；木星无法驱动这样的彗星或者行星离开，这些天体也无法“停止”地球的自转，更别说在不到24小时里使它重新转动起来了；3500年前火山洪水频繁的观点，同样缺乏地质证据；美索不达米亚关于金星的铭文[2]，早在维利科夫斯基的“彗星”变成金星前就已经存在；高度扁圆

---

1. 据我所知，第一次试着用彗星干预来解释历史事件的人是埃德蒙·哈雷，他认为诺亚大洪水源自“偶然的彗星撞击”。

2. 艾达滚筒印章（The Adda cylinder seal）的历史可以追溯至公元前3000年中叶，印章上清晰地刻着金星女神伊南娜、启明星和巴比伦女神伊什塔尔的雏形。

的天体轨道，几乎不可能在短时间内变得近乎圆形。类似的反驳证据数不胜数。

许多假说，不论是门外汉提出的，还是科学家提出的，最后都被证明大错特错。但科学是一项懂得自我修正的事业。任何新的观点想得到认可，都必须接受严格的测验。维利科夫斯基那本书籍出版后，真正糟糕的影响并不在于他的假说错得多离谱，而在于一些自称科学家的人站出来想打压他的作品。科学生于自由探索，且致力于自由探索：任何假设，无论多么离奇，它的价值高低都由自身决定。打压不同意见可能是宗教界和政治界常用的手法，但在探索知识的道路上并不适用；它与科学精神背道而驰。我们无法预知下个取得颠覆性新发现的人会是谁。

金星与地球质量[1]、大小、密度接近，还是离地球最近的行星。几个世纪以来，它一直被视为地球的姊妹。但这个姊妹到底景况如何？它离太阳更近，所以是不是一颗比地球稍热的温和行星呢？它的地表上有陨坑吗？还是说陨坑都因为侵蚀消失了？那里有火山吗？有山脉吗？海洋呢？生命呢？

史上第一个用望远镜观测金星的人是伽利略，时间是 1609 年。他当时看到的是一张毫无特征的圆盘。伽利略注意到金星和月亮一样有圆缺变化，形成原理也一致：阴影是金星的夜，而光亮的部分是白昼。这个发现从侧面印证了地球绕着太阳转，而不是相反。随着光学望远镜越来越大，分辨率（细节的辨识度）逐渐提高，人们对金星的观察也愈发系统，然而一直没能超越伽利略的发现。金星的地表被厚

1. 顺便说一句，金星的质量是已知最大彗星的3000万倍。

厚的云层严密包裹着。我们看到的，无论在清晨还是夜晚，都只是它云层反射的阳光。整整几个世纪，这云层的成分始终是未解之谜。

由于无法看透金星，一些科学家得出了奇怪的结论。他们觉得金星一片沼泽，就像泥炭纪的地球。这个论证——如果能算论证的话——是这样的：

“我看不到金星上的东西。”

“为什么？”

“它被云完全包裹起来了。”

“云是什么成分？”

“当然是水了。”

“为什么金星上的云层比地球的厚？”

“因为那里的水更多。”

“既然云层里有那么多水，地表肯定也水分含量很高。什么样的地表富含水分子？”

“沼泽。”

既然有沼泽，那金星上凭什么没有铁树、蜻蜓甚至恐龙？于是乎，事情变成了这样。观察：金星上什么都看不到。结论：它肯定充满生命。那毫无特色的金星云层，倒映着我们的幻想。我们有生命，也希望其他地方有生命。但只有对已知条件进行仔细的考量推敲之后真相才能浮现。事实上，金星并不是心想事成的美妙之地。

金星环境真相的第一条线索来自玻璃棱镜，还有衍射光栅。衍射光栅是有精细、规则的平行细缝的玻璃平面。当强烈的普通白光从细缝中穿过时，会得到拉伸，展现出彩虹色的光谱。把这些光按频率[1]从高至低做个排列，总体上呈紫、蓝、绿、黄、橙、红几种颜色。这些我们可以用肉眼识别的光就叫作可见光。但大自然里的光远不止这些。比紫光更高频的光，叫作紫外线。它真实存在，能够杀死微生物。虽然人类看不见，但大黄蜂和光电管都能探知它。世界远比我们所见的更复杂。比紫外线频率更高的，叫作 X 射线，继续往上还有伽马射线。再看低频，低于红光的就是光谱的红外部分，最早被发现源于有人把灵敏的温度计放在了看似一片黑暗的地方，尽管人类肉眼无法察觉，但温度计的数值发生上涨，说明它其实受到了光的照射。响尾蛇和半导体都能很好地探测到红外线。红外线之外，是射电，也即无线电的宽广光谱区。光线没有高下之分。从伽马射线到射电电波，光的本质并没有发生变化。对天文学来说，它们全都有用。但肉眼的局限总让我们对非可见光抱有偏见。

1844 年，哲学家奥古斯特·孔德举了个例子，想以此告诉世人有些知识永远无法触及。他选择的例子是遥远的恒星与行星。他认为人类永远无法切身实地造访那些星球，不可能知道它们到底由什么构成。然而仅仅在孔德逝世 3 年后，科学界就发现光谱可以用来测定遥远物体的化学性质。不同的分子和化学元素会吸收不同频段的光，它们中的一些是可见光，剩下的则位于光谱的其他部分。在行星大气的光谱中，出现一条单独的暗色线条，意味着这部分的光消失了，也就是说，阳光在穿过那个世界的大气时被吸收了一部分。每种分子或者原子的光谱特征各不相同，所以它们能和光谱上的线条一一对应。这

1. 光是一种波；它的频率就是在单位时间内的波峰数量，比如说一秒钟内探测器可以检测到多少波形，或者有多少波形进入了视网膜。频率越高，辐射能量就越大。

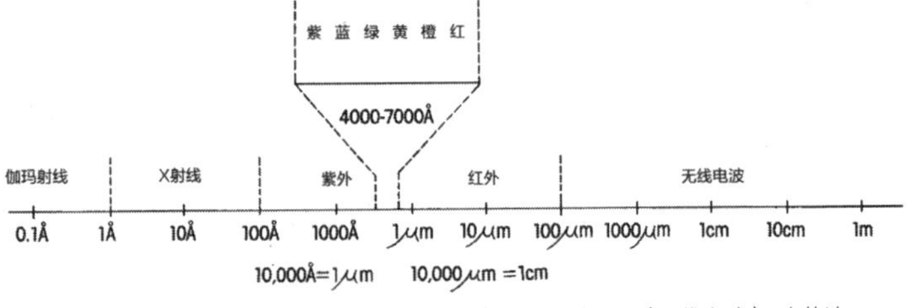

电磁频谱示意图，从最短的波长（伽马射线）到最长的波长（无线电波）。光的波长以埃（Å）、微米（μm）、厘米（cm）和米（m）为单位

就是为什么我们能在地球上分析出6000万千米外的金星大气构成。同理，我们也能了解太阳的成分（氦的名字就源自希腊神话中的太阳神赫利俄斯），辨认出富含铕的A型磁星，或者分析那些由千亿恒星聚成的星系。天体光谱学几乎能算是一门魔法般的技术。即使已经诞生多年，它依然让我感到惊讶。奥古斯特·孔德真够倒霉的，偏偏找了这么不恰当的例子。

回头来看金星。如果金星是湿漉漉的，那它的光谱上应该清晰地标着水蒸气吸收线。但1920年威尔逊山天文台第一次对金星进行光谱探测后，发现它的云层没有水蒸气的丝毫迹象，这暗示了金星地表异常干燥，类似沙漠，覆盖着行星的云层则充满硅酸盐粉尘。进一步的研究表明，金星的大气层富含二氧化碳。在一些科学家看来，这又表明了金星的所有水分子都与碳氢化合物结合成了二氧化碳，所以金星的地表全是石油，是个行星规模的超级大油田。另一些科学家则得出结论说，云层上方之所以没有水蒸气，是因为金星非常寒冷，所有的水都凝结成了水滴，和水蒸气的光谱线产生了误差。他们认为海洋几乎吞没了金星的所有地表，只有几块石灰石质地的悬崖峭壁——类似多佛悬崖那种——露在水面上。但由于大气中富含二氧化碳，海洋的成分和地球肯定不一样。于是他们提出，金星上有无边无际的苏打水海洋。

揭露金星真实环境的第一条线索，不在光谱的可见光或者近红外部分，而来自射电领域。射电望远镜更像测光计，而不是照相机。当你把它指向天空的某片区域，它就会记录在特定射电频段下传达到地球的能量值。我们已经习惯于智慧生物发出的各种射电，或者说无线电信号——如广播电台和电视台信号，然而自然界里还有很多东西也会发出无线电波，包括那些特别热的东西。1956 年，人们把简陋的射电望远镜转向金星，发现无线电波数据似乎表明那是个非常炎热的地方。这是个重大的发现，但直到苏联的金星探测器穿透厚重云层，成功降落在我们神秘邻居的地表上之后才得到实证。是的，金星是个异常炽热的地方。那里没有沼泽，没有油田，没有苏打海洋。你瞧，在证据不够充分的情况下，我们很容易把事情搞错。

我们和朋友打招呼时看到的那个人，其实是太阳或者白炽灯的光，那些光线从朋友的身上反射进了我们的眼睛。但是古人，甚至包括欧几里得这样的大师，都认为是我们的眼睛发出了某种光线，它能积极主动地接触被观察的物体。这种概念自然而然，许多人至今依然这么相信，虽然它没法解释我们为什么看不到黑暗房间里的物品。不过时代发展到今天，我们真的已经能把激光和光电管、电波发射台和射电望远镜结合起来，让光与远方的物体进行主动接触了。根据射电天文学原理，射电望远镜发出的电波在到达目标物体，比方说朝向地球的金星半球以后，会反射回来。许多波段的无线电波能彻底穿透金星的大气和云层，但在抵达地表的一些地方后被吸收，或者因为地表特别粗糙而散射开来，在光谱图上呈现出黑色的区块。通过跟踪金星地表的这种光谱特征，我们终于确定了它的一天——或者说它沿地轴自转一圈——需要多少时间。结果表明，它自转一圈居然要 243 个地球日，而且方向和其他内太阳系的行星相反。也就是说，金星上太阳西升东落，它的一个白昼过去，我们在地球上已经度过了 118 天。更重要的是，它每次和地球接近时，朝向我们的都是同一面。不论地球引力让金星自转成这样需要多久[1]，肯定不能一蹴而就。金星不可能只有几千年的历史，它一定和内太阳系的其他天体一样古老。

金星的射电图一部分由地基射电望远镜取得，一部分来自它轨道上的“先驱者号”。这些图像令人兴奋，因为我们发现金星上也存在陨坑。金星陨坑数目众多，而且和月球高地部分的陨坑一样，既不太大，也不太小，同样表明金星有非常悠久的历史。但它地表的陨坑很浅，可能是因为高温让岩石产生了一些流动性，会随着时间逐渐软化，就像太妃糖或油灰。金星上有巨大的台地（高度是青藏高原的两倍）、巨大的裂谷，可能还有巨型火山和珠峰似的山脉。是的，我们已经见到那个曾完全被云雾笼罩的世界的真面目，而揭示真相的正是无线电波和航天器。

按照射电天文学原理，我们推算出了金星的表面温度，航天器的测量证实了这个推测。金星的地表温度约为 480 摄氏度或者 900 华氏度，比家用烤箱功率开到最大还夸张。相应地，它的地表压力是 90 个大气压，也就是地球大气层施加给我们的 90 倍，和钻到水下一千米相当。要在金星久待，航天器必须和潜水器一样抗压，而且得有足够的冷却功能。

美国和苏联已经有十几部航天器成功穿过了金星厚重的大气和云

---

1. 这种现象又称“潮汐锁定”，由两个天体引力场强度不同导致，最终使得一个天体永远以同一面对着另一个天体；例如月球永远以同一面朝向着地球。潮汐锁定的天体绕自身的轴旋转一圈要花上绕着同伴公转一圈相同的时间。这种同步自转导致一个半球固定不变地朝向伙伴。—— 译注

层，它们中的几个甚至在地表工作了一小时左右。[1] 苏联金星系列的两部航天器还在那里拍了照片。让我们跟随这些先行者去另一个世界看看。

在普通的可见光下，金星云层呈现出一种淡淡的黄色，正如伽利略第一次透过望远镜观察就注意到的那样，它特征匮乏。但假如能透过镜头看到紫外线，我们会发现金星的高层大气有优雅、复杂的气旋系统，那里风速约为 100 米 / 秒。金星大气层的成分里二氧化碳占去了 96%，剩下的氮、水蒸气、氩气、一氧化碳和其他气体痕迹微弱，而碳氢化合物和碳水化合物连百万分之零点一都不到。至于金星的云，它的主要成分是浓硫酸，另外掺杂了一些盐酸和氢氟酸。即便在高处寒冷的云层，这颗行星也完全没法讨人喜欢。

在可见的云层上方 70 千米处，我们将遇到由微小颗粒组成的烟霾；60 千米处，我们一头扎进云层，悬浮在身边的都是浓硫酸液滴。越深入，液滴就越大。刺激性气体，如二氧化硫（SO_2）在大气底层含量低微，却会在云层高处不断生成，由于太阳紫外线的照射分解，与水结合成硫酸。硫酸凝成液滴，在海拔更低的地方又被热量分解成二氧化硫和水，完成循环。金星的硫酸雨遍及全球，下个不停，但一滴也落不到地上。

---

1. “先驱者金星计划”是美国在1978—1979年间成功执行的太空任务。它包括了一部轨道飞行器和四枚进入大气内部的探测器，其中两枚探测器在金星险恶的地表环境下短暂地工作了一段时间。在研发航天器去探索未知的过程中，肯定有许多意想不到的事情，下面就是一例：“先驱者”金星系列的其中一枚探测器安装有净通量辐射计。它会在探测器穿透金星大气的过程中，记录下每一刻的红外辐射波动。要让这个仪器完美工作，就需要一扇坚固且完全不会阻滞红外辐射的窗户。为了满足这个条件，承包商要进口一颗13.5克拉的钻石，把它打磨成所需要的平面，但美国海关在中间拦了一道，要扣取12,000美元的进口关税。不过他们最后认定，钻石在发射到金星以后就失去了在地球上继续交易的可能，所以把关税又退了回去。

硫黄色的薄雾一直向下延伸到距离金星地表45千米处，由此，我们进入了厚重而透明的大气层。虽说是透明的大气，但气压实在太高，阳光被大气里的分子反射，所以我们根本看不到地表。这里没有尘埃，没有云朵，只有越来越大的压力。而透过云层的阳光色泽让人联想到地球的阴天。

这里所有的一切，无论酷热、高压还是剧毒气体，都笼罩在怪异、略略泛红的光辉里。与其说金星是爱之女神维纳斯，不如说它是地狱的化身。据目前所知，金星至少有部分地表散落着半熔化的不规则乱石，天空则高密度、多云而有毒，[1]无法透过天空看到其他星体。只有来自异星的航天器残骸才让严酷的画风稍显柔和。

金星是行星级别的灾难现场。我们已经清楚地了解到其地表高温源于强烈的温室效应。阳光穿过金星的大气和云层——它们对可见光来说是半透明的——抵达地表。地表受热后当然要把这些辐射努力送回太空。但金星的温度比起太阳来说非常低，能够散逸的光主要是红外线，而非可见光。更糟糕的是，就连这点红外线也被大气里的二氧

1. 这片令人压抑的光景里不太可能存在什么活物——哪怕是与我们截然不同的生物。有机分子和其他能想象到的生物分子在这里都会被撕碎。但我们不妨放飞想象，幻想一下这样的星球上也存在智慧生物吧。他们能不能发展出科学？地球科学的发展与对群星的观察密不可分，但金星云层浓密。这里一个夜晚有整整59个地球日那么长，然而你抬起头什么都看不到。你甚至也看不到白天的太阳：阳光散射到了整片天空。就像戴着水肺的潜水员在海洋深处望向水面，你能见到一团朦胧的光。如果金星上有射电天文台，那它倒是能侦测太阳、地球和其他遥远的天体。假如金星人真的发展出了天文学，那么群星的存在是可以从抽象的物理学原理中被推导出来的，但它始终只是理论。要是再有一天，他们懂得了如何在厚重的大气里飞行，并终于穿透头顶45千米处的那层云雾面纱，第一次见到灿烂的太阳和群星，我有点好奇他们会做何反应。

化碳和水蒸气挡住大半。[1]于是乎，太阳的热量被困住，地表不断升温，最后只有少量的红外辐射从厚实的大气中散逸，平衡了大气下层和地表吸收的阳光。

尽管我们的邻居环境算不上令人愉快，但它有着自己的魅力。你看，哪怕是地狱，也曾有希腊和北欧神话里的许多英雄奋勇闯荡过。此外，把金星和我们的星球放在一起，除了能对比出地球如同天堂外，我们还可以学习到很多知识。

半人半狮的斯芬克斯像建于5500年前，它曾经线条清晰，轮廓明显，但几千年的埃及沙漠风沙，以及偶有的降雨逐渐消磨了它的原形。纽约市有座方尖碑叫作“克利欧佩特拉之针”，同样来自埃及。它在中央公园里立了不过百年，碑文就几乎完全消失不见，导致这一切的是烟雾和工业污染——它们就像金星大气中的化学物质。地球上的腐蚀作用能抹去信息，只不过因为过程平缓常常遭到忽视。在雨点滴答和沙尘叮咬下，山脉这样巨大的构造体能存续数千万年；小型陨坑可能保留数十万年[2]；而人类的巨型建筑只存续了几千年。除了缓慢均匀的腐蚀外，突如其来的灾难也会导致大大小小的破坏。斯芬克斯

---

1. 对于金星上到底有多少水，其实现在还不能完全确定。“先驱者”金星系列的探测器装有色谱仪，它们显示出大气底层的水含量有零点几个百分点。但从苏联“金星11号”“金星12号”探测器收集到的数据来看，水含量似乎只有万分之一。如果采信前一种数据，意味着仅靠二氧化碳和这点水蒸气就足以锁住地表几乎所有的热辐射，把温度保持在480℃。如果采用后者——我猜它可能更接近真实数据——那么二氧化碳和水蒸气只能够把地表温度保持在380℃，换言之，想把温室效应的红外频率散热窗口关闭，大气里还得有点别的成分。不过我们确实在金星大气中检测到了少量的二氧化硫（SO_2）、一氧化碳（CO）和盐酸（HCl），它们似乎足以补上缺口。总而言之，最近美国和苏联的金星任务已经证明，温室效应就是金星地表温度奇高的原因。
2. 准确来说，直径10千米的陨坑平均50万年出现一个。它们在地质结构稳定的地区，比如欧洲和北美，能够保存3亿年。更小的陨坑当然产生得更频繁，不过遭破坏也更快，尤其是在那些地质活动频繁的地区。

像少了个鼻子。它是被某些穷极无聊又性情恶劣的人用炮轰下来的。罪魁祸首可能是突厥马穆鲁克兵团，也可能是拿破仑的士兵。

无论金星、地球还是太阳系的其他地方，都有证据表明毁天灭地的巨大灾难逐渐被更缓慢、更温和的过程替代：以地球为例，落下的雨水汇聚成溪流、小河与大江，塑造出了巨大的冲积平原。火星上那些古老的河床，可能由地底涌出的物质造成；木卫一上似乎存在硫黄冲刷出的宽阔河道。地球的天气系统强大有力，金星的高层大气和木星更是如此。地球和火星上都存在沙尘暴，木星、金星和地球同样有电闪雷鸣。地球和木卫一的火山，会把尘埃颗粒排进大气层。和在地球上一样，地质作用也在逐渐改变着金星、火星、木卫三和木卫二。众所周知，缓慢移动的冰川重塑了地球地貌，同样的情况也可能发生在火星上。但这些过程也未必会永远持续。今日欧洲的大部分地方曾经覆盖冰雪。数百万年前，芝加哥还被埋在 3000 米厚的冰雪下。在火星和太阳系的其他星球上，我们能找到许多绝不可能诞生于今天的地貌，它们只能是数亿，甚至数十亿年前，与今天截然不同的另一套环境的产物。

除了上述这些，还有一个额外因素参与了地球地貌与气候的改变，那就是智慧生物。智慧生物能导致环境的巨大变化。与金星类似，地球的二氧化碳和水蒸气也产生了温室效应。当然，如果不是这样，地球的温度会始终处于冰点以下，液态的海洋不可能存在，所以温室效应是我们生存的先决条件。问题在于地球和金星类似，含有约 90 个大气压的二氧化碳；好在它们主要以石灰岩和其他碳酸盐的方式储存在地壳里，并未得到释放。如果地球和太阳的距离再缩短那么点儿，气温略略升高，一些二氧化碳就会得到释放，产生更强的温室效应。而随着地表温度的进一步升高，碳酸盐会蒸发出更多二氧化碳，让地球继续升温。如此恶性循环下去，温室效应终将失控。因为金星离太阳更近，同样的事情很可能已经在它的历史早期发生过了。金星的地表环境是一个警告：我们的家园也可能遭遇同样的灾难。

我们今天的工业文明以化石燃料为主要能源。我们燃烧木材、石油、木炭和天然气，同时向空气中排出废气，而废气的主要成分就是二氧化碳。这样做的结果是地球大气中的二氧化碳含量急剧升高。我们必须小心谨慎，以免温室效应失控：即便全球平均气温只升高一两度，也可能带来毁灭性的后果。另外，在燃烧煤炭、石油和天然气的同时，我们也把硫酸排进了大气。同金星类似，我们的同温层里已经有了大量的硫酸液滴。我们的大城市遭受着毒物的侵害。它们对于人类行为会带来什么样的长期影响，目前尚不清楚。

与此同时，我们也在以相反的方式扰乱着气候。几十万年来，人类一直在砍伐、烧毁森林，放牧家畜啃食草坪。刀耕火种式的农业、对热带森林的工业化砍伐，以及过度放牧等现象如今遍及全球。不过森林比草地暗，草地又比沙漠暗。从这个角度来说，地表吸收的太阳热量反倒不断减少，而且土地开发目的的变化也在让这颗星球降温。谁也说不好这种降温会不会导致极地冰盖增加，反射更多阳光，地表进一步冷却，最终使得反照率[1]失控。

地球是颗可爱的蓝星，也是我们唯一的家。金星太热，火星太冷，只有地球堪称天堂。毕竟，这是我们诞生和演化的地方。但地球的气候可能并不稳定。这颗可怜的星球未必经得起人类反复折腾。我

---

1. 反照率是行星反射的阳光比例。地球的反照率在30%—35%之间。其余的阳光被地面吸收，影响了地表的平均温度。

们会不会把地球变成金星似的炼狱，或火星般的冰球？答案很简单：没人知道。对全球气候的研究，以及对地球和其他行星的比较研究都还处在起步阶段，而且资金匮乏，维持艰难。与此同时，我们还在一边污染大气，一边增亮大地，完全没意识到长此以往会带来无法预料的后果。

人类诞生于几百万年前，那时地球已步入中年多时。这颗46亿岁的行星已经告别了它躁动不安、多灾多难的青春岁月。但人类的出现代表了一种全新的，也许是决定性的因素。智力和科技发展赋予了人类改变环境的力量。然而这份力量应该如何使用？在影响整个人类大家庭的事情上，我们真的应该放任自己的无知和狂妄吗？我们是否将短期的利益，置于地球的福祉之上？我们要不要学着把目光放长远一点，为了我们的子孙后代，去学习、去了解这颗星球复杂的生态系统？地球是个渺小又脆弱的世界，它值得我们珍惜。

05

第五章 红星蓝调

他在众神的果园里注视着运河……

——《埃努玛·埃利什》，苏美尔文明，约公元前2500年

同意哥白尼观点的人认为地球是颗行星，和其他行星一样绕着太阳转动，被阳光照亮。他们难免会偶尔陷入幻想……其他行星上是否也存在居民，且有自己的服装、家具……但我们总是倾向于认为，研究大自然在别处的创造注定徒劳无功，因为人类的猜想永远无法被证实……不过前段时间我又对这个问题仔细思考了一番（我并不自认比伟大的前人更优秀，只是有幸出生在他们之后），感到它并非完全不切实际，困难也不是绝对无法克服，只不过可供我们推测的余地实在太大了。

——克里斯蒂安·惠更斯，

《关于行星世界及其居民和产物的新猜想》，约1690年

故事是这样的：很多年以前，有个知名报纸出版商给一个著名的天文学家发了封电报：请用500个词简要说明火星有没有生命。这个天文学家尽职尽能地给出了回答：没人知道，没人知道，未知……这两个词他重复了250次。尽管他坦承自己的无知，还以专家身份做了斩钉截铁的回答，但似乎并没有人听进去。我们依然总时不时得知又有某权威人士推断出火星上存在生命，或者认定那里了无生机。有很多人打心底里希望火星存在生命，另一些人则根本不希望。在我看来，这两个阵营都太过激进。他们满怀激情，态度强硬，而大众受其影响，也不太愿意保持模棱两可的态度，但其实“模棱两可”对科学而言至关重要。还有许多人迫切地想要一个答案，答案到底是什么并不重要，重要的是他们不愿意让大脑同时容纳两个相反的可能。以前让一些科学家相信火星存在生命的重要证据，现已被证明毫无价值。另一些科学家之所以断言火星没有生命，只不过因为当年对生命特殊形式的研究才刚起步，结果不太明确。在火星这颗红色星球上，蓝调布鲁斯已经演奏了不止一次。

为什么我们如此痴迷于火星人？为什么我们对火星人怀抱那么热切的幻想，而土星人或者冥王星人却无人问津？这恐怕是因为火星乍看上去十分接近地球。它是距离我们最近的行星，我们能看到它极地的冰盖，飘浮的白云，奔走的沙尘暴，随着季节变化的红色地表。甚至火星的一天也接近 24 小时。人们很容易把那里想象成充满生命的世界。它已成为某种神话般的舞台，而我们把种种念想和恐惧都投射到了台上。

但科学不该被先入之见左右。科学需要建立在明确的证据之上，而证据目前并不充分。真正的火星应该充满奇迹，它的前景远比我们小小的迷思更远大。幸运的是，我们已经进入了能让登陆器降落火星的时代。一个多世纪的梦想，已经得以实现！

在 19 世纪末，没有人相信我们这个世界正在被一种比人类更先进，并且同样不免会死亡的智慧生命聚精会神地注视着，又有谁会相信，当人类正为自己的事情忙忙碌碌时，他们被专心致志地研究着，像人们用显微镜研究一滴水里蠕动繁殖的生物一般仔细。自高自大的人类来往于世界各地，忙着干自己的事，自以为控制了物质世界的一切。显微镜下的纤毛虫恐怕也不乏这样的幻觉。没有人想过宇宙中更古老的世界会成为对人类产生威胁的根源，或者认为其他星球上根本就不可能有生命形式存在。地球上的人们至多想象着火星上还会有人类生存，也许他们远比人类落后，正渴望着传教士的光临。然而穿过浩瀚的太空，实际上有一些智慧生命，他们的智慧和我们相比，简直就像我们和野兽相比。这些更理性、更冷酷并且毫无同情心的智慧生命正用忌妒的眼睛观察着地球，慢慢地，却坚定地准备着对付我们的计划。

这是 1897 年出版的 H.G. 威尔斯经典科幻小说《世界大战》的开头，那本书的巨大影响力一直持续到了今天。[1] 对地球之外生命的恐惧或希望贯穿了人类的整个历史。而最近百年里，夜空中那个红色的亮点成了这种关注的焦点。《世界大战》出版 3 年前，一个叫作帕西瓦尔·罗威尔的波士顿人出资建立了一座天文台，人们就是在那里建立起史上最详尽的“火星生命说”。罗威尔上过哈佛大学，年轻时涉猎了天文学，在朝鲜有个半官方的外交职务，除此之外还从事些富人的日常活动。1916 年去世前，他已经为天文学做出了巨大的贡献，包括增加了我们对行星本质和演化方式的理解、推断了宇宙的膨胀现象，以及发现冥王星。实际上，冥王星（Pluto）的头两个字母，就是帕西瓦尔·罗威尔（Percival Lowell）的首字母缩写。这可以算是以行星为墓碑了。

不过，火星才是罗威尔的一生挚爱。1877 年，意大利天文学家乔凡尼·斯基亚帕雷利宣布在火星上发现“运河”（canali），这让罗威尔激动不已。斯基亚帕雷利在火星抵达地球近旁时，观察到它的亮色区域上有由单双直线构成的复杂网络。canali 在意大利语里的意思是水槽或者凹槽，但在英文世界里翻译成了运河。运河，意味着智慧生命。一场火星热就此席卷欧美，罗威尔也深受影响。

由于视力下降，1892 年斯基亚帕雷利宣布放弃继续观测火星，罗威尔接替了他的工作。他不但想获得第一手观测资料，还不愿意让云层和城市灯光干扰到视宁度。“视宁度”是个天文学术语，简单来说就是大气越稳定，望远镜中的图像越清晰。糟糕的视宁度是大气层

1. 1938年，奥森·威尔斯为《世界大战》编排了广播版，把火星人的入侵地点从英国转移到美国东部，结果引起数百万人的恐慌，他们以为地球真的遭到了火星人的入侵。

轻微扰动造成的，星星之所以会“眨眼睛”也是这个原因。总之，罗威尔在远离家乡的亚利桑那州旗杆镇火星山建起了一个天文台。[1]他为火星地表做了许多速写，特别是那些让他着迷的运河。观察星空绝非易事，因为你得在寒冷的清晨一直盯着望远镜。很多情况下，望远镜的图像并不清晰，你看到的火星往往模糊变形。这种时候，你就得忽略掉所看到的东西。而图像偶尔稳定下来时，你得尽量记住那些一晃而过的行星地貌特征，把它们速写到纸上。要记录火星的奇观，你必须放下成见，开放心态。

帕西瓦尔·罗威尔的笔记本上写满了他自以为看到的东西：明暗不同的区域、极地冰盖的隐约痕迹，还有运河，布满了整颗星球的运河。罗威尔相信火星存在环绕全球的巨大沟渠灌溉系统，它们把极地的融冰送到了干旱的赤道城市。他相信火星的居民比人类更古老，也更睿智，可能与我们截然不同。他相信阴暗地区的季节性变化是由于植物的生长和腐烂。他相信火星曾经和地球非常相似。总而言之，他相信得太多了。

罗威尔想象里的火星是个古老、干旱、贫瘠的沙漠世界。尽管如此，那依然是地球式的沙漠。他眼中的火星有着和美国西南部相近的风光，而那正是他的天文台坐落的地方。他相信火星气温略低，但仍然和英格兰南部一样舒适。那里大气稀薄，不过有足够的氧可供呼吸。地面虽然干涸，然而遍布全球的运河网络里满是流淌的生命之水。

---

1. 艾萨克·牛顿写过：“即使是理论上最完美的望远镜，也有局限性。我们透过大气看星星，会发现它们总是颤动……唯一的解决方案就是大气静止不动，可能只有去最高的山峰，或者浓密的云层之上才行。”

罗威尔的观点当时就受到了严峻的挑战。有趣的是，其中最有力的挑战恰恰来自一个看似不可能的人。1907 年，阿尔弗雷德·拉塞尔·华莱士，自然选择演化论的共同发现者之一，受邀去评论罗威尔的著作。华莱士年轻时是个工程师，有些轻信超自然能力，但对火星宜居性的批评精准到位。华莱士指出罗威尔在计算火星的平均温度时犯了错误，那里一点儿不像英国南部，实际上除了几个地方，全境都在冰点以下，所以你在火星上找到的只有永久冻土；火星的空气也比罗威尔计算的稀薄得多；那里的陨坑数量应该和月面差不多。至于运河里的水，他是这么评价的：

> 按照罗威尔先生的描述，火星沙漠遍布，云层稀少。如果确实如此，那么谁认为运河能够穿越赤道，把水带往另一个半球，谁就是疯子。我可以打包票说，从源头开始不出百里，运河里的水就会蒸发和下渗到一滴都不剩。

华莱士做出这番准确又不留情面的评论时，已经八十有四。作为对水力学感兴趣的土木工程师，他指出火星上不存在智慧生物。至于有没有微生物，他不曾发表意见。

尽管华莱士做了批评，还有许多天文学家盯着望远镜里罗威尔所说的地点看，却没有发现传说中运河的迹象，罗威尔的火星观还是得到了广泛的接受。这观点之所以这么引人入胜，一方面因为它有着从《创世纪》时代便存在的神话色彩，另一方面和 19 世纪本身也有关。19 世纪可算工程学的光辉岁月，无数高大的建筑在此期间立起，许多运河也开凿于这百年之中：苏伊士运河完工于 1869 年；柯林斯运河 1893 年建成；巴拿马运河稍稍往后，它开通于 1914 年；离我们家不远的地方，大湖航道、纽约州北部的驳船运河、美国西南部的灌溉渠也先后建成。如果欧洲人和美国人都能完成这样的壮举，凭什么火星人不能？难道就不能有一个更古老、更睿智的物种，为了解决他们红色星球的干旱问题，完成了更宏伟复杂的工程吗？

如今，我们已经把侦察卫星送进这颗行星的轨道，为它测绘了地图，还把两个自动化实验室送上了它的地表。虽然火星的秘密比起罗威尔时代来不减反增，但我们拍到的火星照片，怎么着都要比罗威尔能瞥见的任何景象都更为详尽。我们在这些照片里完全找不到壮观的运河网络，实际上根本连一条人工水道都没有。罗威尔和斯基亚帕雷利产生误判的主要原因是观测条件有限，但和他们本就倾向于火星上存在生命可能也有一定关系。

帕西瓦尔·罗威尔的观测笔记凝结了他在望远镜前的多年心血。这些文字还表明罗威尔很清楚其他天文学家对运河水道的质疑。他对自己获得重大发现的骄傲、对其他人无法理解的沮丧，都展现在了字里行间。举个例子，他在 1905 年 1 月 21 日的观测日志中写道："阳光反射显示出了两条运河，令人信服。"阅读罗威尔的笔记时，我常常有种不舒服的感觉。他可能真的看到了什么东西。问题是，他究竟看到了什么？

我和康奈尔大学的保罗·福克斯把罗威尔的速写和"水手 9 号"的轨道照片——它们的分辨率比罗威尔那台架设在地面上的 24 英寸折射望远镜画面高 1000 倍——进行了对比，几乎没发现什么相似之处。罗威尔并没有把火星上不连贯的细节串联成虚幻的线条。他的大部分运河位置上既没有黑斑也没有陨坑，那里什么都没有。那他为什么会年复一年地画下相同的运河？为什么还有些天文学家——有的人说他们在仔细观测之后才参看了罗威尔的地图——也在同样的地方画出运河？水手 9 号取得的重大成果之一是发现火星的许多条痕与斑点——其中不少和陨坑壁垒相连——会随着季节变化。它们其实是被风吹聚的沙尘，由于季节风向不同而发生形状变化。但这些条痕不可能是运河。它们既不在运河的位置上，也不够大，你没法从地球上一眼就看到它们。罗威尔错认为运河的火星地理特征即使再微弱，也不太可能 20 世纪头几十年还在，火星轨道航天器一发射就消失得无影无踪。

火星运河似乎是人类在糟糕的观测环境下，手、眼、脑一系列误操作的产物（至少一些人类如此；还有一些与罗威尔同时代，或者在他之后的天文学家，用不输于他的望远镜观测火星后，宣称根本不存在什么运河）。但这个解释不够全面，我总怀疑火星运河问题没那么简单。罗威尔一直说运河的规律性是智能的表现，他当然是对的。唯一的问题在于这个智能生物到底在望远镜的哪一端。

罗威尔幻想的火星人温良恭俭让，几乎有点耶稣的气质，和威尔斯在《世界大战》里描写的恶毒怪物天差地别。这两种形象都通过杂志周末增刊和科幻小说变得广为人知。我清楚地记得，小时候读埃德加·赖斯·巴勒斯的《火星》三部曲时，我把自己幻想成了故事主角：来自弗吉尼亚、充满绅士风度的冒险家约翰·卡特。我去了“巴松”——那是火星人对他们星球的称呼，与成群结队的八腿驮兽“透特”一起旅行，赢得了希雷姆城公主德佳·索丽斯的芳心，和身高四米、绿色皮肤的斗士塔斯·塔卡斯结为好友。我漫步在巴松的尖顶城市与圆顶抽水泵站之间，行走于尼罗瑟提斯运河和尼本席斯运河旁青翠的堤道之上。

我们真的有可能——我说的是在现实里，而不是幻想中——和约翰·卡特一起前往火星，去希雷姆王国冒险吗？我们能不能在某个夏夜迎着巴松那两颗行色匆匆的月亮的微光，来一场科学之旅呢？虽然罗威尔关于火星的许多观点，包括运河网络都被证明是错误的，但它至少起到了一点作用：它成功地激起了包括我在内的无数 8 岁小孩对于探索异星的好奇心，我们都幻想着哪天可以亲自踏上火星的土地。约翰·卡特去火星的方式是站在开阔地里摊开双手默默祈祷，小时候我也花了几个钟头在空地里伸出手，希望有什么东西能把我传送去火星，只是从来没成功过。但一定还有别的方法。

和有机体一样，机械也会演化。火箭最早出现在中国，但人们只拿这个靠火药推进的东西来为庆典和节日助兴。14 世纪，它传播到了欧洲，并被应用于战争。19 世纪末，俄国教师康斯坦丁·齐奥尔科夫斯基为它奠定了太空飞行的理论基础，而史上第一个认真对待这个理论，并制造出液体燃料火箭的人是美国科学家罗伯特·戈达德。第二次世界大战期间，德国研发的 V–2 火箭采用了戈达德的几乎所有创新，1948 年的 V–2/WAC 更是登峰造极。它是 V–2 和 WAC 两种火箭的混合体，两段式发射，能抵达前所未有的 400 千米高空。20 世纪 50 年代，苏联的谢尔盖·科罗洛夫和美国的沃纳·冯·布劳恩获得资金支持，把火箭开发成大规模杀伤性武器的运载平台，带动了第一颗人造卫星的诞生。这发展的步伐至今未歇：载人绕地轨道飞行、载人绕月轨道飞行、登陆月球、飞向外太阳系的无人航天器先后出现。其他许多国家也发射了航天器，包括英国、法国、加拿大、日本和中国——最早发明出火箭的那个国家。

太空火箭发展初期，齐奥尔科夫斯基和戈达德（他年轻时读过威尔斯的小说，也受过帕西瓦尔·罗威尔讲座的激励）都曾想象过，有朝一日，人们会在轨道上建立观察地球的空间站，还会发射探测器去火星寻找地外生命。他们的梦想已经实现了。

假设你是个外星人，来自截然不同的另一种星球，对地球没有任何先入之见，那么你对这颗小行星的看法，会随着距离不断拉近、地表细节逐渐显现而越来越清晰。你什么时候可以判断这颗星球有人居住？如果它的居民是智慧生物，也许已经造出了对比强烈、长度达几千米的工程构造体。倘若如此，那么当光学系统能够分辨千米级别的地表特征时，他们就能判断出这颗星球有智慧生物。然而地球在这个分辨率下，其实还是一片不毛之地，即便在被人类称为华盛顿、纽约、波士顿、莫斯科、伦敦、巴黎、柏林、东京和北京的地方，你也找不到生命的迹象，更不要说智慧生物了。哪怕地球上真的存在智慧生物，他们也不曾在地表上建造出千米级分辨率即可观察到的规则状几何图形。

但随着继续接近，分辨率提高 10 倍，能看清百米级的物体后，情况就变了。地球上的许多地方好像突然结晶了似的，出现了许多复杂的方形、矩形、直线和圆。这是本地智慧生物的工程学构造体——道路、高速公路、运河、农田、城镇街道，这些东西展现了人类对欧几里得几何学和领土权的双重热情。到这个尺度，我们总算可以分辨出波士顿和华盛顿了。而到了十米级的分辨率下，人工建筑会变得非常明显，我们能看出人类总是忙忙碌碌。这些照片拍摄于白天，但在黄昏和夜晚，另一些东西会变得清晰可见：利比亚和波斯湾油井的火焰，日本捕鱿船队的深海灯光，大城市的灿烂灯火。如果白天的分辨率继续提高，能看清一米大小的东西，那地球上的生物个体——鲸鱼、奶牛、火烈鸟、人类——才终于清晰可见。

地球存在智慧生物的第一个标志便是建筑的几何学结构。假如火星上真有罗威尔所说的运河网络，那肯定也有火星人。作为智慧生物，他们势必改造地表景观，哪怕是只能从轨道航天器上近距离拍摄到的景观。然而航天器拍摄下的火星，尽管地貌缤纷多样，但除了一两个说不清道不明的地质特征外，并无半分人工痕迹。因为距离太阳较远，火星气温更低。它的空气稀薄，成分主要是二氧化碳，但也存在一些氮分子和氩分子，以及非常稀少的水蒸气、氧和臭氧。今天的环境下，火星不可能存在露天的水体，因为气压很低，即便是冷水也会很快沸腾蒸发。而液态水就算存在，也只能分布于土壤缝隙和岩石孔洞中，数量稀少。这里的氧气含量太低，人类无法呼吸。过于稀薄的臭氧则无法阻止太阳那可以杀死微生物的紫外线长驱直入。这样的环境下，还能有生物存活吗？

为了验证这个问题，好多年前，我和同事们准备了几个模拟火星环境的试验箱，把一些微生物放在了里面，看它们能否生存下来。参照火星的正午和午夜，箱内的温度在微微高过冰点和 −80° C 之间循环，而填充在箱内的气体主要是二氧化碳和氮，氧分子匮乏。我们用紫外线灯替代了强烈的太阳辐射。除了一些湿润的沙子外，箱子里也没有液态水。有些微生物在实验开始的头一个晚上就冻死了，再也没了动静。另一些因为缺氧而逐渐死亡。剩下的死因包括干渴，以及熬不过紫外线的照射。不过总有一批微生物能够在无氧环境下生存；当气温太低时，它们就“暂停营业”，躲在卵石和细沙中躲避紫外线。在另一些实验中，只要稍微给点儿液态水，它们非但没有灭绝之虞，甚至还逐渐增长。如果微生物在模拟火星的环境下能够生存，那火星本土的微生物，如果它们确实存在，表现一定更好。但了解实情的前提是我们得能抵达那儿。

苏联一直积极发展无人行星探索事业。按照开普勒和牛顿发现的物理学原理，每隔一两年，火星和金星就会移动到特定的相对位置上，这种时候，我们能用最少的燃料把航天器送往它们身边。从20世纪60年代早期开始，苏联几乎没有错过这样的机会。他们的坚持不懈和工程学的努力最终获得了丰厚的回报。苏联的五台探测器——从“金星8号”到“金星12号”——降落在金星，并成功传回了地面数据，在如此炽热、高压、大气层强腐蚀性的环境下，这真是了不起的壮举。但尽管尝试了许多次，苏联人的探测器却始终没能成功登陆火星。粗看起来，火星似乎更友好一些，它气温低、大气稀薄，气体也温和；这里有极地冰盖、晴朗的粉色天空、庞大的沙丘、远古的河床、宽广的裂谷、已知的太阳系最大火山[1]，夏日午后的赤道甚至还有些温暖。这里远比金星更像地球。

1971年，苏联的“火星3号”进入火星大气层。从自动传送回的数据来看，登陆器与轨道船顺利分离，把烧蚀防护罩对准了地表，接着展开巨大的降落伞，在接近地面时点着了制动火箭。根据轨道船回报的数据，这应该是一次成功的降落才对。但探测器只工作了20秒，甚至没能发回一张完整的照片就神秘地失去了联系。1973年，“火星6号”的登陆器在接触地表后仅一秒钟内，也发生了类似的故障。问题究竟出在哪儿？

---

1. 火星的奥林帕斯山是盾状火山，高达22千米。—— 译注

我第一次见到“火星3号”的图像，是在一张苏联邮票上（面额16戈比）。图中的航天器仿佛正在紫色的烂泥中降落。我想，这位艺术家大概想描绘尘土和暴风：“火星3号”进入大气层时，那颗行星正在刮一场波及全球的沙尘暴。美国“水手9号”收集的数据表明，那次风暴的近地风速超过了140米/秒，几乎比火星音速快了一半。我们和我们的苏联同行都认为，“火星3号”登陆器的降落伞打开后，尽管它在垂直方向上着陆的速度很慢，但水平方向上受到了强烈的风力吹打。这种依赖大型降落伞的登陆器，特别容易受到水平风的影响。着陆后，“火星3号”可能弹跳了几次，撞上了一块大石头或者别的东西，结果倾覆，失去了和运载它来此的“巴士”的无线电联系。

但为什么“火星3号”非要在沙尘暴时一头扎进大气层？这是因为它的任务流程在发射前就已经写死。离开地球前，程序要执行的每个动作都已经被预设在了航天器内置的计算机里。人们无法改变程序，只能看着1971年那场超大沙尘暴干瞪眼。用行话来说，“火星3号”是预编程的，没有转圜余地。“火星6号”的失败更加蹊跷。当那台航天器进入火星大气层时，并不存在横扫全球的风暴，也没有理由认为降落地点突然起了一阵风暴——虽然这种事偶有发生。可能是着陆时发生了什么机械故障，或者火星表面有什么特别危险的东西。

苏联探测器在金星的成功登陆和在火星的失败降落自然引起了我们的关注。“海盗”任务原本计划在美国两百周年国庆纪念日，也就是1976年7月4日，将两台探测器降落到火星。和苏联类似，“海盗号”登陆器包括了烧蚀防护罩、降落伞和制动火箭。因为火星空气非常稀薄，大气密度只有地球的百分之一，我们不得不用直径18米的巨大降落伞来减慢着陆速度。如果落在高海拔地区，登陆器甚至可能会由于减速不够而坠毁，为了提高任务成功率，我们只能选择地势低洼地带。从“水手 9 号”和地基雷达传来的数据里，我们找到了许多符合条件的候选地点。

为了避免“海盗号”遭受和“火星 3 号”同样的命运，我们希望能够在风速较低的时间和地点实施降落。能掀翻登陆器的风，也许同样会把尘土刮离地表。基于此，我们决定寻找没有移动沙尘的地点，这样登陆器扛住风吹的概率至少会高一些。这就是为什么“海盗”系列所有登陆器都会在进入火星轨道后先等待时机，直到登陆地点被轨道飞行器扫描确认状况无误后才得以投放。我们通过“水手 9 号”发现，火星地表的明暗变化与风暴相关。但即使地表没有移动的尘土，我们同样无法百分之百认定那里安全。打个比方，如果某个地点风特别大，把所有沙土都吹跑了，那它看起来也会平静无比。毫无疑问，火星的详细天气预报远不如地球可靠。（实际上“海盗号”的任务之一就是增加我们对两个星球天气系统的了解。）

由于通信和气温限制，“海盗号”无法在火星高纬地区着陆。南北纬一旦超过 45 度或者 50 度，它和地球的有效通信时间，以及不用担心它遭低温破坏的时间都会短得令人尴尬。

此外，我们也不希望它降落在地表粗糙不平处。登陆器可能会因此翻倒损毁，即使情况没那么糟，我们也不想见到它用来采集土壤样本的机械臂被卡住，或者只能在离地一米的高处无助地挥舞。同理，“海盗号”落在过于松软的土地上也不是好事。登陆器的三条着陆架一旦深陷泥土，就会导致一系列不良后果，采样机械臂无法动弹只是其中之一。可是落点的土地太坚实，照样一堆麻烦——举个例子，如果我们落在了熔融形成的玻璃状地面上，周围没有疏松的土壤，那机械臂就不能采样，计划中对火星土壤进行的化学和生物试验自然无从谈起。

当时最清楚的火星照片来自“水手 9 号”，但它能分辨的地貌特征不小于 90 米。“海盗号”轨道飞行器拍下的照片比它好不到哪里去。在这种照片里，一米大小的岩石完全无法分辨，却能对登陆器带来毁灭性的打击。同样的道理，光是看照片，我们不可能知道地上会不会布满又深又软的尘土。好在还有一种技术能让我们确定候选着陆点的土地粗糙或松软程度：雷达。非常粗糙的地面会把无线电波散射向周边，因此反射性很差，呈现在雷达上就是一块暗区。非常松软的地表同样反射不佳，因为沙石间存在许多缝隙。虽然我们无法分辨出某地到底是粗糙还是松软，但反正着陆时两者都不是好选择。初步的雷达扫描显示，火星已知地表部分有四分之一到三分之一的区域在雷达上发暗，对“海盗号”而言存在风险。不过，并非整个火星都能被地基雷达侦测到——只有从北纬 25 度到南纬 25 度之间才行。“海盗号”轨道飞行器并没有装载雷达，所以它无法自行测绘火星地图。

毫无疑问，“海盗号”任务面临着许多限制——可能太多了。它的登陆选址海拔不能太高，风不能太大，土地不能太软、太糙或者太靠近极地。如果真有这样的地方，那当然是好事，只是这样的地方看起来肯定也有些枯燥乏味。

当“海盗”系列两台轨道飞行–登陆器进入火星轨道时，登陆纬度就已经无法更改。换言之，如果它轨道的最低点是北纬 21 度，那么登陆点就不能超过北纬 21 度。由于行星自转，经度倒是可以自行选择。幸运的是，“海盗号”的科学团队在这狭窄的范围里找到了不止一个符合条件的登陆点。“海盗 1 号”的登陆纬度是北纬 21 度，首选登陆点在一个叫作克里斯（它在希腊语里的意思是“黄金之地”）的地方，靠近四条蜿蜒峡谷的交会处。那几条峡谷可能是几个世代以前被奔流的河水冲刷出来的。克里斯似乎符合所有安全标准，但雷达扫描的只是登陆点近旁的区域，而不是登陆点本身。因为地球和火星的位置关系，直到预定登陆日前几周，人们才用雷达对那里进行了照射。

“海盗 2 号”的预定登陆纬度是北纬 44 度，首选登陆点叫塞东尼亚。之所以选择那里，是因为根据一些理论，至少在每个火星年的特定时间，塞东尼亚可能存在少量液态水。因为海盗系列的生物实验主要针对那些需要液态水的微生物，有些科学家据此认为“海盗 2 号”发现火星生命的概率会更高。不过同样有人说，因为火星多风暴，微生物应该无处不在。这两种立场都有可取之处，很难断个高下。但我们至少清楚一点：雷达完全无法扫描到火星北纬 44 度；由此造成的巨大风险，只能由我们承担。虽然有人说只要“海盗 1 号”任务进行顺利，那“海盗 2 号”风险大点也没什么。但一想到它耗资 10 亿美元，我还是宁可保守些。我想象过好多次，塞东尼亚降落失败后，克里斯的探测器又出了致命性的错误，那会是多么糟糕的景象。为了增加海盗系列的科考成果，还有人在雷达确认过的范围里搜索了一番，希望让“海盗 2 号”降落到南纬 4 度。对于它到底应该探测高纬还是低纬地区，我们一直争执不休，直到最后敲定方案，把着陆点定在了“乌托邦”。“乌托邦”是个充满希望的名字，和塞东尼亚纬度相同。

回过头来讲“海盗 1 号”。检查过轨道航天器照片和刚刚获得的地基雷达资料后，我们认为它的首选登陆地点风险太大，无法接受。

有那么一阵子，我担心“海盗 1 号”已经陷入了两难的境地，可能会像传说中的“飞翔的荷兰人”号[1]，永远在轨道上漂泊，找不到安全的港湾。幸好最后我们找到了一个不错的地点。它还在克里斯，只是远离那四条河道的交会处。这次耽搁导致它没法在 1976 年 7 月 4 日登陆火星，不过我们一致同意，晚点登陆好过在美国二百岁生日那天上演一场坠毁事故。“海盗 1 号”减速进入火星大气层，比原定安排晚了 16 天。

历时一年半，绕太阳飞行上一亿千米后，海盗系列两个轨道飞行－登陆器都安好地进入了火星轨道；轨道飞行器负责调查登陆点；登陆器则在无线电的指挥下进入火星大气层，它们准确地调整烧蚀防护罩朝向，打开降落伞，剥离附着物，启动制动火箭。以它们轻柔地降落在克里斯和乌托邦为标志，人类终于将航天器安全地送上了这颗红色的行星。这两次成功的降落主要归功于人们在设计、制造和测试中付出的心血，对航天器的得当操控也功不可没。但火星毕竟是颗神秘而危险的星球，所以或多或少也有些运气成分。

登陆器落地之后，第一批照片很快发回了地球。我知道我们选的地方比较无聊，但心中依然怀抱希望。“海盗 1 号”登陆器传来的第一张照片是它一条支架的踏板——如果它要被火星流沙吞噬，那样我们好歹能知道怎么回事。画面一行行地刷新出来，看到踏板稳稳地出现在火星的干燥土壤上，我们才松了口气。很快其他照片也从火星发回地球，逐行逐行出现在我们眼前。

我还记得第一张火星地平线照片让我多么震惊。那简直不像外

---

1. 传说中永远无法返乡的幽灵船，注定在海上漂泊航行。—— 译注

星球，我想。它看上去就是科罗拉多、亚利桑那或者内华达。那些岩石、飞沙，还有远方的台地，和地球别无二致。假如有个满头灰发的勘探工牵着骡子从沙丘后面走出，我甚至都不会觉得太惊讶。在研究“金星 9 号”和“金星 10 号”的照片时，我脑子里从没冒出过类似的想法。我当时就确信，我们必将再次造访这个世界。

火星呈现的是一片荒凉，却有些可爱的红色风光：地平线上某个地方的嶙峋巨石是陨坑形成时被抛射出来的；沙丘小巧；岩石表面时不时被风沙覆盖；风起时，小沙粒漫天飞扬；这些岩石打哪儿来？风吹起了多少沙子？这颗星球有着什么样的过往，才会形成断裂的岩块、遭掩埋的滚石，地表多边形的陷坑？这些岩石什么质地？和沙粒一样吗？沙粒是粉碎的岩石，还是另有来源？天空为什么是粉色的？大气是怎么形成的？风速多少？火星有没有地震？为什么大气压和地表景观会随着季节变化？

对于这些问题，“海盗”系列已经给出了至少看上去说得通的回答。它们揭示出火星是个非常有意思的地方，完全不似我们选择着陆点时担心的无聊。但镜头下的火星并没有运河建造者的迹象，没有巴松人的飞车和短剑，没有公主和斗士，没有透特兽，没有类人生物的足印，甚至没有仙人掌和鼠袋鼠。据我们所了解，火星上没有生命的踪影。[1]

也许火星上存在大型生物，只是不在两个登陆点附近。又或者每块岩石沙砾下都藏着更小的生命。地球的漫长历史里，那些没被水

---

1. 克里斯的一块小石头上，有涂鸦一样的大写字母B，这引起了人们的恐慌。但是随后的分析表明，那不过是光影造成的错觉。想想也真是有趣，火星人竟然也会用拉丁字母。就在那个时刻，我回忆起了小时候对巴松（也是大写B开头）的幻想。

淹没的区域看起来和今天的火星很接近。当时的大气里也满是二氧化碳，富含紫外线的阳光洒满大地。直到地球历史最后这 10% 的时间里，大型动植物才登台亮相，而此前 30 亿年里地球上到处都是微生物。要寻找火星上的生命，我们也必须从微生物入手。

“海盗号”登陆器是人类力量在异星的外延。按照一些标准，它的智能近乎蚱蜢；要是按照另一些，它大概和细菌一个档次。别会错意，大自然花了数亿年才演化出一个细菌，花了数十亿年才造出一只蚱蜢。我们在这类业务上还是小后生，已经算干得很不错了。和人类一样，“海盗号”们也有两只“眼睛”，然而这两只眼睛能观察红外线，我们的却不能；它们还各有一只能够翻检岩石、挖掘泥土的机械臂；它们的“手指”可以感知风速与风向；它们的“鼻子”和“味蕾”，比人类灵敏得多，甚至能捕捉分子的痕迹；它们内置的“耳朵”，听得到地震的隆隆声，还有航天器在风中的微颤；它们携带的工具能检测微生物。而它们的放射性能源，可以让这些航天器做到自给自足。它们收集到的科学数据以射电形式向地球传输，同时接收着来自地球的信息。人类可以分析收到的数据，并给它们新的指示。

尽管如此，它们的体积、成本和功率还是受到了严格的限制。在这种情况下，寻找火星微生物的最好办法是什么？到目前为止，我们还没法把微生物学家派过去。我的故友，沃尔夫·维希尼克是位优秀的微生物学家，来自纽约罗切斯特大学。20 世纪 50 年代后期，我们刚开始认真地考虑寻找火星生命，在某次科学会议上，一位天文学家对生物学家们居然没有简单、可靠的自动化机器来寻找微生物感到十分震惊。维希尼克也参加了那次会议，他决定为此做点儿什么。

他开发出一种可以被送往其他行星的小型设备。他的朋友们称之为“沃尔夫陷阱”。这个小设备包括了一小瓶有机营养液，抵达火星后，它会让营养液和火星土壤搅拌混合，然后观察火星细菌（如果它们存在）在生长时（如果它们会生长）液体浑浊与明暗程度的变化。按照预定计划，沃尔夫陷阱会和另外 3 个微生物实验器材一起装载进海盗号登陆器。另外 3 个实验中的两个也需要喂养火星微生物。沃尔夫陷阱生效的前提是火星的生物适应液态水。尽管有人认为火星微生物泡在液态水里只会淹死，但沃尔夫陷阱有个巨大的优点，就是对微生物怎么处理食物没要求。它们只要能成长就行。另外那些实验需要假定微生物会吸收或释放某些特定的气体，但到底哪些气体都纯粹基于猜想。

负责管理美国行星太空计划的 NASA 三天两头被各种意想不到的理由削减开支，而预算增加根本可遇不可求。由于政府对 NASA 的科学活动并不热心，所以各种实验项目常常被砍。1971 年，“海盗号”也不得不减少开支，把四项微生物实验减少到三项，沃尔夫陷阱成了牺牲品。对维希尼克来说，这实在是个令人崩溃的消息。为了开发那套装置，他已经耗去了 12 年光阴。

换作别人，可能会默不吭声地离开“海盗号”生物组，但维希尼克性格温和，愿意付出。他非但没有退出，反而去了地球上最像火星的地方——南极洲的干谷——研究生物。此前有研究人员检查了南极土壤，称他们能找到的微生物并不是本地原生的，而是从其他更温和的环境里被风吹来的。考虑到微生物能在火星箱里生存，维希尼克相信它们同样可以在南极干谷繁衍生息。假如地球微生物连火星环境都能忍耐，他想，凭什么不能忍受南极呢？相比之下，这里更温暖、更潮湿，氧气充足而紫外线更少。如果他在干谷找到了本土微生物，那意味着火星存在生命的概率也会大增。在维希尼克看来，人们之所以认为南极没有原生微生物，是因为过去的实验有缺陷。那些科考人员携带的营养物质虽然在大学微生物实验室的舒适环境下管用，但并不适合干旱的极地荒野。

1973 年 11 月 8 日，维希尼克带着他的新微生物学设备，和一个地质学家同伴一道搭乘直升机从麦克默多科考站出发，前往巴尔德山脉附近阿斯加德山旁的干谷。他的做法是在南极土壤中植入小型微生物试验站，一个月后再回来收走它们。1973 年 11 月 10 日，他前去巴尔德采集样本，留下一张大概 3 千米外拍摄的照片。这是他生前最后一张照片。18 个小时后，人们在某个冰崖崖底找到了他的尸体。显然他去了一个从未有人探索过的地方，结果不幸失足，从 150 米高的地方连滚带摔地落到了地上。也许有什么东西引起他的注意，比如某个微生物栖息地，或某片不该出现的绿地。我们永远不会知道真相了。他随身携带的棕色小本子上最后的几个字是："202 站回收。1973 年 11 月 10 日。2230 小时。土壤温度，−10° C。气温−16° C。"典型的火星夏日温度。

维希尼克逝世后，他的很多微生物试验站还留在南极。他的同事和朋友检查了送还的样本，发现几乎每一个受试地点都有各种各样的微生物，只是用传统的方法难以检测。他的遗孀海伦・辛普森・维希尼克发现了一种从未见过、显然是南极特产的酵母。伊姆勒・弗里德曼则在检查从南极带回的大块岩石时，发现了一种迷人的微生物学特性——在岩石内部一到两厘米的地方，有一些被封住的液态水，而藻类已经在里面安家落户。如果火星上也有类似的情况，那一定更加有趣，因为微生物可以在这个深度下进行光合作用，杀菌的紫外线却基本被阻隔在外。

由于太空任务的具体安排要在航天器升空的若干年前敲定，再加上维希尼克的离世，所以他在南极所做的一切未能改变“海盗号”寻找火星生物的实验计划。通常情况下，微生物实验不需要在火星那种低温下进行，也不会提供漫长的培养时间。但我们只能参考地球微生物，尽可能地推断火星生物的代谢速度。“海盗号”的几个实验就建立在这个基础上。很可惜，我们并没有在火星岩石内部寻找生命的手段。

两台“海盗号”着陆后，样本采集机械臂会从火星地表刨起泥土，慢慢收回登陆器内部，然后把它们分成小份，送进类似小电动火车的五个漏斗里，进行五项不同的实验。其中之一是对泥土进行无机化学研究，另一项是分析沙子和尘土中的有机分子，剩下那三项当然就是寻找微生物了。要寻找未知的外星生命，我们必须先为它们做些假设。我们尽可能地不把地球生物模式套用在外星生物身上，然而这绝非易事——因为我们只对地球生命有所了解。“海盗号”的生物实验充满开创性，显然不会是我们的最后一次尝试。从结果来看，数据既喜人，又恼人，撩拨着我们每个人的心弦，可是对于火星生命存在与否的问题，它们恐怕还无法一锤定音。

三项实验方向各不相同，但核心都是火星微生物的新陈代谢。如果有生命存在，它们肯定需要进食和排出废气，要不就是吸收气体，或者在光合作用下把气体转化成有用的物质。所以我们把食物带往火星，希望能讨得火星微生物的欢心——前提是它们真的存在。然后我们会观察有没有奇怪的新气体从泥土里冒出来。我们还提供了带有放射性标记的气体，看它们是不是被转化成了有机物。无论哪种情况发生，都能证明火星存在生命。

按照发射前设立的标准，三项“海盗号”微生物实验中有两个似乎取得了正面成果。其中一项实验里，当火星泥土和来自地球的无菌有机汤搅拌后，有什么东西改变了汤的化学成分，这非常像微生物在摄入地球食物，并产生代谢作用。另一项实验里，当来自地球的气体与火星土壤混合后，这些气体和土壤产生了化学结合，似乎暗示着有微生物在进行光合作用，从气体中产出了有机物。来自相距5000千米的两个地区的七份不同样本，都给出了乐观的结果。

但环境是复杂的，判断实验成功与否的标准也可能不够充分。人们付出了巨大的努力来设计“海盗号”生物实验，并用各种微生物进行了测试。然而火星地表那些看似无机物的东西会在其中产生什么影响，我们很难准确预判。火星毕竟不是地球。帕西瓦尔·罗威尔的前车之鉴并未过时。也许火星土壤里有一种独特的无机化合物，能够在缺少微生物的情况下让食物产生氧化反应，或者有什么无机催化剂可以吸收气体并把它们转化为有机分子。

最近的一些实验表明，情况也许确实如此。1971年的火星特大沙尘暴时，“水手9号”检测了尘埃的光谱。O. B. 图恩、J. B. 波拉克和我发现光谱中有某些特征可以用蒙脱土和其他种类的黏土来解释。海盗系列的后续观测也支持火星存在风飘黏土粒的假说。后来，A. 巴宁和J. 睿斯朋在实验室里成功模拟了海盗系列的微生物实验，他们用这些黏土替代微生物，复现了包括被我们认为是光合作用与呼吸作用的部分关键特征。这些黏土的表面复杂而有活性，可以吸收和释放气体，催化化学反应。当然了，说“海盗号”的微生物实验完全可以用无机化学来解释还为时尚早，但它们已经很难让人欣喜若狂了。尽管黏土假说无法排除火星存在生命的可能，不过我们可以肯定地说，目前没有明确证据表明火星上存在微生物。

即使如此，巴宁和睿斯朋的实验仍然具有重要的生物学意义。它们显示出，无生命的化学物质能产生类似生命的反应。地球在生命诞生前，土壤中可能就已经存在类似呼吸作用和光合作用的化学循环，而生命在出现后吸收了这个机制。此外，我们知道蒙脱土是把氨基酸合成类蛋白质长链分子的有效催化剂。原始的地球上，黏土可能是生命的熔炉。当代火星化学物质研究，也许为地球生命的起源及其早期历史提供了重要的线索。

火星地表有许多陨坑，大多以杰出人物为名，其中多数是科学家。“维希尼克”陨坑恰好位于火星南极地区。维希尼克从未断言火星上存在生命，只是认为有这个可能性，而且无论是否存在都意义重大。如果火星有生命，这将是一个测试我们这种生命形态普遍性的绝佳机会。如果没有，那我们就得好好想想，为什么和地球如此相似的行星上没有生命。正如维希尼克强调的，这是经典的变量控制下的对照实验。

我们已经发现“海盗号”微生物实验结果可以用黏土来解释，而黏土并不是生命。这个发现还有助于解开另一个谜团：“海盗号”的有机化学实验表明，火星土壤里并不包含有机物。如果火星有生命，那它们的尸体去哪儿了？我们找不到有机分子——没有蛋白质和核酸的基础构件，没有简单的碳氢化合物，没有地球生命所需的任何一种素材。当然，某种意义上两者并不矛盾，因为“海盗号”的微生物实验的灵敏度比化学实验高一千倍（按同样单位的碳原子计算），而且似乎能探知到火星泥土里的有机物。但即使如此，留给有机物的空间也并不大。地球的土壤里满是死去生物的有机残留物，而火星土壤里的有机物比月球还要少。如果坚持认为火星存在生命，那只能假设生物的尸体已经被火星地表包括氧化在内的各种化学反应破坏殆尽，就像过氧化氢瓶子里的细菌；要不然就是它们和地球生物天差地别，生存繁衍并不依赖于有机化学。

在我看来，最后这条更像诡辩：虽然不愿承认，可我实际上是个“碳沙文主义者”。宇宙中充斥着碳元素，它能合成出非常复杂的分子，非常适合生命。我也是“水沙文主义者”，水对有机化学来说是一种理想的溶剂，而且能在多种温度下保持液态。不过有时候我会想，我之所以青睐这些材料，会不会只因为我主要是它们构成的？我们是碳基水基生物，只是由于生命诞生的地球多碳多水吗？其他地方的生命——比如火星上——有没有可能是不同物质构成的？

我是水、碳和其他有机分子的合成体，名叫卡尔·萨根。你也由几乎完全相同的物质组成，只是名字不一样。但这就是全部了？我们只是分子的聚合，仅此而已？有些人觉得这种说法有损人类自尊。然而在我看来，如果宇宙允许分子机器演化成你我这样复杂而精妙的生物，其实是莫大的荣光。

与其说生命的本质是简单的原子和分子，倒不如说是它们组合起来的方式。我们时不时读到些文章说，组成人体的物质只要花 97 美分或者 10 美元就能买到；意识到我们的肉身如此廉价，多少有些令人沮丧。但这种估算方式只把人拆成了最简单的零件。我们体内的大部分物质是水，而水几乎不用花钱。我们身体里的碳，和煤炭本质相同；我们骨骼里的钙，和生产粉笔的钙是一种东西；蛋白质里的氮在大气中也随处可见（非常便宜）；血液里的铁跟生锈的钉子没什么区别。问题在于，如果把组成我们的所有原子放在大锅里搅拌，你最终得到的只是一堆烂粥。你总不会认为这样就能炼出一个大活人来吧？

哈罗德·莫洛维茨[1]计算过，从化学公司购买人体所包含的全部分子并按正确方式组合起来，需要整整1000万美元。这个答案也许能让人舒服点。但即使如此，我们也不能把这些材料摆在模具里直接造个人出来。这样的事情远远超过人类目前的能力，可能很久很久以后都未必能做到。幸运的是，我们还有另一种便宜得多，而且非常靠谱的办法来制造人类。

我相信组成人类的许多原子，甚至一些基础的分子，比如蛋白质和核酸，同样组成了很多外星生物。只是两者组成的方式大不相同。也许飘浮在异星稠密大气中的生物在原子层面上和我们非常相似，但它们没有骨骼，所以不需要太多钙。也许在某些星球上，诞生生命的溶剂并非水。你看，氢氟酸不比水差，只是宇宙中这种物质算不上很多。组成人体的分子会被氢氟酸破坏，然而另一些有机分子，例如石蜡，就在那种环境下怡然自得。再打个比方，液氨比水更适合生命诞生，在宇宙里的储量也非常丰富。但它只有在比地球和火星冷得多的地方才是液态的。氨在地球上通常是一种气体，就像水在金星上一样。当然啦，没准还有些生物的诞生和溶剂没有任何关系，它们是纯粹的固体生物，靠的是电讯号传播而不是飘浮的分子。

但这些假设和“海盗号”的生物实验没什么关系。火星与地球类似，有丰富的碳和水。火星生物如果存在，也应该基于有机化学。然而有机化学实验的结果，就像火星荒凉地表给人的直观感受，或者微

1. 哈罗德·莫洛维茨（1927—2016）：美国著名生物物理学家，专攻热力学在生物系统中的应用。他是NASA的长期顾问，参与了“海盗号”的微生物实验。

生物学实验的结果一样：至少20世纪70年代后期，克里斯和乌托邦的碎土中并没有生命的痕迹。即使生命真的存在，也只能位于岩石内部几毫米深处（就像南极干谷），或者这颗星球的其他地方，也没准很久很久以前，在火星气候还不那么极端的时候，它们曾经繁衍生息过。总之，我们所寻找的时间、地点里，生命并不存在。

“海盗”系列火星探索任务的历史意义在于，这是人类寻找地外生命的第一次严肃尝试。第一次，我们为此制造的航天器在异星地表工作了超过一小时（“海盗1号”其实运行了许多年），获取了另一个世界地质、地震、矿物、气象和其他方面许许多多的数据。我们该如何更进一步呢？有的科学家想发射自动装置，让它登陆火星获取土壤样本然后返回地球。这样人们就可以在地球的大型实验室里仔细分析样本，而不是全指望火星地表那可怜巴巴的微型实验室了。“海盗”系列微生物实验结果中有不少模棱两可的部分，如果拿到地球上就能彻查。这样，我们能探明火星土壤和矿物的化学成分；还能敲开岩石，看看里面有没有生命；实际上，数以百计的有机化学和生命实验都能得以展开，包括用显微镜观察各种情况下的样本。我们甚至可以用维希尼克发明的技术。虽然这套自动装置可能花费不菲，但以人类目前的技术力，已经差不多能够做到了。

不过那样一来，我们会面临新的问题：返回污染。既然想在地球上分析火星泥土，寻找微生物，那肯定不能对样本进行提前消毒。换句话说，得把东西活着带回来。可是接下来呢？火星微生物会不会造成公众健康危害？H. G. 威尔斯和奥森·威尔斯笔下的火星人一心想着攻占伯恩茅斯和泽西城，却没想到他们的免疫系统对地球细菌无效，最终功亏一篑。事情会不会反过来发生？这不是个小问题。当然了，也许火星根本没有生物，也许我们猛吃一斤火星生物也不会产生任何不良反应。但这事情谁也说不好，风险太高了。要把未经消毒的火星样本带往地球，必须确保万无一失。我们知道，有些国家一直在研究和存储细菌武器。他们时不时会搞出些意外，所幸从没发展成全球性的瘟疫。我们也许能把火星样本安全地带回地球，但此事必须慎之又慎。

还有另一种方法研究这颗充满谜题、令人心驰神往的行星。在观摩“海盗号”登陆器拍摄的照片时，一个念头始终萦绕在我心头。我总是下意识地希望那航天器能踮起脚尖，但这间静止的实验室偏偏顽固抗命，连小跳一下都不肯。我们是多么渴望它用机械臂拨开沙丘，寻找岩石下的生命，或者去遥远的山脊，看那是不是陨坑的壁垒啊。我还知道，就在着陆点东南方不远处，克里斯的四条水道交会在一起。虽然海盗系列取得了那么多饶有趣味的成果，但火星上还有成百上千个地方比我们选择的着陆点更有趣。想进行这种探索，最理想的工具当然是先进的火星车，它有优秀的摄像能力，也能携带仪器，能做包括化学和生物学在内的各种实验。NASA 正在开发火星车的原型。它懂得怎么翻越岩石，怎么不掉下裂谷，怎么摆脱困境。我们有能力把它送上火星，让它环视四周，寻找视野范围内最有趣的地方，并且在第二天抵达那里。到那时，我们每天都能画着复杂曲折的路线，在这颗迷人星球各种各样的地形中探索前行，去往新的地方。

即使不存在生命，这样的任务也能带来巨大的科学收益。我们可以沿古老的河床漫步，登上巨大的火山斜坡，去极地怪异的阶地，或者走近迷人的火星金字塔[1]。公众一定会对这项任务产生浓厚兴趣。每天，火星的新景色都会出现在千家万户的电视屏幕上。我们跟踪路线，思考发现，设定新目的地，进行一段非常长的旅程。火星车能接受无线电波，遵循地球的指挥。在这样时间充裕的任务里，我们能随时添加新的计划。在探索异星的道路上，也许会有10亿人与之同行。[2]

火星的地表面积恰好和地球陆地面积相仿，彻底考察显然需要数个世纪；但总有一天，我们会对火星了如指掌。当航天器从高空测绘了它的地形，当火星车游遍了它的地表，当样本安全地返回了地球，当人类的足印也出现在了红星的沙丘上之后，我们该怎么办？我们该拿火星怎么办？

人类破坏地球的例子多到不胜枚举，甚至谈起这个问题都让我心寒。如果火星有生命，我想我们最好别对这颗星球做任何事。火星是火星生命的火星，哪怕它们还只是些微生物。邻近的行星上存在独立的生态系统，本身就是一笔难以估量的财富。无论火星能派什么用场，都不及对这些生命的保护。如果火星没有生命，那从火星运送资源去地球也不是合理的选择。未来几个世纪里，星际间的货运恐怕都会十分昂贵。但我们能去火星居住吗？我们能让火星变得宜居吗？

---

1. 最大的金字塔底边宽3千米，高1千米，比地球上苏美尔、埃及和墨西哥的金字塔高大得多。它们看起来年代久远，侵蚀严重，大概只是些长年累月风蚀形成的小山丘。但我认为，它们值得仔细观察。（后来更清晰的照片表明，它们确实只是自然形成的。——译注）
2. 就在萨根逝世后的1997年7月4日，“旅居者号”成功登上火星，它的着陆点就在“海盗1号”东南，而且它是第一个在火星地表移动的人造物体。—— 译注

毫无疑问，火星是个可爱的世界，但从人类狭隘的观点来看，它存在许多问题。最主要的几点是氧含量不够，缺乏液态水，以及紫外线的强烈照射。（低温不成问题，全年都在运行的南极科考站已经证明了这一点。）不过只要能制造更多空气，所有麻烦都会迎刃而解。在较高的大气压下，液态水是能够存在的。有了更多的氧，我们也许可以直接在大气中呼吸，而空气中的臭氧会形成紫外线防护层。从弯曲的河谷，极地的积雪和其他证据来看，火星曾经有过更为厚实的大气。这些气体不太可能从火星逃逸，应该就储存在行星的某个地方。其中一部分大概和地表的岩石结合到了一起，另一些在冻土里，但大多数储存在冰盖下。

为了让冰盖蒸发，必须加热它们；也许可以撒上黑色粉末，让冰雪吸收更多的阳光。我们破坏地球森林与绿地所产生的效应，与之刚好相反。问题是，极地冰盖占地面积非常大，如果用“土星 5 号”[1]火箭从地球运粉末过去，得拉 1200 趟货，这还没算粉末被风吹散的问题。更好的方法是设计一种可以自我复制的深色材料。这样一来，只要把一台小小的机器送去火星，它就可以用冰盖上的材料来自我复制。

我知道这类机器中的一种，它叫作植物。有些植物极其耐寒，生命力非常顽强。我们已经清楚部分地球微生物能在火星生存。只需要对某种暗色调的植物——比如地衣——进行人工筛选和基因调整，让它也能在火星这样严酷的环境中生存下来即可。这样的植物培育出来以后，可以播撒在广袤的火星极地冰盖上，继而生根发芽，不断扩

1. “土星5号”：史上最大火箭，高达110.6米。阿波罗计划和天空实验室都由“土星5号”协助实现。—— 译注

张，使冰盖颜色逐渐黯淡，吸收更多的阳光，随后冰雪融化，释放出长久以来被囚于此的古老大气。没准甚至会出现火星的苹果佬约翰尼[1]——他可能是机器，也可能是人类——漫步在冰封的荒原上，为造福未来几代人而不懈耕耘。

把外星环境改造得适宜人类居住，有个术语叫地球化。人类 1000 年来各种活动造成的温室效应和反照率变化使得地球气温上升了 1℃。即使近来化石燃料得到大规模使用，大片大片的森林和绿地遭砍伐破坏，地球的气温也需要一两个世纪才会再上升 1℃。考虑到这些事实，火星的大规模地球化改造可能需要几百乃至上千年才能实现。我希望随着未来技术的发展，火星不仅仅气压增高，水体能保持液态，还要让这些液态水从正在融化的极地冰盖流往更温暖的赤道。当然，你知道我的意思，我们可以开凿运河。

冻土和冰盖的融冰由庞大的运河网络传输到行星各地，这简直就是帕西瓦尔·罗威尔不到百年前相信自己观察到的画面。罗威尔和华莱士都意识到火星的荒凉与缺水不无关系。只要有运河网络，这种状况就能得到补救。我们不要忘记，罗威尔的观察是在极其困难的条件下进行的。在他之前就有另一些人，比如斯基亚帕雷利，观察到了类似运河的东西，但他只把它们叫作“水槽”（canali）。水槽被误译为运河，让罗威尔对火星产生了终生的热爱。人类就是这样。当我们的感情被激发后，会本能地自我欺骗，而“近邻星球上有智慧生物居住”这个想法是多么激动人心啊。

罗威尔认为火星人开凿了运河，这种幻想也许，只是也许，是一

1. 苹果佬约翰尼：约翰·查普曼（1774—1845），美国西进运动中的传奇拓荒者。19世纪早期移居俄亥俄州，随后在宾夕法尼亚州等地种植苹果，并且生产苹果酒。

种预言。也许有一天，火星会完成地球化。人类会建立永久居住点，与那颗红星和谐相处，把罗威尔的幻想化为现实。到那一天，火星人，就是我们。

06

第六章 旅行者的故事

世界多重，抑或唯一？此乃自然研究最深奥问题之一。

——阿尔伯特·马格努斯，13世纪

我们可以离开沉闷的大地，从高处下望，想一想大自然是否为这片小小的尘埃耗尽了她所有的力量与美感。就像旅人去往遥远异国，这种方式能让我们更好地审视家园，为万事万物的价值做出准确的判断。当我们意识到还有许许多多的世界与地球类似，同样有人居住时，就不会再对那些号称“伟大”的事物如此顶礼膜拜，也会懂得许多庸庸碌碌之人关注的只是鸡毛蒜皮之事。

——克里斯蒂安·惠更斯，《已发现的天体世界》，约1690年这是人类开始扬帆太空的时代。现代化的无人航天器沿着开普勒计算的轨道飞向群星。这些构造精巧的航天器承载着半智能的机器去探索未知世界。通往外太阳系的航行，由地球上的一个地方负责控制，那就是位于加利福尼亚州帕萨迪纳的美国国家航空航天局喷气推进实验室（JPL）。

1979 年 7 月 9 日，一台叫作“旅行者 2 号”的航天器进入了木星系统。从启航之日算起，它已经在星际间漫游了两年。这台航天器由数百万不同的零件拼成，其中许多功能完全相同。当某些零件损坏时，后备品能立刻取而代之。整台航天器重 0.9 吨，能占满一间大客厅。由于它要远离太阳，所以无法像其他航天器那样从阳光中获取能量。相反，“旅行者”内置了小型核反应堆，依靠一小颗钚在放射衰变时释放的几百瓦电力供能，三台集成式计算机和大多数辅助功能设备——如温度控制系统——安装在航天器中央。“旅行者”通过直径 3.7 米的巨大天线接收来自地球的命令。它的大多数科学设备都安装在一个扫描平台上，能够在经过木星或其卫星时进行观测任务。“旅行者”的科学设备很多，包括用来测量带电粒子、磁场和木星无线电波的紫外和红外光谱仪，不过最重要的是两台电视摄像机，它们拍摄了成千上万张照片，把外太阳系一个个孤岛似的行星展现在了我们眼前。

木星被一层虽不可见但异常危险的带电粒子包围着。带电粒子会损坏精密仪器，烧毁电子设备。航天器必须在辐射带外围，经过近距离观察木星及其卫星，然后才能继续飞向土星以及更遥远的地方。此外，木星周围还有一圈碎石环。四个月前，“旅行者 1 号”才发现了这个环带，结果马上“旅行者 2 号”就得冒险穿越了。哪怕与一小块碎石相撞，“旅行者 2 号”都会剧烈翻滚，导致天线无法对准地球，这样我们就再也无法获得它的数据了。多亏地面调控人员和航天器计算机的联手协作，它总算有惊无险地穿过了环带。

“旅行者 2 号”于 1977 年 8 月 20 日升空，它划着弧线跨越火星轨道、小行星带，将要从木星及其 14 颗卫星组成的系统中穿过。得到木星的加速后，“旅行者”会向着土星前进，与那颗行星来个近距离接触。接着，土星的重力会把它推向天王星。天王星之后，是海王星，然后它就会离开太阳系，永远浪迹在恒星间的汪洋大海上。

这趟探索发现之旅为人类远行的漫长篇章写下新的一页。15—16 世纪，从西班牙到亚速尔群岛需要几天，用同样的时长，今天我们可以跨越分隔地球和月球的峡湾。过去横跨大西洋，抵达新世界亚美利加要花上个把月。今天在内太阳系的太空之海上漂流，登陆火星或者金星也不过几个月，而且它们才是货真价实的新世界。17—18 世纪时，从荷兰旅行到中国要一两年，这也是“旅行者”从地球到木星耗费的时间。[1] 如果横向对比，你会发现当年开辟新航道的代价，比今

---

1. 我们也可以换种比喻方式。受精卵从输卵管进入子宫的时间，和“阿波罗11号”登月一样长；婴儿在肚子里完全长成所需的时日，足够“海盗号”离开地球，踏上火星。人类的平均寿命，比旅行者越过冥王星轨道所需时间更长。

天的太空探索更高，不过两者都没有超过国民生产总值（GNP）的1%。和过去一样，当代航天器和它们装载的机器，也在为人类将来的星际之旅开辟着道路。

15—17 世纪是人类历史的重大转折点。我们那时清楚地意识到，人类可以去这颗星球的任何地方冒险。欧洲国家的水手纵横七海。他们的动机复杂：野心、贪婪、国家荣誉、监狱特赦、宗教狂热、对科学的好奇、对冒险的渴望，或者只因在埃斯特雷马杜拉找不到好工作。航海大发现造成的恶果，和它带来的好处几乎不相上下，但从最终结果来看，它联结了整个地球，削弱了地方主义，团结了人类，并大大加深我们对这颗星球，以及对自身的理解。

荷兰共和国是 17 世纪航海大发现时代的典型。当时它刚刚脱离强大的西班牙帝国的统治，对启蒙运动的接受程度比欧洲其他国家更高。那是个理性、秩序、充满创造力的社会。由于西班牙港口和船只对荷兰实施禁运，这个小共和国只能把生存希望寄托在打造和使用庞大的商业舰队上。荷兰东印度公司是家公私合营的联合企业，它派船只前往世界各个遥远角落，收购稀有商品，再贩卖回欧洲以谋取利润。这样的船队可谓共和国的生命线。荷兰把航海图和地图视为国家机密，还常常委派舰队去执行秘密使命。突然之间，荷兰人出现在了世界各地。北冰洋的巴伦支海、澳大利亚的塔斯马尼亚都是荷兰船长给起的名字。这些探险活动不全然是为了商贸，其中还掺杂着科学的好奇心和对冒险的渴望。人们想要见识新的陆地、新的动植物、新的人种，对知识的追寻并不需要特别的理由。

走进阿姆斯特丹市政厅，我们能看到 17 世纪时荷兰人的那股自信，以及他们在世俗层面上的自我认知。建造市政厅需要整船整船的大理石。当时的诗人、外交家康斯坦丁·惠更斯[1]说市政厅驱散了“哥特式的睥睨和肮脏”。市政厅里有一座阿特拉斯雕像，托着布满星座的天空。他下方的正义女神一手执金色宝剑，一手持天平，她两侧的神祇代表了死亡与罪罚，而贪婪和嫉妒这对商人之神，被她踩在脚下。商贸是荷兰的立国之基，然而荷兰人明白，无休止地追逐利润反而会伤害这个国家的精魄。

阿特拉斯和正义女神下面，还有个没那么多寓意的象征物。那是幅巨大的镶嵌地图，准确来说，是 17 世纪晚期或者 18 世纪早期的地图。它西起非洲西海岸，东至太平洋。当时整个世界都是荷兰的舞台。有趣的是，荷兰人在图上非常谦逊地略去了自己，只用古拉丁语“比利时”标注了他们在欧洲的位置。[2]

那段年月里，许多船只会行经半个地球。他们沿西非海岸线航行，经所谓的埃塞俄比亚海[3]绕过非洲南端，穿马达加斯加海峡再折向东，擦着印度南端前往利润丰腴的香料群岛，也就是今天的印度尼西亚。还有些探险队会更进一步，抵达名为“新荷兰”的大陆，那地方后来被叫作澳大利亚。另有一部分商船冒险穿过马六甲海峡，经菲律宾再转向中国。17 世纪中期有份资料，叫《尼德兰联合王国东印度公司使者觐见大鞑靼可汗，或中国皇帝》，里面记载了荷兰义民[4]、大使和船长们来到北京，目睹了另一种文明，震惊得目

---

1. 康斯坦丁·惠更斯（1596—1687）是本章章首引言部分克里斯蒂安·惠更斯（1629—1695）的父亲。—— 译注
2. 比利时曾经是荷兰联合王国的一部分，后因宗教政治分歧，于1839年独立。—— 译注
3. 埃塞俄比亚海是南大西洋的旧称，与地处东非的埃塞俄比亚并无关系。—— 译注
4. 荷兰义民是斯里兰卡的民族群体，是荷兰人和斯里兰卡人的混血儿。—— 译注

瞪口呆的情景。[1]

无论在那之前还是在那之后，荷兰都没有过这样强大的国力。一个小小的、崇尚和平外交的国家，只能凭着聪慧夹缝求生，却开创了这样的伟业。当时欧洲各处审查和思想控制盛行，但荷兰愿意包容非正统的观点，成了许多知识分子的避难所——这和美国20世纪30年代成为逃离纳粹魔爪的知识分子的避难所非常相近。正因如此，17世纪的荷兰诞生了伟大的犹太哲学家斯宾诺莎——爱因斯坦对他推崇有加；还有数学和哲学史上的双重关键人物笛卡尔；约翰·洛克，他的政治哲学思想影响了一大串革命家，包括潘恩、汉密尔顿、亚当斯、富兰克林和杰弗逊。无论在那之前还是在那之后，荷兰都没有在短时间内涌现过这么多艺术家、科学家、哲学家和数学家，灿若群星。这是大画家伦勃朗、弗美尔和弗兰斯·哈尔斯的时代，这是显微镜发明家列文虎克的时代，这是国际法奠基人格劳秀斯和光波折射定律发现者威理博·斯涅尔的时代。

在这种思想自由传统的熏陶下，荷兰莱顿大学向一个名叫伽利略的意大利科学家伸出了橄榄枝，请他来校任教。当时的天主教会正以严刑相逼，要伽利略收回“地球绕着太阳转，而不是相反”的异端邪说。[2] 伽利略和荷兰关系密切，他的第一台天文望远镜就是在荷兰单筒望远镜的基础上改进而来的。他用那台天文仪器发现了太阳黑子、金星相位、月球陨坑，以及木星的四颗大卫星（所以后来人们管它们叫“伽利略卫星”）。1615年，伽利略给女公爵克里斯

---

1. 我们甚至知道他们给中国的朝廷带去了什么礼物。皇后得到的是“六盒不同的画作”，皇帝拿到的则是“两卷肉桂”。

2. 1979年，教皇约翰·保罗二世小心地建议，撤销346年前由宗教裁判所对伽利略定下的罪名。（正式撤销是在1992年。——译注）

蒂娜写信，陈述了他在教会中遭受的苦难：

> 正如尊贵的殿下所知，我在天上发现了许多前所未见的东西。我从这些新奇现象中得出的结论，和学界人士所持的普遍物理学观点相悖，不少教授（多为神职人员）反感我的观点，就仿佛那些东西是我放在天上，故意要搅乱颠覆自然法则似的。他们似乎忘记了掌握真理愈多，就愈能推动艺术发展壮大。[1]

作为探索大国的荷兰，和作为知识文化中心的荷兰，犹如一体两面，不可分割。航海业的兴盛鼓励了各行各业的发展。人们享受劳动，珍视发明创造。技术的快速进步建立在对知识无拘无束的追求上，所以当时的荷兰还是欧洲顶尖的书籍出版发行国，荷兰人翻译外语书籍，允许被欧洲各处封禁的书籍在国内销售。与此同时，异国他乡的冒险，与不同社会形态的遭遇给人们带去了极大的震动，学者们开始考虑，许多被信奉了数千年的观念——比如世界地图——是否全盘错误。当世界绝大多数地区还由君王统辖时，荷兰共和国已经走上了民享民治的道路。社会的开放、充足的物质享受、对新思想的鼓励、对探索发现的崇尚，还有对新世界的开发利用，都使人文主义蓬

---

1. 伽利略（和开普勒）公开提倡日心说需要极大的勇气，与他们同时代的人往往不愿采取这么激进的做法，哪怕周遭的宗教狂热程度不高。举个例子，1634年4月，当时住在荷兰的勒内·笛卡尔在信中写道：“你肯定知道伽利略最近受到了宗教审判，他关于地球运动的假说被裁定为异端学说。我必须告诉你，我论文中所阐述的一切，包括地球运动的学说，都与之关联甚密。只要其中有一个论点被证明是错误的，那其他所有部分都会站不住脚。尽管我认为我的理论都基于确凿的证据，可我无论如何也不愿意违背教会的权威……我正过着平静的生活，我也希望这样的生活能持续下去。就像那条格言说的，想要活得好，就别当出头鸟。”

勃发展。[1]

伽利略在意大利声称存在其他世界，焦尔达诺·布鲁诺则推测有地外生命，他们都遭到了迫害。但在荷兰，同时信奉这两种学说的天文学家克里斯蒂安·惠更斯却获得了无数荣誉。他的父亲康斯坦丁·惠更斯是当时的外交大师、文学家、诗人、作曲家、音乐家，英国诗人约翰·多恩的翻译者兼密友，还是典型贵族世家一家之主。康斯坦丁很欣赏鲁本斯的画作，并亲手“挖掘”出了一个年轻的艺术家，名叫伦勃朗·范·莱因，他本人也出现在了伦勃朗的几张画作中。和康斯坦丁·惠更斯见过一次面后，笛卡尔评价说：“我不敢想象一个人居然能同时涉猎这么多事，而且样样拔尖。”惠更斯家里堆满了来自世界各地的物品，不同国家的杰出思想家往来不息。有了这样的成长环境，克里斯蒂安·惠更斯在年轻时就精通多种语言，也熟悉绘画、法律、物理、工程、数学和音乐。他的兴趣驳杂。“整个世界都是我的国家，”他说，“科学是我的宗教。”

光明是那个年代的主题：光，是思想宗教自由，以及地理大发现的启蒙象征；也是当时绘画的主题，在弗美尔的精美作品表现得尤为突出；光还是科学研究的对象，比如斯涅尔对折射的研究，列文虎克

1. 可能因为这种探索传统，直到今天，荷兰人口中杰出天文学家的比例依然远超其他国家和地区。这些天文学家里包括了杰拉德·彼得·柯伊伯，20世纪四五十年代，他是世界上唯一一个全职行星天体物理学家。因为罗威尔的缘故，当时大多数职业天文学家都认为他专攻的方向不太体面。而能成为柯伊伯的学生，是我的荣幸。

发明的显微镜，还有惠更斯自己的光波理论。[1]虽然形式不同，但这些光线之间有着千丝万缕的联系。弗美尔的画作中，墙壁上常常挂着航海用具和海图，它们充满戏剧张力。显微镜是画厅里的珍品，列文虎克是弗美尔遗嘱的执行人，也是惠更斯家乡村别墅“霍夫维克”的常客。

列文虎克的显微镜由布商检查布料瑕疵的放大镜改造而来。他用这个仪器在一滴水里发现了一整个宇宙：他认为微生物，也就是他口中的“小动物”，非常可爱。惠更斯为史上第一台显微镜的设计出了不少力，他自己也拿显微镜获得了不少发现。列文虎克和惠更斯都是史上最早发现精子细胞的人，而这是理解人类生殖过程的先决条件。为了解释煮沸消毒过的水中出现缓慢生长的微生物，惠更斯提出观点说微生物太小，可以飘浮在空气中，它们无意间落水，然后便开始繁衍。在此之前，人们相信生命会从发酵的葡萄汁里或者腐烂的肉里自发产生，不需要其他任何先决条件。又过去两个世纪后，路易·巴斯德才证明了惠更斯的看法是多么正确。“海盗号”在火星寻找生命的努力，一路追溯到列文虎克和惠更斯——他们还是细菌导致疾病理论的鼻祖，因此也可谓是多门现代医学的奠基人。但这一切并非出于什

1. 艾萨克·牛顿推崇克里斯蒂安·惠更斯，认为他是那个时代“最优雅的数学家”，也是希腊古典数学的忠实继承者——这句话自古就是极高的称赞。牛顿之所以相信惠更斯的光波学说，部分原因在于阴影有清晰的边界，就仿佛光芒是由极小的颗粒组成。他认为组成红光的粒子最大，组成紫光的粒子最小。惠更斯则认为光是一种在真空中传播的波，就像海中的洋流。我们说光的波长和频率，正是以光的这种特点为基础的。包括衍射在内，光的许多性质都可以用它是一种波来加以解释，因此随后的一段时间里，惠更斯的观点占了上风。但是1905年，爱因斯坦证明光的粒子理论能够解释光电效应，也就是金属暴露在光束中时，电子会从金属中喷出的现象。当代的量子力学结合了两种理论，认为光在某些情况下呈现粒子性质，另一些情况下则像一种波。这种波粒二象性可能不太符合我们的常识，但实验证明光确实同时具备这两种属性。这种矛盾的统一里暗藏了激动人心的奥秘。牛顿和惠更斯这两个单身汉可谓当代的光学之父。

么强烈的动机，他们只是一个技术社会里，兴致盎然的小工匠。

显微镜和望远镜都是在 17 世纪早期的荷兰发展起来，它们代表了人类的视野向着宏观和微观两个方向延伸。我们今日对原子、对银河的观察，便始于彼时彼地。克里斯蒂安・惠更斯喜欢给天文望远镜打磨抛光镜片，还造了个 5 米长的大家伙出来。光是凭他对天文望远镜所做的贡献，就足够青史留名了，而他还是埃拉托色尼之后第一个测量地球大小的人，第一个推测金星被云层彻底包裹的人，第一个绘制火星地貌特征的人（那是一大块狂风肆虐的暗区，叫大瑟提斯高原）。通过观察这些地貌的出现和消失，他成了第一个推算出火星自转周期接近地球，约莫 24 小时的人；他是第一个观察土星环，并意识到环带和星球本身并无接触的人[1]；他发现的土卫六“泰坦”，是土星最大的卫星，也是目前已知的太阳系最大卫星[2]——那是个非常独特、值得研究的地方。以上事迹中的大多数，都是他二十多岁时完成的。他还坚信占星术是胡说八道。

惠更斯所做的远不止这些。当时困扰航海家的主要问题之一是如何在海上确定经度。观察群星无法判断经度。纬度倒是简单，越往南，南方的星座露出得就越多。但经度需要精确的计时。一个准确的甲板钟显示出家乡的时间，再通过太阳和群星的高度判断船只所在地的时间，通过计算两者之差，就能得出大概的经度。惠更斯发明了摆钟（它的原理正由伽利略探明），可用来计算船只在大洋中的位置——虽然当时不算特别成功。在惠更斯的努力下，天文学和其他航

1. 伽利略发现了木星环，但不清楚它们由什么构成。通过原始的天文望远镜进行观察，木星环似乎是附着在行星两侧的对称突出物，按照他的说法，就像耳朵。

2. 就在《宇宙》成书后不久，人们发现木卫三其实比土卫六稍大。—— 译注

海钟的精度得到巨大的提高。他发明的螺旋平衡弹簧至今依然在一些钟表中使用；他还为力学做出了根本性的贡献：发现了离心力的计算方程，又从游戏掷骰子里悟出了概率理论。他对气泵的改进，使得采矿业发生了革命性的变化。他还发明了“神灯”，那是幻灯片放映机的老祖宗。“火药引擎”也是惠更斯的发明，影响了后来另一种机器的设计。那机器叫作蒸汽机。

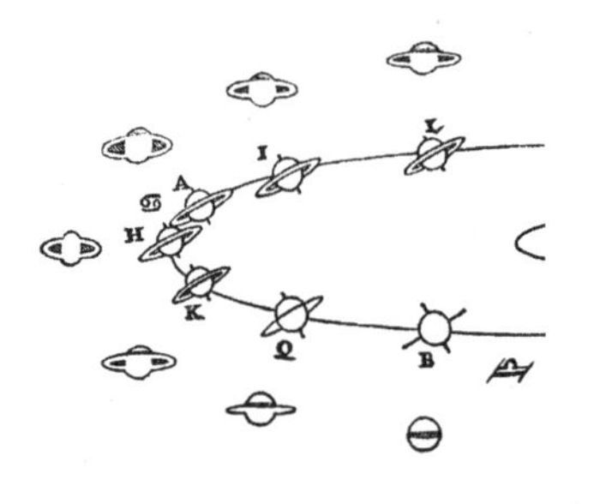

克里斯蒂安·惠更斯的《土星系统》出版于1659年。通过分析几年来土星和地球相对位置的几何结构变化，他在书里（正确地）阐释了土星环视觉变化的成因。环带在位置B上薄如纸张，是因为它侧对着我们。而环带在位置A时，从地球上看起来最大。环带的变化其实也被伽利略注意到了，但他用的望远镜比较差，所以始终没搞清到底怎么回事

哥白尼的日心说在荷兰得到普遍接受，让惠更斯很高兴。他说所有荷兰天文学家都认可了日心说，只有一小撮“有点儿迟钝或者迷信权威”的人除外。中世纪的基督教神学家认为，既然天堂每天绕地球一圈，那它就不可能无限大；因此，宇宙中的世界有限，甚至可能容不下地球之外的其他世界。但日心说消解了地球的独特性，也极大地增加了其他地方存在生命的可能。在哥白尼的日心说模型里，不仅太阳系，整个宇宙都是以太阳为中心转动的，开普勒则不认为遥远的恒星也有它们的行星系统。史上第一个明确提出宇宙中存在大量——实际上是无数——行星，绕着其他恒星转的人，是焦尔达诺·布鲁诺。但以哥白尼和开普勒的假说为基础做进一步推导，得出存在无数世界的结论，其实是件顺理成章的事情，只是在那个时代显得太过疯狂。17世纪早期，罗伯特·默顿说，如果按照“归谬法”（见附录1）对

日心说进行论证，人们就难免得出其他行星系统存在的结论——虽然在他看来，这证明了日心说是错的。在一场令人沮丧的争论过后，他写道：

> 如果天空真的像哥白尼说的那样宽广……能容下无法计数的群星，大到无边无际……为什么不能假设……那些无法计数的星辰也是一颗颗太阳呢？就像行星绕着我们的太阳，那些恒星会不会也有它们的舞伴？……既如此，可以得出结论，宇宙中有数不清的行星世界；有何不可呢？……这样的假设粗野又疯狂，难以接受……但如果认可……开普勒……和其他人关于地球在运动的假设，那这样的结论就无法避免。

但地球确实在运动。默顿如果生在今天，只好承认宇宙中确实存在“无数宜居星球”。面对同样的结论，惠更斯并未退缩，反而欣喜地接受了“太空之海对面是无数其他太阳”的观点。惠更斯认为，如同我们的太阳系，遥远的群星也应有它们的行星系统，其中许多可能存在生命：“认为所有行星都是荒无人烟的沙漠……剥夺神圣设计师显然赋予它们的生命权，认为它们统统不及地球的美丽与庄严，这要求实在不合理。”[1]

这些句子摘抄自惠更斯的奇书《已发现的天体世界：对行星世界居民、植物及其产物的猜想》。这本书在惠更斯1690年故去后面世，得到了许多人的推崇，包括把西方科学带进俄罗斯的第一人，沙皇彼

---

1. 其他一些人也有类似的观点。开普勒在他的《世界的和谐》中记载：“第谷·布拉赫认为星球不可能都是光秃秃的荒原，必是物产丰盛，居民众多。”

得大帝。书中花了长篇巨幅讨论外星的自然生态系统。在它精美的第一版里，我们可以看到太阳系的行星比例图。与太阳相比，木星、土星这样的巨行星都显得娇小。而在蚀刻版画的土星旁，我们还可以找到地球——它只是一个小小的圆圈。

总的来说，惠更斯想象中的外星世界和17世纪的地球接近。“行星人……全身上下，可能每一个部分都和我们截然不同……认为理性的灵魂只能存在于人类样貌的身体里……是一种奇怪的观念。”就算模样怪里怪气，你一样可以很聪明。不过他接下来又说，外星人长得不会过于离谱，他们必须有手有脚，可以直立行走；他们也会使用文字，理解几何学；木星人在他们的海洋里，还知道以四颗伽利略卫星来导引航向。惠更斯的想法当然受制于他的时代。我们又何尝不是呢？他声称科学是他的宗教，同时又说行星上一定有生命存在，否则上帝岂不白白创造了那么多世界。那个时代，达尔文还没诞生，所以我们不能从演化论的角度批评惠更斯对外星生物的臆想。他能以观察为基础，得出近似于当代宇宙学的结论，已经很了不起了：

> 宇宙浩瀚壮丽，奇妙惊人……那么多太阳，那么多星球……每颗星球上都有草木、兽群，它们点缀了异乡的海洋和群山！……想到遥远的群星，我们该怀抱怎样的惊奇和钦佩之情啊！

今天的“旅行者号”航天器，正是航海探险和惠更斯式科学传统的直系继承者。这艘轻型帆船驶向群星，驶向了惠更斯了解和热爱的世界。

几个世纪前的大航海时代，旅行者在海外的见闻录极为热销，[1]异国他乡的故事和奇珍异兽唤起了人们的好奇心和探索的热情。那些书里有比天高的山，有凶恶的龙，有可怕的海怪；有拿黄金当餐具的富饶国度；有鼻子像手臂一样长的怪兽；有认为宗教争端愚不可及的智者；有燃烧的黑石；有嘴巴长在胸口，却没有脑袋的怪人；有长在树上的羊。这些故事有真有假，有些并非毫无根据，只是夸张过了头。伏尔泰和乔纳森·斯威夫特等人赋予了这些见闻更深的意味，他们的文章提供了观察欧洲的新视角，迫使人们重新审视自己所处的小世界。

今天，“旅行者号”为我们带来了新的旅者见闻。它描述的异乡风光里有如同水晶球般的破碎世界；有从南极到北极布满蛛丝状网络的星球；有土豆形状的月亮；有位于地底的海洋；有闻着像是臭鸡蛋，看着像是比萨饼的地方，它的湖泊里流淌着熔岩，火山的烟雾直接飘进太空；还有颗叫作木星的巨行星，能装下 1000 个地球。

木星的伽利略卫星几乎和水星一样大。通过测量它们的体积和质量，我们可以推算出密度，而密度会透露出它们的质地。我们发现木卫一和木卫二的密度与岩石相同，另外两颗，也就是木卫三和木卫四的密度要低得多，介于岩石和冰之间，所以这两颗外侧卫星岩冰混杂。和地球一样，那些岩石带有放射性，会加热周围物体。这些热量没有散逸进太空的有效方式，因此经过数十亿年的积累，木卫三和木卫四的内部放射物一定融化了冰体。我们推测在这两颗卫星的地表

1. 人类自古以来就喜欢叙述这类故事，而且其中有不少和宇宙相关。举个例子，15世纪，也就是中国明王朝时期，屡次参与郑和下西洋，去过斯里兰卡、印度、阿拉伯和非洲的费信，准备献给皇帝的图册名叫《星槎胜览》，大意是“乘坐群星之筏所见的盛景”。可惜书中的插图已经丢失了——虽然文字部分得到了保留。

下，一个是泥浆，一个是融冰，外表会大相径庭。通过“旅行者”的眼睛，我们的推测得到了证实。它们并不相像，而且不同于我们以往见过的任何世界。

“旅行者2号”踏上的是一条不归之路，它永远不会重回地球。但那些史诗般的科学发现，它讲述的那些旅行者的故事，确实被我们听见了。举个例子，1979年7月9日，太平洋标准时间8:04，地球收到了它为新世界拍摄的第一张照片，对象是被唤作“欧罗巴”的木卫二。

拍摄于外太空的照片是怎么传回我们手上的？是这样的：木卫二沿着轨道绕木星转动，阳光照耀在这颗卫星上，又反射回太空，其中一些击中了“旅行者号”电视摄像机的荧光板，于是变成了图像。旅行者的计算机识别出图像，把它通过无线电传回了5亿千米外的地球，而地球上的射电望远镜接收了这些电波。负责接收的望远镜站点，一个位于西班牙，一个在南加州的莫哈维沙漠，还有一个在澳大利亚——1979年7月早上那张图是澳大利亚对准木星和木卫二的射电望远镜收到的。图像信息得到地球方面接收后，会通过近地轨道的通信卫星传到南加州，再由一组微波中继站送进喷气推进实验室的计算机里，最后进行解码处理。本质上来说，这照片和有线传真打印出来的图一样，由上百万个灰度不同的墨点组成，它们细密整齐地排列在一起，你甚至意识不到它们本来只是一个个小墨点，而会把注意力全放在它们累积起的总体样式上。来自航天器的信息详细地指明了每个墨点的亮度。处理过后，这些小点又以磁盘的形式得到保存，有点像留声机的唱片。“旅行者1号”在经过木星系统时拍摄了约1.8万张照片，它们都完好地保存在这样的磁盘里。这些数据传输的过程可谓非同寻常，而它们的最终产品是一张薄薄的光面纸，展示出了1979年7月9日，人类历史上第一次见到的、来自木卫二的奇观。

这些图片令人无比震惊。“旅行者1号”给所有伽利略卫星都拍了照，其中三颗成像质量很好，但木卫二“欧罗巴”除外。“旅行者2号”的近距离拍摄弥补了这一缺陷，当时它离木卫二地表只有几千米。乍看上去，它就像珀西瓦尔·罗威尔想象中的火星，布满纵横的沟壑——当然，通过一些航天器的观测，我们知道那些火星运河并不存在。但木卫二上错综复杂交织在一起的直线和曲线，是切切实实存在的。它们是隆起的山脊，还是低谷？它们是怎么形成的？它们是星球地质构造系统的一部分吗？成因是不是木卫二的膨胀和收缩？它们和地球的板块构造运动相似吗？我们能从中获得什么启示，能增加对其他木星卫星的了解吗？“旅行者”用上了令我们感到骄傲的技术，获得了状似惊人的发现。然而那些发现还需要另一种设备去解析，那就是人类的头脑。我们发现木卫二光滑如台球，只是布满了网状线条。它缺少撞击坑，可能是因为撞击时产生的热量融化了地表的冰层。这些线条是凹槽、裂缝还是别的什么的东西，直到“旅行者号”木星任务结束后，我们依然没能给出定论。

如果“旅行者号”是载人的航船，那么船长一定会记录航海日志。把“旅行者1号”和“旅行者2号”的航海日志结合起来，大概会是这样：

第1天。检查过补给和设备后，我们从卡纳维拉尔角出发，驶向群星。

第2天。安置科学仪器的扫描平台吊杆出现问题，如果它无法展开，我们会损失绝大多数拍摄照片和获取科考数据的机会。

第 13 天。我们回首来时的方向，拍摄了第一张地球和月球同框出现的照片。多么漂亮的一对儿。

第 150 天。引擎略微点火，修正轨迹。

第 170 天。例行检查，一切照旧。真是平静的几个月啊。

第 185 天。成功校正木星图像。

第 207 天。吊杆问题顺利解决，但主无线电发射器出了麻烦。我们得换上备用设备。要还是不行，那地球上的人就再也收不到我们的消息了。

第 215 天。我们跨越了火星轨道。那颗行星现在正在太阳的另一边。

第 295 天。进入小行星带。这里有许多不断翻滚的巨岩，简直是乱礁浅滩。它们中的大多数从未探明。瞭望手得盯仔细了，我可不想撞上去。

第 475 天。安全通过小行星带。活着真好。

第 570 天。木星在天空中越来越显眼。我们看到的细节，地球上再好的望远镜也观察不到。

第 615 天。木星庞大的天气系统，还有那些变幻的流云就在眼前旋转，让我们头昏眼花。这可真是颗大家伙。它的质量是其他行星加起来的两倍多。它没有山脉，没有峡谷，没有火山，没有河流；没有天与地的分隔，只有稠密气体和飘浮云层交织成的浩瀚空海——这是个没有地表的世界。我们所见的一切都飘浮在空中。

第 630 天。木星的天气系统依然那么震撼。这个世界虽然庞大，沿地轴转上一圈的时间却连10小时都不到。这快速的旋转、太阳的照耀以及它由内而外升腾而起的热量，共同塑造了惊人的大气运动。

第640天。木星云层造型独特繁复，让我有点儿想起凡·高的《星夜》，或者威廉·布莱克和爱德华·蒙克的作品，不过也就那么一点儿。没有艺术家能绘出我们看到的画面，因为他们从没离开过我们的行星。被困在地球上的画家是想象不出这样一个陌生而美丽的世界的。

我们近距离观察了木星多彩的线条和色带。那些白色的带子应该是高处的云层，可能由氨晶形成；棕色的色带位于更深、更热的地方，那里大气沉降。蓝色部分显然是空洞，透过它们，我们看见了木星晴朗的天空。

我们不清楚木星为什么是红棕色的，可能是磷或硫的化学作用，也可能太阳紫外线破坏了大气中的甲烷、氨和水分子，分子碎片重新组合出色彩斑斓的产物。如果真是如此，那这些色彩就在告诉我们40亿年前，可能是什么样的化学反应导致了生命在地球上兴起。

第647天。大红斑。那是巨大的气柱，高悬在附近的云层之上。它体积惊人，甚至容得下半打地球。它的红色可能源自星球更深处被压缩的复杂分子。这是场已经持续了百万年的特大风暴。

第650天。遭遇日。奇迹般的一天。成功通过木星危险的主辐射带，只有光偏振测量仪被损坏。再也不用担心被粒子，或新发现的木星环带碎石撞飞了。我们获得了许多精彩照片，包括木卫五“阿玛耳忒亚”。那是个小巧、斜长的红色世界，位于辐射带的核心；还有五彩缤纷的木卫一“伊俄”[1]；布满线条的木卫二“欧罗巴”；看似蛛网纵横的木卫三“伽倪墨得斯”；环状低地层层叠叠的木卫四“卡利斯托”。绕过木卫四，又经过木卫十三——已知的木星最外侧卫星——的轨道，我们飞向了更远的地方。

第 662 天。粒子探测器和场探测器表明，我们彻底离开了木星辐射带。这颗星球的引力为船只增加了速度。我们终于告别木星，再次进入了深空。

第 874 天。我们失去了对老人星的目标锁定——它位于南船座，在传说中代表了帆船的舵。它也是我们的舵。在深空的黑暗中，它为船只指明前进的方向。幸好我们很快重新找回了老人星。看样子，光学传感器把半人马座阿尔法星、贝塔星和它搞混了。我们的下一站是土星，靠港时间是两年后。

“旅行者号”传回来的所有故事里，我最喜欢的是木卫一“伊俄”上的发现。在“旅行者号”之前，我们就知道这颗最接近木星的伽利略卫星有些古怪。对它的外表细节我们了解不多，只知道它是红色的，颜色比火星更纯，可能是太阳系里最红的天体。几年观察中，它的红外光谱以及雷达反照率似乎发生了一些变化。我们还意识到，它释放的硫、钠和钾等物质形成了一个套着木星的特大号甜甜圈，这些物质不知怎的从木卫一流入太空。

1. 美国人常常把伊俄（IO）读成“艾欧”，因为《牛津英语词典》里，这两个字母是这么发音的。但不要迷信英国人的权威。这个词源于地中海东部，欧洲其他地方的人发音才正确。它读作“伊俄”。

当“旅行者号”接近这颗巨大的“月亮”时，我们发现它地形奇特，色泽深浅多变，和太阳系其他地方都不同。因为接近小行星带，木卫一历史上肯定没少挨砸，应该存在清晰可见的陨坑，然而我们一个也没找到。肯定有某种非常强大的因素抹去，或者填平了它们。这个过程不可能是大气引发的。因为重力小，木卫一的绝大多数气体都散逸进了太空。也不可能是流水，木卫一地表温度太低。倒是有几个像是火山口的东西，但难以确认。

琳达·莫拉比托是“旅行者号”导航团队的一员，负责让“旅行者”精确地保持在它的轨道上。作为例行公事，那天她让计算机增强了木卫一边缘的图像，以显示出它后面的星辰。出乎琳达意料，她看到那颗卫星的边缘有一股亮色烟柱冲入了黑暗的太空。她很快意识到，那个位置早就被怀疑是一个火山口。就这样，“旅行者号”发现了地球之外的第一座活火山。现在，我们已经找到了九座喷发着气体和碎屑的活火山，死火山更是成百上千。沿着火山滚下的碎屑被地表的无数喷口再度拱起，掩盖陨坑只是小事一桩。也就是说，我们看到的木卫一地表，全是新近形成的。要是伽利略和惠更斯也能目睹这一幕，会多么惊讶啊。

斯坦顿·皮尔和他同事早就预言了木卫一存在活火山。他们计算出了木卫一坚固的星球内部有汹涌的潮汐力。这股力量是附近的木卫二和巨行星木星共同引发的。通过计算，他们得出结论，木卫一内部的岩石应该呈熔化状态。熔化的成因不是岩石的放射性，而是潮汐力；现在看来，木卫一火山的喷发物，很可能是涌到地表附近的熔化和压缩态硫黄。当固态硫黄被加热到略高于水的沸点，也就是115℃时，会熔化、变色。温度越高，颜色越深。如果硫黄快速冷却就会保留此前的色泽。我们在木卫一上看到的不同色彩，大概是熔化硫黄汇成的小河、大江和大片大片的冲积平原：黑色的硫黄最热，它们分布在火山口附近；红色橙色次之，你能在火山附近的河流里找到它们；黄色的硫黄覆盖着大平原，它们离火山最远。以月为单位进行观察，我们就能看出木卫一的地表在不断变化。和地球的天气预报差不多，木卫一的地图也得不断更新才行。如果将来人们想探索这世界，千万要小心。

“旅行者号”发现木卫一稀薄大气的主要成分是二氧化硫。虽然稀薄，不过它们还算有点用。木卫一就嵌在木星辐射带里，而那层大气在白天勉强保护了它的地表不被强带电粒子轰击。但进入了寒冷的夜晚，二氧化硫会凝结成白霜，而带电粒子直击地表，所以待在木卫一的话，去地下过夜是个明智的决定。

正如之前所说，木卫一火山烟柱极高，直接把物质喷洒进周围的太空，导致轨道上布满碎屑，犹如绕着木星的甜甜圈。这些微粒旋转着逐渐接近木星，也许覆盖了最内侧的木卫五，把它也染成了红色。这些进入太空的木卫一碎屑甚至可能在撞击和冷凝后，成为木星星环的组成部分。

即使放眼遥远的未来，我也想象不出人们生活在木星上是什么样，不过在木星大气中建立永久的气球型飘浮城市倒是可行。从木卫一和木卫二上望出去，这颗巨大的行星会一直占据大半天空，既不升起，也不落下。包括月亮在内，太阳系内的几乎所有卫星，面对自己行星的朝向都固定不变。对未来探索木星卫星的人来说，这颗永远处在变化中的巨行星会不断带来惊喜。

太阳系由星际气体和尘埃凝聚而成，木星则吸纳了大多数既没有逃逸进深空，也没有落入太阳的星系剩余物质。如果木星的质量再增加几十倍，内部就会产生热核反应，也发出光来。可以说，巨行星就是凝聚失败的恒星。即使如此，木星向外释放的能量也高得吓人，两倍于它接受的阳光热量。光是看红外光谱，你甚至会把木星也认作恒星。它若在可见频段发光，我们就会生活在一个双星系统里。天上有两颗太阳，夜晚自然会少很多。其实银河系里双星系统多得是。假如出生在那种地方，我们也会认为自己所处的环境怡人可爱。

木星云层深处的气压比地球高得多，甚至能把电子从氢原子里挤出，继而产生一种非凡的物质——液态金属氢。这是地球上从未有过的物理现象。（常温下，液态金属氢可能就具备超导特质，如果它能在地球上生产，无疑会掀起电子产业的革命。）木星内部的压力是地球地表气压的300万倍，除了液态金属氢的汪洋，你什么也找不到。不过在木星最核心的部位，可能会有些岩石和铁。一个地球一样的世界，永远被高压封印在最大行星的中央。

木星内部液态金属的电流，可能造就了它太阳系首屈一指的强磁场，以及伴生的电子和质子俘获带。许多带电粒子从太阳里激射而出，伴着太阳风前进，结果被木星的磁场俘获。它们中的多数都被困在大气高处，在这颗行星的两极间来回往复，只有偶遇高层大气分子时才能侥幸脱离。木卫一的轨道紧挨木星，它在强烈的辐射带中移动，产生了瀑布般的带电粒子，进而引发强烈的射电暴。（它们可能也影响了木卫一火山的喷发过程。）通过计算木卫一的位置，我们可以预报木星的射电暴何时袭来，准确程度比地球的天气预报更高。

人们发现木星是射电源纯粹出于意外。射电望远镜刚诞生不久的20世纪50年代，两个年轻的美国小伙——伯纳德·伯克和肯尼斯·富兰克林——用新造的、当时算得上非常灵敏的射电望远镜观察天空。他们想寻找宇宙微波辐射背景——离我们星系非常非常远的射电源，出乎意料，他们发现了一个未知的强烈射电源，它似乎与任何知名恒星、星云或星系的位置都对不上号。不仅如此，它还在稳步移动，速度远超任何远方的物体。[1] 意识到遥远的星空无法解释这电波，他们走出天文台，用裸眼仰望天空，就在射电的来源处，两人看到了一个明亮的物体：木星。顺带说一句，科学上这种偶然发现不胜枚举。

木星是我们的祖先百万年来一直欣赏和惊叹的对象，在“旅行者1号”飞临这颗闪烁于天际的巨行星之前，我看待它的方式和我们的祖先并无不同。但在它们相遇的那夜过后，事情起了变化。为研究“旅行者”数据，我去了JPL。就在半路上，我突然想到，木星再也不会和以前一样，只是夜空中的一个光点了。它成了永远值得探索和了解的地方。木星和它的卫星是微缩的太阳系模型，我们从中可以学到许多。

从结构和其他很多方面来看，土星和木星很像，只是小上几号。它的自转时间也约10小时，赤道附近存在斑斓的色带，但不像木星的那么显眼。它的磁场和辐射带比木星弱，星环倒是异常壮观。还有，它也被十多颗卫星拱护。

土星最有趣的卫星似乎是土卫六“泰坦”。它是太阳系最大的卫星，也是唯一一颗拥有真正大气的卫星。1980年11月“旅行者1号”飞临泰坦前，我们对于它知之甚少，只有G. P. 柯伊伯的研究证明它的大气中存在甲烷。来自太阳的紫外线会将甲烷转化成更复杂的碳氢

1. 因为光速有限（见第八章）。

化合物分子和氢气，这些碳氢化合物应该覆盖了土卫六的地表，如同一层褐色的焦油，就像地球生命起源实验中的那样。由于土卫六重力较小，比较轻的氢气理论上会通过一种被称为“喷发”的剧烈方式，携带大气中的甲烷和其他气体逃逸进太空。不过，可能因为土卫六的气压较高（至少和火星一个水准），喷发受到阻止。也可能是一些我们尚未发现的成分——比如氮——增加了大气平均分子的质量，让它们难以升到高空，从而避免了喷发。还有一种可能是喷发确实存在，但卫星内部释放出的气体补充了逃逸的那些。土卫六的密度很低，一定包含了大量的水和其他冰体，比如甲烷冰，后者通过内部加热，正以未知的速度向着地表释放。

用望远镜远眺土卫六，只能看到一个模糊不清的红色圆盘。圆盘上有各种形状的白云，大概是甲烷晶体云。但这颗星球为什么是红色的？大多数研究者认为，那是复杂的有机分子造成的。但在土卫六的地表温度和大气厚度上，研究者仍有较大争议。[1]有迹象表明，温室效应导致土卫六地表温度升高。那么多有机分子堆聚在地表，飘散在空中，土卫六无疑是太阳系里最引人注目的天体之一。由于“旅行者号”此前成果丰硕，它和其他航天器的太空任务有望彻底改变我们对这颗卫星的认知。

透过土卫六云层的缝隙，你能瞥见土星和它的星环，它们淡黄的色泽被大气晕染得模糊一片。由于太阳到土星的距离是到地球的十倍，土卫六的阳光强度只有我们所习惯的百分之一，所以即使存在温室效应，这里的温度也远在冰点之下。但充足的有机物、阳光，加上

1. “旅行者”航天器随后的观察表明，土卫六的大气层比地球还要浓厚，表面大气压力是地球的1.45倍。—— 译注

也许存在的火山活动，泰坦存在生命的可能性[1]不容忽视。考虑到那里的环境，生命如果存在，肯定也会和地球的截然不同。不过目前既没有证据支持，也没有证据反对土卫六生命假说，只是说有一定的可能性。这个问题的答案，可能要等航天器登陆地表，进行实地检测之后才能明了。

要研究组成土星环的单个颗粒，我们必须抵近观测。这些颗粒很小，都是些雪球、冰屑，直径 1 米左右。之所以断言它们由水冰构成，是因为土星环在阳光下呈现的光谱特征与实验室里的冰块一样。要接近这些太空中的颗粒，航天器必须减速，与它们一道以每小时 4.5 万英里（约 7.24 万千米）的速度绕着土星转。换句话说，“旅行者号”必须待在土星轨道上，与它们保持相对静止。只有这样，颗粒才能被清晰地观察到，而不是一晃而过。

为什么土星环是环带，而不是一颗完整的大卫星呢？因为环带上的颗粒距离土星越近，轨道速度越快（按照开普勒第三定律，“下落”越快），所以靠内的颗粒会超越靠外颗粒（可以想象成公路，超车道总是在左边）。整个环系的绕行平均速度是每秒 20 千米，但颗粒彼此间存在微小的相对速度差，虽然只有每分钟几厘米，但这使得它们永远不会被引力黏合到一起。即使想这么做，它们也会被略微不同的

1. 1655年，惠更斯发现土卫六泰坦。他评价道：“抬首望天，远眺（木星和土星）系统，谁能不为它们的庞大雄浑，还有其侍卫的高贵优雅而动容？相比之下，又有谁会不为我们地球的可悲可怜而叹息？难道人们真的能欺骗自己，认为智慧的造物主把一切生灵都安放在地球，只装点这一处地方，却抛弃了那些本可以充满住民，赞美崇拜他的世界？难道人们真的相信他创造那样庞大的宇宙，只是为了供我们这些可怜的凡夫俗子——也许只是凡人中的很小一部分——学习研究？”由于公转周期长达30年，土星及其卫星的春夏秋冬都远远长于地球。提及土星卫星上可能存在的居民时，惠更斯写道：“沉闷乏味的冬季如此漫长，他们的生活方式肯定与我们大不相同。”

速度差拉开。假如环带离土星再远一些，这种效应不那么明显，颗粒会慢慢聚拢，从雪球逐渐成长为卫星。土星环外存在一系列卫星恐怕并不是巧合。这些卫星大小不一，小的直径只有几百千米，大的则如土卫六，体积和火星不相上下。很早很早以前，所有卫星和行星可能都是以环状分布的，经年累月地相互吸引、不断增大，才变成了今天的模样。

土星的磁场和木星一样，会俘获和加速太阳风吹来的带电粒子。这些带电粒子在两个磁极间不断反弹，势必穿越赤道面。如果撞上了赤道面上的环带颗粒，质子和电子就会被那些雪球吸收。最后的结果是，那两颗行星的环带清除了与它们相交的辐射带，只有在环带内侧或者更外侧的地方，辐射带才得到保留。与土星、木星距离较近的卫星也会吸收辐射带的粒子，实际上，我们就是用这种方法发现了土星的一颗新卫星："先驱者 11 号"观测到辐射带上有道未知的缺口，它是被一颗我们从未注意到的卫星清扫出来的。

比土星轨道更远的地方依然有徐徐的太阳风。等"旅行者号"抵达天王星、海王星和冥王星轨道时，如果观察设备还能用，就能立刻感知到它的存在：那徜徉在诸多世界之间的风，从太阳大气层的顶端，吹向群星的国度。直到比冥王星轨道再远出两到三倍的地方，星际间质子和电子的压力才能超过业已式微的太阳风。我们把这个位置叫作"日球层顶"，它也是界定太阳系边界的一种方式。不过即使到了这里，"旅行者号"也会继续向前。它将在 21 世纪的某天冲出日球层顶，继续遨游无尽深空。它不会进入另一个恒星系，而是注定永远在远离任何岛屿的星海中航行。几亿年后，它将完成环游银河系中心的壮举。"旅行者号"史诗般的远航，才刚刚启程。

07

第七章 夜空之脊

多明了件事理，胜过当波斯人的王。

——阿夫季拉的德谟克利特

如果一个人能坦诚看待“神性”这个词，就不得不承认“神”，很大程度上是用来描述那些他亲眼看见，却不理解、不明白的遥远事物的；当事物的原委模糊不清，当已知无法解释未知时，他就用起了这个词来。事物的起因结果总是环环相扣，一旦他丢失了线索，或者跟不上事态的发展，就把一切都归因于他的神。这是不必费心思考就解决困难的好办法……他认为是他的神引发了某种现象……除了闭目塞听，虔敬于内心早已熟识的神明之外，他还做过别的努力吗？

——保罗・海因里希·迪特里希，冯・霍尔巴赫男爵，

《自然的体系》，伦敦，1770年

我小时候住在纽约布鲁克林本森赫斯特区。我对邻里十分熟悉。我了解每一栋公寓楼、每一个鸽舍、每一户后院、每一座前门廊、每一处空地、每一棵榆树、每一排装饰护栏、每一根煤溜槽、每一面玩中式手球的墙——那家叫勒伊史迪威的剧院砖墙质量最好。我也认识居住在附近的许多人：布鲁诺和迪诺、罗纳德和哈维、桑迪、伯尼、丹尼、杰基和玛拉。但只要走出几个街区，穿过车流喧闹的86号公路和高架铁路，就到了我从未踏足过的陌生地方。据我所知，火星也不会比那里更遥远了。

哪怕总被早早赶上床，我也偶尔能看到冬夜的星星，遥遥在上，忽闪忽闪。我很好奇它们到底是什么。我问过年纪更大的孩子和成年人，他们只会回答："那是天上的光，孩子。"我当然知道它们是天上的光，问题在于，它们到底是什么？小小的悬浮灯吗？那它们为什么要挂在天上？我替人们感到悲哀：明明有秘密一直隐藏在日常生活中，我的同胞却视而不见。真正的答案肯定没有他们说的这么简单。

长大一点后，爸妈给了我一张借书证。图书馆在第85街，那也是块陌生的地方。到了图书馆，我问管理员有没有关于星星的书。她回来的时候带来一本画册，上面有很多男男女女的照片，都是克拉克·盖博、简·哈洛之类的电影明星。我抱怨说这不是我要的书。也不知道为什么，她露出微笑，回去找来另一本——是我想看的那种。我屏住呼吸，翻开书页，直到找到答案。这本书讲了一些让人难以置信的东西。它说星星是太阳，但离我们非常非常遥远。太阳也是星星，只不过我们离它很近很近。

想象一下，把太阳挪到远处，让它变成一个小亮点。但那该是多远呢？小时候的我对角距大小毫无概念，也不知道光线传播的平方反比定律。我根本算不出星星的距离。不过我明白，如果星星是太阳，它们一定非常遥远——比第 85 街要远，比曼哈顿要远，可能比新泽西还要远。宇宙比我想象的大得多得多。

后来，我了解到了另一件惊人的事。地球，就是布鲁克林所在的地球，是一颗行星。它绕着太阳转动。还有其他的行星也绕着太阳转，只是有些离得近，有些离得远。行星本身不发光，仅仅反射阳光。在很远很远的地方，你是看不见地球和其他行星的；它们只是微弱的光斑，被太阳的光芒掩盖。可能其他那些恒星，我猜想，也有自己的行星，只不过我们现在还看不见。一些行星上应该会有生命，为什么不呢？它们大概和我们所熟悉的种类（特别是布鲁克林的那些）完全不同。我决定长大后当个天文学家，去了解那些恒星和行星，如果有机会的话，甚至亲自造访一下。

我的运气真的很好，这不单因为自己古怪的愿望得到了爸妈和一些老师的鼓励，还因为我所生的这个时代，人类第一次拜访了其他世界，对宇宙也进行了深入的探索。如果我早生个几百年，那无论我多么努力，都不会知道恒星和行星是什么。我也不会知道宇宙中存在那么多太阳、那么多世界。这个了不起的秘密，是我们的祖先经过百万年耐心观察和勇敢思考后才悟出来的。

星星是什么？这问题简直就跟婴儿生来会微笑一样自然。千万年来，它一直困扰着我们，直到这个时代才出现转机——我们终于知晓了部分答案。有些现成的答案，就藏在书籍和图书馆里。生物学中有个原理，虽然算不上完美，但适用于不少场合。它叫作“重演”，即胚胎在发育成熟的过程中会再现物种的演化史。我相信人类在智力发展过程中也存在重演，会下意识地想古人之所想。想象一下，在科学出现以前，在图书馆出现以前，在十多万年前，我们的祖先就已经很聪明，很好奇，和我们一样热衷于社交和性事了。但那时人类还不懂什么叫实验，发明创造的概念也无从谈起。那就是人类的童年。想象一下刚刚发现火的时代。那时人类过着怎样的生活？我们的祖先认为星星是什么？我有时会代入古人的想法：

> 我们吃浆果和块茎、坚果和叶子，还有死去的动物。有些动物是找到的，有些是杀掉的。我们知道哪些食物好，哪些食物坏。如果我们吃了不好的东西，会受到伤害。我们不想受伤害。可是毛地黄和毒芹会杀死我们。我们爱我们的孩子和朋友。我们警告他们不要吃这种东西。
>
> 我们捕猎动物，但有时候会被杀。我们会被戳伤、踩踏、吃掉。动物事关我们的生与死：它们的行为方式，它们留下的踪迹，它们交配、生育的季节，它们游荡的时间。我们必须了解这些事。我们把这些事告诉我们的孩子。我们的孩子又告诉他们的孩子。
>
> 我们依赖动物。我们跟踪它们——缺少植食的寒冬更是如

此。我们是流浪的猎手和采集者。我们称自己为猎人。

我们露天睡觉，也会躲在树下，或者藏在树杈上睡觉。我们把动物皮做成衣裳。它们既能保暖，也可以保护我们裸露的皮肤，有时候还能当吊床。我们穿动物皮，获得动物的力量。我们和羚羊一起跳跃，和熊一起打猎。我们和动物之间存在联系。我们猎杀动物。动物也猎杀我们。我们是彼此的一部分。

为了活下去，我们制造工具。我们中的一些人擅长寻找、劈打、剥落、磨制和抛光石头。我们用动物的筋把这些石头和木柄捆在一起，制造斧子。斧子可以用来砍植物和动物。还有些锥形石头可以绑在长棍子上。如果我们安静地潜行，有时候可以靠近动物，用矛刺杀它们。

肉会腐烂。有时候我们太饿，只能吃腐烂的肉。我们把一些草叶和烂肉搅拌在一起，掩盖它的味道。我们把不会腐烂的食物切块，用动物皮、大叶子，或者大果子的壳包起来。把食物带在身边是好事。如果不储存，有多少吃多少，一些人可能以后会挨饿。我们必须互帮互助。因为要相互帮助，再加上其他很多原因，我们一定要讲规则。每个人都必须遵守规则。规则长存。规则神圣。

有天，我们遇上了雷雨。电闪雷鸣，大雨倾盆。小孩子害怕雷雨。有时候我也怕。雷雨里有秘密。雷声低沉响亮，闪电短暂明亮。可能有个充满力量的人生气了，所以才有了雷雨。我想，天上肯定住着人。

雷雨过后，附近的森林噼里啪啦响个不停。我们去看。那里有个东西，它又亮又热，颜色有红有黄。我们从没见过这样的东西。我们叫它“火”。火的气味很特殊。它似乎是活的。它需要吃东西。它吃掉草叶、树枝，如果你不管，它甚至会吃掉大片森林。它很强。但是它不聪明。把所有食物吃光后，它就会死。如果路上没有食物，它不会从一棵树移动到另一棵树上，哪怕它们之间的距离只有一支矛投出去那么远。但有了充足的食物，它会长大，生下很多火孩子。

我们中间有人提出一个大胆又可怕的想法：捕捉火，喂它一些吃的，和它做朋友。我们找到些又长又硬的树枝，火焰喜欢吃它们，但是吃得很慢。我们可以拿着枝条没有火的一端，带着它走。如果跑太快，微弱的火孩子就会死。我们不跑。我们一边走，一边大声祝福它。“不要死啊。”我们对火说。另外一些猎人看着我们，瞪圆了眼睛。

从那以后，我们一直带着火。我们饲养火妈妈，时不时给她些吃的，免得她饿死。[1] 火是奇迹，也很有用；它肯定是更强大的人给我们的礼物。他和在雷雨里发怒的是同一个人吗？

寒冷的晚上，火给了我们温暖，给了我们亮光。漆黑的新月之夜被它改变。我们围坐火边，制作修理第二天狩猎用的长矛。如果不累，我们还可以在夜里彼此对视、交谈。另外，火还能赶走野兽，这可真是件好事！现在晚上也能打猎了。以前哪怕一些小动物也能威胁到我们，比如鬣狗和狼。但火能把野兽赶走。野

1. 把火视为活物，需要保护和照料，并不是需要抛弃的“原始”想法，而是许多现代文明的根基。古代希腊、罗马，还有印度的婆罗门家中都有炉灶，还有一套照料炉火的规章制度。人们晚上覆上炭灰以保持热量，早上用细树枝让火苗重燃。灶台里的火焰熄灭，与家人去世同义。在这三种文化里，炉灶管理仪式都与祖先崇拜相关。世界各地的宗教、纪念、政治和体育仪式中，常常会出现象征着永恒的火焰，它们正是起源于此。

兽在黑暗中低嚎、徘徊，眼睛反射着火光。它们害怕火。可是我们不怕。火是我们的。我们照顾火。火也照顾我们。

天空很重要。它笼罩着我们。发现火以前，我们就会躺下看夜空的光点了。有些光点似乎能连成某些东西。我们中有个人擅长认图识画。她告诉我们那些星星代表了什么，还给它们想了故事。天上有狮子、狗、熊、猎人，以及奇奇怪怪的东西。这些画，是天上那个威力无比的人创造的吗？他会不会也创造了雷雨？

天空的大部分区域都长久不变。每年都是同样的星星图案。月亮也总是从一弯银线变成圆球，然后逐渐缩小。月亮变化时，女人流出经血。有些部落在月亮增长和缩小的特定时间禁止性事。有些部落会在鹿骨上刻下女人流血或者月亮变化的日期，这样才能提前做好准备，遵守规则。规则神圣。

星星离我们很远很远。爬到山顶或者树梢，它们看起来也没有变近。飘过的云层挡住星星，所以星星肯定在云后面。月亮动得很慢，它经过时遮掩住了星星，但等它离开，星星又冒了出来。月亮没有吃掉星星。它们肯定在月亮后面。它们不停闪烁。那是遥远、苍白，从很远很远地方传来的冷光。星星很多，布满天空，但只能在晚上看到。我想知道它们到底是什么。

发现火以后，我常常坐在篝火边看星星。有个想法慢慢浮现出来。星星是火，我想。然后我有了另一个想法：星星是其他猎人晚上的篝火。星星的光比篝火要弱，所以它们是很远很远地方的火。“但是，”其他人问我，“篝火怎么会在天上呢？这些篝火和它们边上的猎人，为什么没落下来？那些奇怪的部落，为什么能待在天上？”

这些问题很好。它们困扰着我。有时候，我怀疑天空是半个大蛋壳或者一个大果壳。我猜那些遥远篝火边的猎人正低头看着我们。但没准他们也在抬头看，好奇我们怎么不掉下去。我的意思是，我们可能在他们的天空中。不过其他猎人说“上就是上，下就是下”。他们也没错。

我们中有人提出了另一种看法。他说夜空是黑色的大兽皮，蒙住了整个天穹。兽皮上穿了一些孔，我们透过孔洞，看到了兽皮后面的火光。他觉得整个天空都在着火，只是全被兽皮盖住了，除了上面的那些孔洞。

有些星星会动，就像我们狩猎的动物。就像我们。你耐心地观察上几个月，会发现它们共有五个，和一只手的手指数目一样。它们在星星间缓慢移动。如果星星都是篝火，那它们一定是游牧部落的篝火，那些人走到哪儿，就把火带到哪儿。我想象不出移动的星星怎么可能是兽皮上的洞。你在皮上戳个洞出来，它会一直在那里。洞就是洞，不会移动。再说了，我也不希望天上全是火。否则兽皮撤掉的话，晚上就会很亮——太亮了。到处都是火可不好。我认为那些火会把我们吃掉。也许天上有两种威力无比的人。坏的那种想让火吃掉我们。好的那批给天空蒙上了兽皮。我们得想办法感谢好人。

我不知道星星到底是天上的篝火，还是隔开火焰的兽皮上的洞。有时候我觉得是篝火，有时候又觉得是洞。还有一次，我觉得它们既不是篝火也不是洞，而是另一种东西，但它们对我来说太难理解了。

把你的脖子枕在圆木上，仰起头。这样，你看见的就只有天空。没有山岭，没有树木，没有猎人，没有篝火。只有天空。有时候我觉得我会摔到天上去。如果星星是部落篝火，我倒想拜访一下，特别是那些总是走个不停的。是的，摔到天上是好事。但如果星星是兽皮上的洞，那就让人害怕了。我不想摔到天上的洞里被火吃掉。

我想知道哪个答案才是对的。我不想一无所知。

我想，在一个狩猎或者采集部落里，真的会这么看待星星的人不多。也许经年累月下来，确实有几个人冒出了差不多的念头，但我的这些想法不太可能出现在同一个人脑子里。不过，原始社会的人们确实已经产生了复杂的思考。举个例子，生活在博茨瓦纳的喀拉哈里沙漠里的布须曼[1]人把夜晚横陈在头顶的银河叫作“夜空之脊”，就好像我们住在一头巨兽的腹中。布须曼人相信银河支撑起了夜晚；若非如此，黑暗的碎片就会落到地上。这看法多么清晰易懂，又多么奇妙。

诸如“天上的篝火”或者“夜空之脊”这类观点，在绝大多数人类社会里最终让位给了另一种想法：那些住在天上的人是威力无比的神。他们有名有姓，亲眷众多；各司其职，肩负着维持宇宙运转的责任。人世间的所有事务都有相应的神祇管理。诸神掌控着自然。缺少他们的直接干预，世界便陷入停滞。如果神灵满意，则食物丰产，人民幸福；但如果他们被触怒——有时候只是因为无足轻重的小事——结果会非常可怕：干旱、风暴、战争、地震、火山喷发、瘟疫。诸神

1. 原文：!Kung Bushman，这里的感叹号是舌头碰到门牙内侧，同时发英文K的弹音。

的怒火需要平息，于是乎，人数庞大的祭司阶级应运而生。可神灵总是喜怒无常，你无法保证他们会做些什么。自然充满神秘。了解世界不是件容易的事情。

爱琴海上有座岛屿名叫萨摩斯，一座巨大的赫拉神庙曾经矗立于此，它是古典世界的奇迹之一，如今只剩下了断壁残垣。赫拉是天后，也是萨摩斯的守护神，她在这里扮演的角色与雅典娜在雅典类似。神话传说里，她后来和奥林匹斯神王宙斯结了婚，而且度蜜月的地方就选在萨摩斯。希腊神话中，赫拉的乳汁喷洒在天上，形成了一条光带。西方人把银河称为 The Milky Way（乳汁之路）就是这么来的。这个名词在起源时可能还带有他意，比如天空养育了大地；倘若确实如此，那它的原意也早在数千年前就遭到了遗忘。

这些艰难求生，为喜怒无常的神祇编唱故事的人，是我们几乎所有人的祖先。在很长很长一段时间里，人类理解自然的努力，都受到了此类肤浅神话的阻碍。《荷马史诗》可能是最好的例子。在那些故事里，有天空之神、大地之神、风暴之神、海洋之神、冥界之神、火焰之神、时间之神和爱之神；几乎每棵树和每片草地都栖息着精怪。

宇宙是牵线木偶，被看不见摸不着、行动难以预料的诸神控制。这观念曾经压迫了人类数千年，至今仍然有不少信众。然而 2500 年以前，爱奥尼亚地区爆发了一次辉煌的觉醒。爱奥尼亚是指包括萨摩斯在内，在繁忙的爱琴海东部岛屿和海岸上发展起来的希腊殖民地。[1]那里突然间出现了许多相信宇宙万物都由原子构成的人；他们还认为人类也好，各种动物也好，都是从更简单的形态发展出来的；疾病的

---

1. 为了避免混淆，必须说明一下，爱奥尼亚并不在爱奥尼亚海；它是由那些来自爱奥尼亚海沿岸的殖民者命名的。

成因并非邪灵或诸神；地球只是一颗绕着太阳转的行星；星辰距离我们非常遥远。

这场思想革命把宇宙从混沌变成了秩序。古代希腊人认为最早出现的生命是卡俄斯（Chaos，意为混沌），和《创世纪》里的“空虚混沌”同一个意思。卡俄斯先是创造了夜之女神，然后和她结婚，他们的后代繁衍出了诸神和人类。古希腊人相信自然由反复无常的神明掌控，无法预测，而宇宙从混沌中诞生完全符合这一信仰。但在公元前 6 世纪的爱奥尼亚，一种新观念诞生了，它是人类历史上最伟大的思想之一。爱奥尼亚人认为，宇宙是可知的，因为它展现出了一种内在的秩序：自然界存在规律，允许人们揭示出它的奥秘。自然并非完全无法预测，实际上它本身也必须遵守一定的规则。万物的秩序令人肃然起敬，这一特质，便叫作宇宙（Cosmos）。

但为什么是在爱奥尼亚？为什么这一革命性的思想会诞生在风光朴实的田园里，诞生在地中海东部偏远的岛屿和海岸上，而不是印度、埃及、巴比伦、中国或者中美洲的宏伟城市里？中国有长达数千年的天文传统，纸张、印刷术、火箭、钟表、丝绸、瓷器和远洋海军也最早出现在这个国家。有些历史学家说，中国社会过于传统守旧，不愿意接受创造发明。那么既丰饶，又富有数学天赋的印度文化呢？另一些历史学家说，印度文化里的宇宙无限古老，却总是陷入毁灭与重生，无尽的轮回观从根本上扼制了新思想的诞生。那么，玛雅和阿兹特克又如何呢？他们取得的天文学成就，还有对巨大数字的痴迷程度都可以与印度比肩。然而有些历史学家宣称，他们缺少工程发明的能力与欲望。玛雅和阿兹特克人——除了在给孩子们的玩具里——甚至没能发明轮子。

与他们相比，爱奥尼亚文化有几点优势。爱奥尼亚是松散的岛屿城邦联盟。独立，即使本身并不完整，也会孕育多样性。爱奥尼亚岛屿众多，政治制度五花八门。没有哪个强权能够统一诸岛，传播单一文化，这让思想开放成为可能。与另一些地区不同，爱奥尼亚本身并不是某个文明的中心，而是处在不同文明的十字路口。在这里，腓尼基字母最早得到了希腊式应用。随着人民识字率大幅提高，写作不再是祭司和抄写员的专利；在这里，各种各样的想法得到思辨；在这里，政权无法强行宣扬迷信文化。实际上，爱奥尼亚地区的政治权力很大程度上掌握在商人手中，而商人积极推广着能为他们带去丰厚利润的技术。来自非亚欧三洲的文明，包括伟大的埃及和美索不达米亚文明的偏见、它们的文字、它们的观点和诸神，在地中海东部剧烈碰撞，彼此融合。如果发现有好几个神祇同时掌管同一个领域，你会怎么想？巴比伦的马杜克和宙斯一样据说是众神之王，你可能会认为马杜克和宙斯其实是同一个神，也可能认为他们差别巨大，所以其中肯定有一个是祭司发明创造的伪神。但既然一个神可以是假的，那又凭什么不能说他们全是捏造的呢？

那个伟大的思想便发轫于此。人们意识到要认识这个世界，未必需要以神灵的存在为前提；也许我们能通过什么法则、力量或者自然规律了解世界，而不必把芝麻绿豆大的事情全归结为宙斯的干预。

我认为，再给中国、印度和中美洲文明一点时间，它们也能各自发展出科学。文明的出现时间不同，发展速度也不同。但以科学的方式看待世界，不但效率高，能合理解释诸多疑问，还会和我们大脑中最发达的部分产生和谐的共鸣。所以假以时日，地球上每一种文化都会自发地诞生科学。只不过总有某个文明会先迈出第一步。爱奥尼亚就这样成了科学的发源地。

大约在公元前 600 到前 400 年间，人类的思想发生了翻天覆地的变化。这场革命的关键是手。那些睿智的爱奥尼亚思想家多为海员、农民和织工的后代。其他国家的祭司、抄写员出身高贵，不愿意弄脏双手，这批爱奥尼亚人却摒弃迷信，擅长动手，早已习惯了敲敲打打、修修补补。可惜对于当时所发生的事，如今只剩下了零星间接的记载，词句也晦涩难懂。而且数个世纪后，这些先哲的见解还遭到了刻意打压。掀起那场革命的领军人物有着希腊式的名字，我们也许不太熟悉，但他们是文明和人性发展的真正先驱。

第一个爱奥尼亚科学家是米利都的泰勒斯。米利都地处亚洲，与萨摩斯之间仅隔着一条狭窄的海峡。泰勒斯曾去埃及旅行，也熟悉巴比伦的知识。据说他预报过日食，还知道怎么用阴影的长度、太阳和地平线的夹角来测量金字塔高度。同样的办法如今被我们用在月球山脉高度的测定上。欧几里得后来提出的一些几何定理，在之前三个世纪就已经被泰勒斯证明——比如等腰三角形的底角相同。从泰勒斯到欧几里得，再到艾萨克·牛顿 1663 年在斯陶尔布里奇集市上购买的《几何原理》之间，有一条清晰的脉络。这一事件最终促成了现代科学的诞生。

泰勒斯试图在不求助诸神的情况下理解世界。和巴比伦人一样，他相信世界曾经是一片汪洋。为了解释干燥陆地从何而来，巴比伦人创造了马杜克，说是这位天神把垫子放在水面，然后覆上了泥土。[1]泰勒斯也持有类似的观点，但就像本杰明·法灵顿说的那样，“让马杜克滚蛋”。是的，一切都曾经是水，然而大地是海洋自然形成的——泰勒斯认为，这个过程和他亲眼见过的尼罗河三角洲淤积近似。事实上，他认为水是所有物质的基础，就像我们今天所说的电子、质子、中子或者夸克一样。泰勒斯的结论正确与否，远不如他采取的方法论重要：他相信世界并不是众神创造的，而是物质力量在自然中相互作用的结果。泰勒斯从巴比伦和埃及带回了天文学和几何学的种子，这些新科学很快就在爱奥尼亚肥沃的土壤中萌芽生长。

对于泰勒斯的生平，我们所知不多。不过亚里士多德在《政治学》中提过他的一段逸事：

> （泰勒斯）家境贫寒，因此有人嘲讽说他的哲理全无用处。泰勒斯用他的知识（解读天象）作为回应。当时冬天还没来，他就判断出来年是丰年，于是租下了希俄斯和米利都所有橄榄榨油坊。由于无人竞价，他仅仅支付了很低的价码就完成了交易。第二年丰收之时，人们急着用榨油坊，这时泰勒斯就随心所欲地要价，狠赚了一笔。他用这种方式向世界表明，只要哲学家愿意，很快就能致富。他们只是另有抱负。

1. 有证据表明，早期的苏美尔创世神话更像是一种自然主义解释，它们在公元前1000年前后被编撰成典籍，写成了《埃努玛·埃利什》（Enuma elish 的意思是“天之高兮”，它是那首创世史诗的第一个词）；但到那个时候，诸神已经取代了自然，神灵的谱系替代了宇宙的秩序。《埃努玛·埃利什》让人想起日本阿依努人神话，后者认为巨鸟翅膀的扇动改变了混沌的宇宙，分开了陆地和海洋。斐济创世神话说的也是“若库马图创造了岛屿。他从海底一捧捧捞起泥，这里堆一些，那里摆一点。就这样，斐济群岛诞生了”。对岛屿和航海民族而言，陆地从海洋中诞生是种自然而然的想法。

泰勒斯还是一个出色的政治家，曾敦促米利都人反抗吕底亚国王克罗伊斯的同化政策，但未能成功说服爱奥尼亚诸岛联手反抗吕底亚人。

米利都的阿那克西曼德是泰勒斯的朋友和同事，也是目前所知最早以实验检验理论的科学家之一。通过观察竖杆阴影的移动，他准确测量出了一年四季的长度。这么多年来，人类只知道把棍棒用作武器，阿那克西曼德却用它来测量了时间。他还是全希腊第一个制作日晷的人，第一个绘制世界地图的人，第一个制作天球模型、标识出已知星座的人。他相信太阳、月亮和群星是火，从天穹移动的孔洞中洒下光芒——这个观点可能比阿那克西曼德更加古老。他有种非凡的看法，即地球并不是悬挂在天空中，或者由天空支撑，而是自己固定在宇宙中心的；既然它和天球上任何地方的距离都相等，没有任何力量能够撼动它。

阿那克西曼德还说，人类的新生儿如此孱弱，如果最早的人类由婴儿状态降世，马上就会死去。因此，人类肯定由其他幼崽独立生存能力更强的动物逐渐变化而来。他相信生命从泥土中自发形成，第一批动物是浑身上下长满骨头的鱼。这些鱼的部分后代离开大海迁徙到了陆地上，它们从一种形态转化到另一种形态，最后变出了种类繁多的动物。他还相信宇宙中存在无数世界，每个世界都有人居住，它们都在经历毁灭和重生的循环。圣阿古斯丁不无惋惜地评价阿那克西曼德，说“他和泰勒斯一样，不愿把这些无休无止的活动归因于圣灵”。

公元前 540 年左右，萨摩斯岛出了个僭主，名叫波吕克拉底。他似乎以承办酒席起家，后来操起了海盗的行当。波吕克拉底大力赞助艺术、科学和工程发展，但对普通百姓穷凶极恶；由于与邻国发生战事，他非常害怕萨摩斯遭到入侵，于是令人沿首都造了一圈城墙，那长达6千米的厚实墙体残存至今。为了从远处的泉眼取水供给防御工事，他下令修建水道，那条水道长达1千米，需要穿山而过。人们从山体两侧同时开挖，让水道在山中央完美接合。这项耗时约15年的工程证明了爱奥尼亚人非凡的工程能力，但它同时也有黑暗的一面：水道的一部分是戴着镣铐的奴隶完成的，他们中有不少人由波吕克拉底的海盗船俘来。

那也是工程学大师西奥多罗斯的时代。希腊人说他发明了钥匙、直尺、直角尺、水准仪、车床、青铜浇筑技术和集中采暖系统。为什么这样的伟人居然没有属于他的纪念碑？当时怀抱梦想、追寻自然法则的人，与技术人员和工程师交流甚密。他们常常就是同一群人。于他们而言，理论即为实践。

大约同一时间，希波克拉底在附近的科斯岛建立了他著名的医学体系。因为希波克拉底誓言过于闻名遐迩，他的医学体系本身如今反而不为人知。这套体系讲究实用性，希波克拉底坚持认为它必须建立在当代物理和化学的基础上[1]，但它同时也保留了理论的部分。在《古代医学》中，希波克拉底写道："人们之所以认为癫痫是神罚，只是因为他们不了解这种疾病。如果人们把所有不了解的事都归因给神，那神授之物就会多得没完没了。"

随着时间推移，爱奥尼亚这股实证主义思潮的影响力逐渐扩大到了希腊本土、意大利和西西里。曾经，几乎没有人相信空气的存在。当然了，人们知道呼吸，还认为风就是诸神的呼吸，却把空气

1. 占星术在当时被认为是一门科学。希波克拉底写过一段很典型的话，他说："人们必须留意升起的行星，特别是狗星（天狼星），然后是大角星，还有昴宿星。"

视为一种静止的、尽管透明但确实存在的物质，对大多数人来说还是难以接受。按史料记载，最早对空气进行试验的人是一个叫恩培多克勒的医生。[1]他在公元前450年左右就已经闻名乡里。有些记载说他自称为神，但这可能只是因为他太聪明，被别人误以为神。他认为光的传播速度很快，但不是无限快。他教导说，地球上曾经存在种类繁多的生物，但其中有许多“无法繁衍而灭绝。因为现存的任何一种生物都有特长之处，或能制作工具，或充满力量，或速度惊人。这些特质保护它们幸存于世”。在解释物种对环境的适应性方面，恩培多克勒和阿那克西曼德，还有德谟克利特（见下文）一样，已经清晰地感受到了达尔文所提出的自然选择论里的一些方面。

恩培多克勒用来做空气实验的，是人们已经使用了几个世纪的漏壶。这个家用器具又叫“偷水贼”，在厨房里常常被当作长柄勺用。它是个黄铜球体，顶部有个颈口，底部有许多小洞。你把它放在水中，水自然会把壶灌满。你要是不去管敞着的颈口，直接把它提起来，水就会像喷淋头一样从小孔里流出。但你要是用拇指堵住颈口再把它提起来，水会继续封存在罐子里，直到松开拇指。而你把封住颈口的漏壶放进水里，水也不会流入壶内。肯定有什么东西隔开了水，一种我们看不见的东西。它能是什么呢？恩培多克勒认为那只能是空气。尽管看不见，但它施加的压力是实实在在的。如果我笨到堵着颈口去盛水，肯定会由于空气的阻挠而失败。就这样，恩培多克勒发现了“无形之物”。他相信空气是一种物质，只是太过精细，所以人们看不见。

据说恩培多克勒最终陷入疯狂，为了证明自己是神而跳进了埃特

1. 恩培多克勒做这个实验是为了证明一个完全错误的血液循环理论，但是以实验来探索自然的想法，本身就具有重要意义。

纳火山滚烫的火山口。可我有时候会想，他其实是在对地球物理学进行大胆的探索，只是不幸失足。

对于万物由极其细小的颗粒组成这件事，当时人们只有些隐约的认识，真正将这个概念发扬光大的人名叫德谟克利特。德谟克利特出生于希腊北部的爱奥尼亚殖民地阿夫季拉。公元前430年的阿夫季拉有点像今天的布鲁克林，在人们眼里就是个笑话。如果有谁讲阿夫季拉人的故事，肯定会引来哄堂大笑。对德谟克利特来说，生命意味着享受和学习；而两者其实是一回事。他说“没有享乐的生命，就像没有旅店的漫漫长路”。德谟克利特是阿夫季拉人，但绝对不是笑料。他相信弥散在宇宙中的物质自发形成了许许多多的世界，而这些世界也会变化、朽坏。在无人知晓陨坑为何物的年代，德谟克利特就认为世界会偶尔彼此碰撞；他相信有的世界在黑暗的虚空中飞翔，有的则与数颗太阳月亮为伴；有的世界住了人，有的既没有植物也没有动物，甚至连水都没有；最简单的生命源于太古时代的烂泥。他教导说“感知”——比如说，我认为我手上有一支笔——纯粹是物理的、机械的过程；思维和感知是物质，尽管精细微妙难以观察，但绝非神明赋予物质的某种精魂。

“原子”这个词就是德谟克利特发明的，它在希腊语里有“不可分割”的意思。原子是终极粒子，无法继续切分成更小的碎片。德谟克利特说，万事万物都是原子以错综复杂的方式组合起来的，人类也概莫能外。“除了原子与虚空，”他说，“世间并无一物。”

德谟克利特认为，当我们切苹果时，刀子必定穿过了原子间的空隙。如果不存在这样的空隙，刀子就会碰到无法穿越的原子，苹果也就切不开了。再比如，我们切开圆锥体，比较两个切面的大小。它们是否完全相等？德谟克利特说答案是否定的。圆锥体的斜率会使其中一面比另一面稍小。如果两个面完全相等，那我们切的就该是个圆柱，而非圆锥了。无论刀子多么锋利，两个切面的大小都不可能相等。为什么？因为在极小的尺度上，物质表现出了无法再分割的粗糙度。到这个尺度，就进入了原子的世界。德谟克利特的论点不是我们今天常用的那些，而源于日常生活，他的看法优雅微妙，而且基本正确。

在另一项相关的研究里，德谟克利特设想，要计算圆锥体或者方锥体的体积，人们可以通过使用大量微小的板材，从底部一直叠加到顶点来得以实现。他说这个问题在数学里可以叫作“极限理论”。他实际上正在敲打微积分的大门，而微积分是我们了解世界的基本工具。但就我们所知，至少从书面记录上来看，直到艾萨克·牛顿的时代，微积分才正式出现。如果德谟克利特的著作不是被毁得那么干净，也许在基督的时代微积分就已经诞生了。[1]

1750 年，托马斯·赖特发现德谟克利特认为银河系主要由难以辨别的恒星组成，不由得发出惊叹：“远在光学发展到让天文学大受裨益之前，他就用理性的眼睛，看到了遥远未来天文学家凭借最先进的望远镜才能看到的东西。”越过赫拉的乳汁，越过夜空之脊，德谟克利特的思想飞向了远方。

作为一个人，德谟克利特显得与众不同。他对女人、儿童和两性关系感到困扰，部分原因在于这些杂念会占用他的思考时间。但他珍重友谊，视快乐为生活的目的，还对“激情”的本源进行了深入的哲学思辨。他前去雅典拜访苏格拉底，却害羞得不敢自我介绍。他是希

1. 欧多克索斯和阿基米德后来也触及了微积分的边沿。

波克拉底的密友。他敬畏物质世界的优雅美丽。他宁可在民主体制下受穷，也不愿因屈服于暴君而富有。他认为他所处时代的主流宗教本质邪恶，灵魂不朽与诸神不朽全是谎言："除了原子与虚空，世间并无一物。"

没有记录显示德谟克利特因他的观点而受到迫害——他毕竟来自阿夫季拉。但对离经叛道思想的宽容如同乍现的昙花，此时已经开始凋零。当时许多人因为持有非传统观点而遭到迫害。德谟克利特的头像如今被印上了一百元面值的希腊德拉克马，可他的言论曾遭到压制，对历史的影响力也变得微不足道。神秘主义占据了时代的上风。

阿那克萨哥拉是爱奥尼亚的实验家，活跃于公元前 450 年左右。他是个富豪，对钱财漠不关心，但在科学上充满热情。有人问他生活的意义，他说"探究太阳、月亮和天空"——这真是天文学家的回答。他做过一个有趣的实验，证明把一滴白色的液体滴入一大罐暗色的液体里，比如一滴奶油混入葡萄酒里，并不会使后者产生肉眼可见的颜色变化。因此，他总结道，事物细微的变化可以通过实验推导出来，而人类的感官往往无法察觉。

阿那克萨哥拉没德谟克利特那么激进。虽然他们都是彻头彻尾的唯物主义者，对财产兴趣索然，认为物质是世界的基础，但阿那克萨哥拉不相信原子，他认为世间存在一种特殊的精神物质。他说人类比其他动物更聪明，是因为我们的双手。这是非常爱奥尼亚式的看法。

他是史上第一个指出月光其实是阳光反射的人，而且在这个基础上，阿那克萨哥拉还为月相提出了一套理论。但这套理论过于惊世骇俗，只能以手稿形式在雅典人中私下传阅。用不发光的地球、月球，还有发光的太阳之间的几何关系来解释月相和月食，不符合当时的主流观点。亚里士多德生于阿那克萨哥拉两代人之后，他简单地认为月相变化是因为月亮本身会变化——这就是个文字游戏，一个什么也没解释的解释。

当时的人们普遍把太阳和月亮当作神祇，阿那克萨哥拉却说太阳和群星不过是炽热的石头。只是群星太过遥远，我们感觉不到多少热量。他还相信月亮上有山脉（这是对的）和居民（这是错的）。他认为太阳之巨大，甚至超过了伯罗奔尼撒半岛，约有整个希腊南部的三分之一，结果遭到许多批评，那些人说他太过夸张荒谬。

把阿那克萨哥拉带到雅典的人名叫伯里克利。伯里克利是雅典最辉煌时代的领袖，但伯罗奔尼撒战争也与他脱不开干系，而这场战争最终摧毁了雅典的民主制度。伯里克利喜欢哲学与科学，视阿那克萨哥拉为知己。有些史学家认为，阿那克萨哥拉为雅典的辉煌做出了重大贡献。然而伯里克利政敌众多，位置并不安稳。鉴于伯里克利本人威望与权势过高，不好直接污蔑，于是政敌们转而攻击起他的密友。阿那克萨哥拉因认为“月亮由寻常物质构成，太阳是炽热的石块”被起诉渎神，送进了监狱。1638 年，主教约翰·威尔金斯[1]评价那些雅典人说：“这些狂信徒（认为）把他们的神说成石头是极大的亵渎，却意识不到正是他们盲目的偶像崇拜，把石头变成了他们的神。”伯里克利后来把阿那克萨哥拉从监狱里救了出来，但是时代的潮流已经转向。亚历山大统治的埃及，也不过为爱奥尼亚传统多续了 200 年的命。

今天的历史书或哲学书，一般把从泰勒斯到德谟克利特和阿那克萨哥拉时代的科学家们叫作“前苏格拉底学派”，就好像他们只是守

---

1. 约翰·威尔金斯（1614—1672）：英国圣公会的神职人员，也是自然哲学家和皇家学会的创建者之一，曾同时担任过剑桥大学、牛津大学两校的学院院长。—— 译注

着哲学堡垒，等着苏格拉底、柏拉图和亚里士多德前来发扬光大，也许还对后来人有那一点儿影响似的。事实并非如此。爱奥尼亚人的传统和那些后来人有很大的不同甚至矛盾，反而更接近现代科学。他们的影响力只持续了两三个世纪便消失殆尽，直到文艺复兴才得到继承。对世界历史来说，这是无法弥补的巨大损失。

萨摩斯人中，影响力最大的也许是毕达哥拉斯。和波吕克拉底一样，毕达哥拉斯诞生在公元前6世纪[1]，按照当地传统，在萨摩斯科奇斯山的山洞里住过一段时间。他是史上第一个声称大地呈球体的人。这个答案，也许是类比太阳和月亮的形状得出的，也许因为他在月食期间注意到了地球投到月面的阴影呈圆弧形，也可能因为船只离开萨摩斯岛时，桅杆会消失在海平面上。

毕达哥拉斯本人或他的门徒发现了著名的勾股定理：直角三角形两条较短边的平方和，等于斜边的平方。毕达哥拉斯没有单纯地通过举例来论证这个理论；他发明了一种演绎法，用数学方式进行了推导，而数学推导对现代科学至关重要。另外，他还是第一个用Cosmos来表示宇宙秩序井然、和谐有序的人。那代表了一个人类能够理解的宇宙。

许多爱奥尼亚人相信，不断的观察和实验会让宇宙的内在秩序逐渐显现，这种方法在主导今日的科学。但是毕达哥拉斯采取的方式和他们有很大不同。他认为自然的法则可以通过纯粹的思考得出。他和

---

1. 公元前6世纪，智识的风暴刮遍全球。不只是泰勒斯、阿那克西曼德、毕达哥拉斯和其他的爱奥尼亚人，埃及的法老尼科一世也命人完成了环绕非洲的航行，波斯则出现了琐罗亚斯德，中国诞生了老子，犹太先知出现在以色列，印度有了乔达摩·悉达多。很难想象这都是些彼此孤立的事件。

他的门生不是经验主义者[1]，更应该被称为数学家，并且是纯粹的神秘主义者。伯特兰·罗素不乏刻薄地评价毕达哥拉斯："他创立了一门宗教，主要教义是灵魂轮回和禁止吃豆子。这宗教秩序严明，获得了一些国家的支持，建立了贤人政治。但那些死不悔改的人贪图豆子，迟早要造反。"

毕达哥拉斯学派沉迷于论证数学公式，认为它可以帮助人们探寻纯洁无瑕的宇宙，那里的一切关系都简洁优美，如直角三角形的几条边。它和污浊混乱的现实生活形成了强烈的对比。毕达哥拉斯学派相信人们可以通过数学瞥见完美现实。我们所见的世界残缺不全，因为它只是那众神国度的不完美投影。在柏拉图著名的洞穴寓言里，被囚于洞中的人只看到外面往来人群的影子，他相信影子是真实的，却不曾想过只要扭头，就能看到更加鲜亮的世界。毕达哥拉斯学派显然深深地影响了柏拉图，以及后来的基督教。

毕达哥拉斯学派并不主张思想自由，让彼此矛盾的观点相互碰撞。相反，就像所有主流宗教一样，他们制度僵化，无法纠正自己的错误。西塞罗如此评价道："讨论中的理据被权威取代，自命教师的人反而成了求学的障碍。他们放弃自我判断，只信奉'大师'的教诲。我并不欣赏毕达哥拉斯学派的做派，因为他们在辩论中言必称'大师'。这个'大师'就是毕达哥拉斯。因为大师的论断无可撼动，

1. 当然也有几个有趣的例外。毕达哥拉斯学派对音乐和声中整数比的着迷似乎源于对弹琴的观察，他们甚至可能为此做过实验。恩培多克勒至少可以算半个毕达哥拉斯门生。毕达哥拉斯还有一个学徒名叫阿尔克迈翁，他是世界上最早解剖人体的科学家。他区分了动脉和静脉，发现了视神经和耳咽管，并认为大脑是人类智力活动的中心（亚里士多德后来否认了这点，他相信思考的器官是心脏。阿尔克迈翁的观点重新被人拾起，要等到卡尔西登的希罗菲卢斯）。他还创立了胚胎学。可惜的是，阿尔克迈翁对"不洁之事"的热情并没有影响多少他的同学。

理性让位给了权威。”

毕达哥拉斯学派对正多面体顶礼膜拜。正多面体是对称的三维物体，所有面都是同样的正多边形。最简单的例子是正方体。它有六个面，每个面的边都等长。正多边形的数量无边无际，但正多面体只有五种（这是个著名的数学推导例子，详见附录 2）。出于某些原因，毕达哥拉斯学派认为正十二面体和宇宙之间存在神秘的联系，了解它会给人带来危险。另外四种人们熟知的正多面体和组成世界的四种元素一一对应：土、火、风、水。所以第五种正多面体肯定和第五元素相对应，而宇宙中的天体就是这种元素构成的（英文里表示“精华”的单词 quintessence，直译正是“第五元素”）。这种玄奥的知识，不该由凡夫俗子了解。

此外，毕达哥拉斯学派坚信世间万物都是有理数衍生出来的，更不用说其他数字。发现 2 的平方根（也是正方形对角线和边长的比值）居然不能用有理数来表达后，他们整个学说的根基都受到了冲击。讽刺的是，这个发现（见附录 1）恰恰从毕达哥拉斯定理推导而出。“无理数”本义只是无法用比率表示的数字，却被毕达哥拉斯学派认为极富威胁，甚至暗示他们的宇宙观毫无意义，因此今天这个词直观地解读起来，意思变成了“不合常理”。无理数是重大的数学发现，然而毕达哥拉斯学派非但没有分享它，还刻意隐瞒了关于无理数和十二面体的知识，使外界无从得知。[1] 即使到了今天，依然有科学家以同样的理由反对科学的普及：有些奥秘就应该被锁在深闺，以免遭受公众的亵渎。

---

1. 一个名叫希帕索斯的毕达哥拉斯学派学者曾私下发表《由十二个五边形组成的球体》一文。他后来死于一场海难，同僚们认为这是天意。希帕索斯的书没能保存下来。

毕达哥拉斯学派相信天球“完美”，任意一处表面到中心的距离都等长；行星的轨迹也同样浑圆，且绕转速度永恒不变；认为行星运动时快时慢是很不得体的想法；实际上，非圆周运动存在缺陷，不适合远离地球的“完美”行星。

提到约翰内斯·开普勒为之奉献一生的工作时（见第三章），我们可以清晰地看到毕达哥拉斯传统的利与弊。毕达哥拉斯学派认为存在一个完美的神秘世界，但凡人看不见、摸不着。早期的基督徒接纳了这种思想，开普勒年轻时所受的训练也属于这一套。所以开普勒深信自然界中存在和谐数字（他说过“宇宙铭刻着和谐比例的标记”），行星运动一定能以简单的数值关系加以解释，而且行星只可能做匀速圆周运动。他实际观察到行星运动违背了这理论，却依然反复不断地尝试。只不过，开普勒和毕达哥拉斯的信徒不一样，他选择相信观察和实验数据。最终，他被迫放弃了圆形轨道的想法，并领悟到行星的轨道其实是椭圆形的。毕达哥拉斯学派的观点，既点燃了开普勒探索群星的激情，又阻碍了他，使他晚了至少10年才获得发现。

总之，这股反经验主义的风潮横扫了古代世界。柏拉图要天文学家去思考天空，但别浪费时间在观察上。亚里士多德相信：“下等人天生是奴隶，应该服从主人的统治……奴隶的生命属于他们的主人；工匠与主人的关系不像奴隶那么紧密，只有在成为奴隶时，才能取得应有的成就。对那些不服管教的工匠，另有一套专门的奴役方式。”普鲁塔克说：“觉得某样作品完成得出色，就转而欣赏它的作者，这种想法应当摒弃。”色诺芬的观点是：“所谓的力学艺术是社会的污点，抹黑了我们的城市。”这样的风气盛行后，原本前途无量的爱奥尼亚式经验主义惨遭排挤，几乎被人遗忘了2000年。少了实验对比，

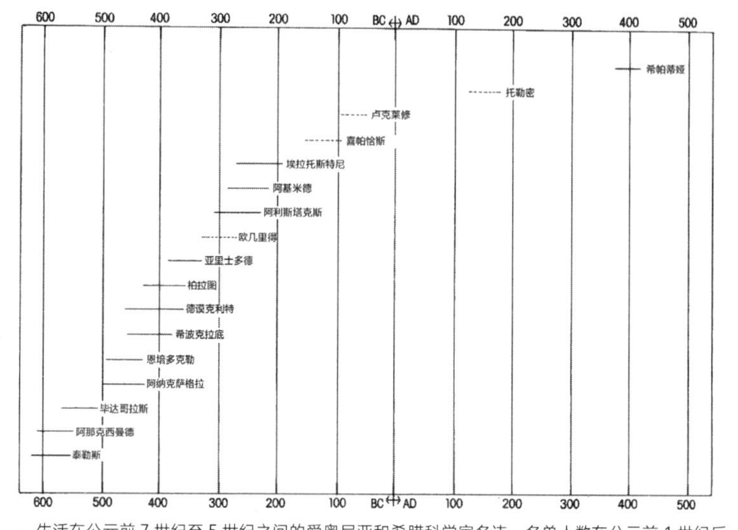

生活在公元前 7 世纪至 5 世纪之间的爱奥尼亚和希腊科学家名讳。名单人数在公元前 1 世纪后骤减，证明了希腊科学的衰落

矛盾的假说就无法争个高低，科学的进步自然无从谈起。直至今日，毕达哥拉斯学派这种反经验主义的遗毒尚在。但是为什么？这种对经验主义的诋毁从何而来？

对古代科学的衰落，科学史专家本杰明·法灵顿提出了一个观点：爱奥尼亚科学发展所倚靠的商贸传统，同时导致了奴隶经济。拥有奴隶，是通往财富和权力之路。波吕克拉底的堡垒由奴隶所造。伯里克利时代的雅典，柏拉图和亚里士多德都蓄奴成群。雅典伟人们所谈论的民主只适用于少数特权阶层。体力劳动是奴隶的特征。科学实验同样是一种体力劳动，自然不被奴隶主们所喜好。问题在于，只有这些奴隶主——在某些社会里被冠以“绅士”之名——才有闲暇钻研科学。所以最后再也没人从事科学了。爱奥尼亚人完全有能力造出一些优雅的机器，然而奴隶的存在削弱了科技发展的动机。商业传统在公元前600年促成了爱奥尼亚的伟大觉醒，它带来的奴隶制却又成了两个世纪后这一传统衰落的根本原因。这真是莫大的讽刺。

类似的趋势出现在了全球各处。中国天文学的顶峰约在1280年前后，当时，郭守敬以长达一千五百多年的观测数据为基础，改进了中国的天文学设备和计算技术。中国的天文学在那之后就陷入了急剧衰退。南森·席文认为衰退至少有部分原因在于“精英阶层陷入僵化，受过教育的人对新技术并不好奇，也不愿意把科研当作正当事业”。钦天监成了世袭职位，这与天文学的发展相悖。此外，“天文学的发展局限在宫廷内，还在很大程度上丢给了外国的技术人员”。耶稣会传教士把欧几里得和哥白尼的思想传入中国，震惊了许多人，但对后者宣扬的日心说，朝廷选择了掩饰和压制。奴隶经济的普遍性可能同样导致了科学在印度、玛雅和阿兹特克无法顺利发展。有些国家面临着类似的问题。那里的受教育阶层往往是富人，保持现状对他们有利，而且他们也不习惯动手劳作或挑战传统。在这些地方，科学落地生根的速度很慢。

柏拉图和亚里士多德对奴隶社会感到满意，还为这种压迫制度编造正当性。他们侍奉僭主，鼓吹灵肉分离（对奴隶社会来说，这再自然不过）；分裂物质和思想；把地球从天空中剥离——这种观点主宰了西方思想界两个千年。柏拉图相信万物有灵，把奴隶制和他的政治观、宇宙观结合到一起。据说他要求烧毁德谟克利特的所有书籍（他还说要把荷马的书也付之一炬），这可能是因为德谟克利特不承认灵魂不朽、诸神永恒或毕达哥拉斯的神秘主义，也可能是因为他认为存在无数世界。据说德谟克利特写过73本书，涵盖人类方方面面的知识，但没有一本流传至今。今人所知的都是他著述的碎片，主要是关于伦理道德的，还有一些转述。其他古代爱奥尼亚科学家的遭遇也一样。

毕达哥拉斯和柏拉图都认为宇宙是可知的，大自然遵循着自然法则，所以他们推动了科学的发展。但他们同时也相信危险的发现应该被深埋，真理只能掌握在少数精英手中。他们反对经验主义、拥抱神秘主义、接受奴隶制的态度阻碍了人类的进步。漫长岁月中，科学的工具逐渐腐坏，幸好爱奥尼亚传统已通过亚历山大大图书馆的学者播撒了出去。当这颗种子终于苏醒，西方世界便迎来重生：人们对实验和记录的热情更甚以往，遭遗忘的书卷和片段再度被阅读。列奥纳多、哥伦布和哥白尼都曾受到古希腊传统的激发。在我们所处的时代，爱奥尼亚传统对科学的影响升上了崭新的台阶，各种大胆的探索层出不穷，然而它对政治和宗教影响有限，还有很多人深陷迷信愚昧。旧日的矛盾依然割裂着我们。

柏拉图学派和受其影响的基督徒抱有一种奇怪的观点，即地球污秽肮脏，天堂神圣完美。他们忘记了地球是行星之一，人类是宇宙的公民——这说法最早由阿利斯塔克提出，他出生于萨摩斯岛，比毕达哥拉斯晚了三个世纪，是最后的爱奥尼亚科学家之一。到他的时代，知识启蒙的中心已转移到亚历山大大图书馆。阿利斯塔克是提出太阳中心论的第一人。他相信行星绕着太阳而不是地球转动。可惜，他关于这个问题的著作全部遗失了。根据月食时地球投在月面的阴影大小，他推断太阳一定比地球大得多，而且位于非常遥远的地方。他可能据此认为，要让太阳这般庞然大物绕着小小的地球转是荒诞不经的，便把太阳放在中心，让地球沿着地轴每天自转一圈，围着太阳每年绕行一周。

说到这里，就不能不提一下哥白尼。伽利略称哥白尼是日心说的“恢复者和证明者”，但不是发现者。[1]公元前 280 年，阿利斯塔克就清晰地陈述了日心说，然而直到哥白尼之前的 1800 年里，没人了解行星运动的真实轨迹。阿利斯塔克的假说激怒了他同时代的人，就像阿那克萨哥拉、布鲁诺和伽利略一样，他因为不敬神而遭到控告。直到今天，对阿利斯塔克和哥白尼的抵触依然存在，而且就在日常生活之中：人们总说太阳“升起”、太阳“落下”。阿利斯塔克已作古 2200 年，我们的语言却还假装地球没有转动。

行星的间距——地球和金星相距最近时为 4000 万千米，和冥王星则是 60 亿千米——会吓坏很多古希腊人，他们觉得太阳能和伯罗奔尼撒一样大都是胡扯。毕竟认为太阳系小而精密是非常自然的想法。如果把手指伸到眼前，先用左眼看，再用右眼看，我会觉得它仿佛在背景的衬托下移动了一段路。手指离眼睛越近，移动幅度越大。我们可以通过这个视差来估计手指和眼睛的距离。如果我眼睛的间距更宽，手指的位移也会更大。我们进行两次观测的基线越长，视差越明显，远方物体的距离就推算得越准确。我们居住的地球是个移动平台，每六个月就会从轨道的一端移动到另一端，跨越 3 亿千米的旅程。如果我们间隔六个月观察同一个天体，就能发现它有非常微小的位移。阿利斯塔克推测星星是一颗颗极其遥远的太阳。他把太阳与群星并列了起来。地球移动，那些星星的视差却无法觉察，这表明它们异常遥远。在望远镜发明前，哪怕距离我们最近的恒星也因为视差太

1. 哥白尼可能是在读关于阿利斯塔克的书时想到了日心说。最近的研究显示，哥白尼在意大利大学医学院就读时，阅读了大量古典文献。在书稿中，哥白尼提到了阿利斯塔克的观点，但在书籍正式出版时，那些引文被略去了。在给教皇保罗三世的信中，哥白尼写道：“西塞罗、尼基塔斯认为地球在移动……根据普鲁塔克（他曾和阿利斯塔克交流）所说……其他人也抱有相同的观点。我因此陷入思考，认真研究起了地球移动的可能性。”

小而无从判明距离。直到 19 世纪，人们才测量出了第一颗恒星的视差。有了视差数据，最简单的希腊式几何图也能向我们表明这些恒星与我们相距数光年之远。

爱奥尼亚人完全有能力发现另一种推算群星距离的方式，不过他们似乎一直没有采用。大家都知道，一样东西看起来总是近大远小。这种距离和大小的反比关系是摄影透视的基础。那我们得离太阳多远，它才能变得像星星一样微小黯淡呢？或者再换个说法，星星的亮度，是太阳的几分之一？

为了解答这个问题，克里斯蒂安・惠更斯设计了一个非常具有爱奥尼亚风格的实验。惠更斯在一个黄铜盘子上钻了大小不一的洞，举起面向太阳，看哪个洞里的阳光和夜晚的天狼星相仿。[1] 他找到的洞，是太阳视大小的 1/28000，他据此推断天狼星和地球的距离，是太阳到地球的 28000 倍，约为半光年。你很难记清几小时前看过的恒星到底有多亮，但惠更斯记得非常清楚。如果他知道天狼星本来就比太阳亮，会得出几乎完全正确的答案：8.8 光年。因为数据不精确，阿里斯塔克和惠更斯的推算并不完美。然而这无关紧要。他们已经找到了正确的方向，只要测量工具获得改进，就立刻能获得更精确的答案。

星星是什么？那个布鲁克林小男孩的问题，在阿利斯塔克和惠更斯的时代得到过回答：星星是巨大的太阳，它们散落在浩瀚的星际空间里，和我们隔着需要用光年计算的距离。

阿利斯塔克的观点是一项伟大遗产，那就是：无论我们的种族，还是我们的星球，在大自然中都并不特殊。这观点上及天文，下及人

1. 惠更斯还用了一颗玻璃珠来减少穿过孔洞的阳光。

文，带来了无穷的益处，也引发了永恒的对立。天文、物理、生物、经济、政治和人类学都受惠于此。我有些好奇，它之所以受到强烈阻碍，主要原因会不会在于它对社会的影响。

阿利斯塔克的遗产涉及之广，超越了群星的国度。18 世纪末，乔治三世任用的音乐家和天文学家威廉·赫歇尔绘制了详细的周天星图，发现只要在银河这条带子上，各个方向的星星密度都差不多。他从这点很自然地推断出，地球位于银河系中心。[1]第一次世界大战前，密苏里的哈罗·沙普利发明了测算球状星团距离的技术。星团顾名思义，就是聚集成团的星星，仿佛一窝可爱的蜜蜂。沙普利还确立了恒星的“标准烛光”：一颗恒星的光芒闪烁，但平均亮度始终不变，通过比较星团中恒星的模糊光芒和其应有的真正亮度——通过附近同类恒星判断——就能测算出它们的实际距离。这就像我们走在野地里看到微弱的灯光，只要知道灯光本该多亮，就能判断出我们离它的距离一样。本质上，沙普利用的还是惠更斯的办法。沙普利发现，球状星团并不以太阳系附近为中心点运动，而是以远在人马座方向的银河系彼方为中心。他观察的球状星团数量近百，全都绕着庞大的银心不断转动，仿佛在向那里致敬。

1915 年，沙普利大胆提出，太阳系并不在银河系中心，而在外围边缘。赫歇尔被人马座方向的大量星尘遮挡，无法意识到远方还有更多的恒星。现在我们已经清楚人类生活在银河系旋臂外缘，距离银心 3 万光年，这里星辰稀疏。如果有外星人居住在沙普利所见星团核

---

1. 地球被认为是已知宇宙的中心，这种想法导致A.R.华莱士站到了反对阿利斯塔克的立场上，他在1903年出版的《人类在宇宙中的位置》里说，地球可能是唯一一颗有人居住的星球。

心附近的行星上，可能会向人类投以同情的目光。因为银心附近，天空会被群星点亮，可见范围内有数百万颗璀璨的明星，而我们只能在地球上看到区区几千颗。他们的太阳（或者太阳们）也许也会落山，然而不存在真正的黑夜。

20 世纪早期，天文学家还认为宇宙中只有一个星系，也就是银河系。但是早在 18 世纪，德班的托马斯·莱特和柯尼斯堡的伊曼努尔·康德就隐约察觉到，望远镜里的螺旋形发光天体可能是其他星系。康德曾明确表示仙女座 M31 是另一个星系，由大量恒星组成。他提议用一个回味无穷的词来称呼那些星系：宇宙岛。但不少科学家认为那些螺旋状星云并不是遥远的宇宙岛，而是附近的星际气体凝结云，可能正在逐渐形成恒星系。为了测量螺旋星云的距离，需要一组明亮得多的变星充当新的标准烛光。1924 年，埃德温·哈勃在 M31 里发现了这样的恒星，而它们的亮度非常低。毫无疑问，M31 距离我们非常遥远。最新的测算数据显示，M31 和我们相隔超过两百万光年。但如果 M31 真这么遥远，那就不可能只是一团星云；它无疑要大得多得多——实际上，它就是一个巨大的星系。而宇宙深处，还有更多更遥远、看起来更黯淡的星系，数以千亿计，一直延伸到已知宇宙的尽头。

自诞生以来，我们一直在寻找自身在宇宙中的定位。无论在我们的祖先四处游荡仰望星空之时，古希腊爱奥尼亚科学家的时代，还是在当下，同样的谜题始终未解：我们在哪儿？我们是谁？长久以来，我们热衷于为天空构建模型；太阳是烧红的石块，群星是高悬的火焰，银河是夜空的脊梁。这古老的尝试延续至今，终于化作对宇宙的最新认知：人类生活在一颗无足轻重的行星上，围绕着一颗单调乏味的恒星旋转。这个恒星系处在银河系外沿两条旋臂末端之间，甚至银河系也只是一个稀疏星系团里不起眼的一员，这个星系团被遗忘在宇宙的一角，而宇宙中的星系比人类个体的数量还要多得多。

探索的漫漫长路上，我们在阿利斯塔克之后迈出的每一步，似乎都在远离宇宙舞台的中心。许多新知识甚至还来不及消化，不少见证了沙普利和哈勃伟大发现的人依然在世。对很多人而言，接受新知并不容易。他们依然渴望身处宇宙中心，身为万物的焦点和支柱。但是想和宇宙打交道，第一前提就是去了解它，哪怕真相会打破妄自尊大的幻想。这就像要搞好邻里关系，我们首先得明白自己到底住在哪儿，对邻居的了解也多多益善。如果真的珍视我们的地球，还有好些事可以做。只有大胆提出问题，寻找深层答案，我们的星球才会变得更加重要。

星星是什么？人类从童年时代就在思考这个问题。而今，我们带着它踏上前往宇宙的旅程。探索是人类的天性，这个物种诞生之初就在流浪，至今依然在流浪。我们在星海之滨逗留了许久，是时候扬帆启程了。

08

第八章 时空之旅

我们深爱星辰，乃至不惧夜的黑。

——两位天文爱好者的墓志铭

大海波涛起伏，与潮汐力密不可分。月亮和太阳如此遥远，但它们的引力却在真切地影响着地球环境。海滩让我们想起太空。海滩上的沙粒，体积大抵相近，由更大的岩石反复碰撞、摩擦、腐蚀而来，导致这一过程的波浪与天气，为月亮和太阳所驱动。海滩也在提醒我们时间的存在，这世界的历史比人类更悠远。

一把抓起的沙子，约有一万粒，比我们在晴朗夜晚裸眼所见的星星更多。但能被看见的繁星，只是距离地球最近恒星中很少很少的一部分，而宇宙宽广无垠：宇宙中的恒星总量，比地球上所有沙滩的沙子加起来还要多。

古代天文学家总想从星辰的排列组合中解读出深意，但星座不过是一组组随机散落的恒星。有些星辰闪亮，只因为离地球较近，另一些黯淡的星辰其实异常耀眼，然而太过遥远。我们和群星间隔着惊人的距离，所以不管你走到地球的哪个角落，星座看起来都一个样。从苏联中亚地区一直走到美国中西部，夜空不会变化。从天文学的尺度来说，苏维埃社会主义共和国联盟和美利坚合众国是同一个地方。在地球上进行小小的位移，是看不出星座的立体结构的。想换个角度看星座，我们至少得旅行到几光年外——这是恒星间的平均距离，而一光年差不多有 10 万亿千米。如此一来，星图就会发生巨大变化，有的恒星会离开某个星座，有的则会进入某个星座。星空将呈现迥异的面貌。

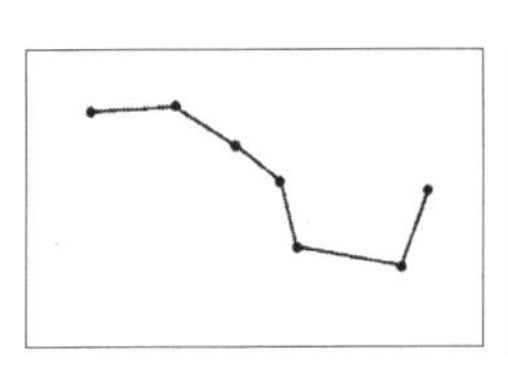

从地球观察的北斗七星

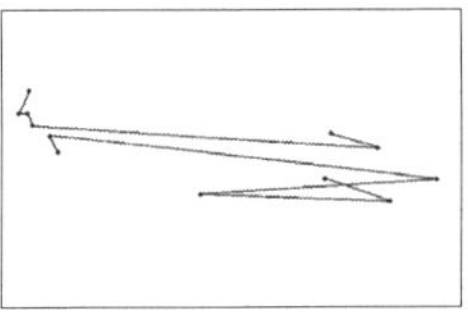

从侧面观察到的北斗七星

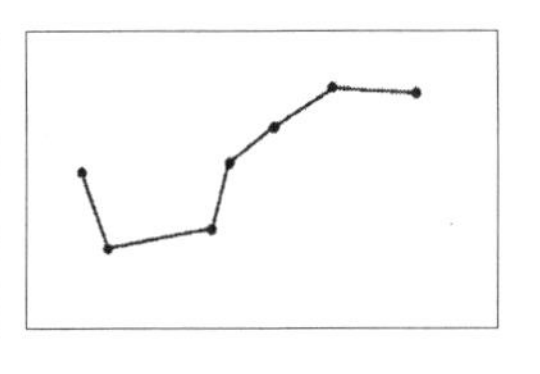

从背后观察到的北斗七星

北斗七星的正视图（从地球观察）、侧视图和背视图。后两张图的景象需要抵达恰当的位置才能看到——大约 150 光年之外

到目前为止，人类的技术还不足以支持这样的星际旅行，在可见的将来恐怕也不行。不过计算机能够为邻近星系做出三维模型，让我们来一场短途旅行——比如绕着北斗七星走上一遭——看星座会发生什么样的变化。按照星座图，我们用线把这些星星连到了一起。随着视角改变，你会看到星座完全扭曲成了另一个形状。所以外星居民所见的星座，与我们在地球上看到的大相径庭。你可以把那些星座想象成对另一种生物的“罗夏墨迹测验”[1]。也许几个世纪以后，从地球出发的太空船能以惊人的速度跨越遥远的距离，让船员们看到前所未见的新星座——但我们现在就可以用计算机模拟出那幅景象。

星座不只随空间，也会随时间的变化而变化。如果我们在一个地方待得够久，就会看到有时候恒星凑成星团，成群结队地移动；或是

1. 罗夏墨迹测验：由瑞士精神病学家罗夏（Hermann Rorschach）创立的投射法人格测验。被试者自由观看不断变化的墨渍，说出由此所联想到的东西，再由医生用符号分类记录并加以分析。

一颗孤零零的恒星抛下它的同伴独自远行；从长远来看，旧星座终将消失，新星座不断诞生。一些偶然的情况下，双星系统中的一颗发生爆炸，伴星不再受到它引力的束缚，会保持着原有的速度一头冲入深空，犹如弹射出的弹丸。群星也会诞生、演化、死亡。只要有耐心，我们就能看到新的星星出现，老的星星消失，天空的图案逐渐扭曲变化。

甚至人类短短的百万年历史中，星座就已经发生了变化。我们继续以北斗七星，或者说大熊星座为例。电脑不但能使人在空间中旅行，也能带人穿越时间。反推恒星的运动，会发现一百万年前那七颗星更像一支长矛，和今天完全不一样。如果乘坐时间机器去往某个未知的年代，理论上是可以通过观察群星来推断时间的。如果北斗七星像长矛，那肯定是中更新世。

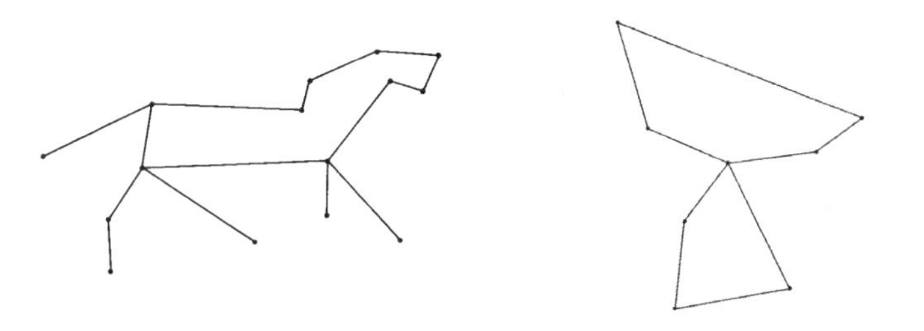

计算机生成图，显示了狮子座今天的模样（左图），和它一百万年后在地球上看起来的样子（右图）

同理，计算机模拟也能推演未来。现在我们来看看狮子座。黄道十二宫是指环绕天空的十二个星座，它们组成的带状区域也是太阳每年在天球上所行经的路径。黄道十二宫（zodiac）的词根是动物园（zoo），因为包括狮子座在内，黄道带上的星座主要是动物。一百万年后，狮子座看起来恐怕没有今天那么像狮子了。人类后代也许会叫它射电望远镜座，不过我担心射电望远镜对一百万年后的人来说，比我们今天看到的原始人石矛还落伍。

猎户座（它不在黄道带上）由四颗亮星勾勒而出，被一条由三颗星星组成的对角线等分，那条线代表了猎人的腰带。按照传统观点，腰带上挂着的三颗黯淡星辰是猎人的剑。但剑中间那颗其实并不是“星星”，而是正在塑造恒星的星云。猎户座的许多恒星年轻而炽热，它们迅速演化，将在超新星爆发中走向终结。这些恒星从生到死只耗时数千万年。计算机模拟能把猎户座带进遥远的未来，让我们看到众多星辰的诞生与壮丽的终篇。它们明灭不定，犹如夜晚的萤火虫。

计算机生成图，显示了 100 万年前和 50 万年前北斗七星在地球上看起来的样子。依据的底图是它现在的模样

太阳周围的空间叫作“太阳邻域”，包括了距离我们的最近的恒星系半人马阿尔法。半人马阿尔法是典型的三星系统，其中两颗恒星彼此绕转，第三颗恒星叫比邻星，在安全的距离绕着它们运动。处在绕行轨道的某些位置时，它会成为距离太阳最近的恒星——比邻星正因此得名。实际上，天空中的多数恒星都是双星或多星系统，形单影只的太阳反倒是个异类。

仙女座中第二亮的星是仙女座贝塔，和我们相距 75 光年。它的光芒要在黑暗的星际空间中穿行 75 年才被我们看见。换言之，万一仙女座贝塔上周二爆炸了，我们也要等 75 年以后才能知道，因为传递信息的光需要这么长时间才能抵达地球。今天我们所见的仙女座贝塔的光出发时，年轻的阿尔伯特·爱因斯坦还是瑞士专利局职员，才刚刚发表了划时代的狭义相对论。[1]

空间和时间彼此交织。不回溯时间，就看不见空间。光的速度很快，然而宇宙如此辽阔，群星相隔甚远。和其他天文学数字相比，75 年实在不算什么。太阳和银心相距 3 万光年。银河系和最近的旋涡星系 M1——它也在仙女座——隔了 200 万光年。我们今天看到的光子离开 M31 时，地球上连第一个人类都没有出现——虽然我们的祖先正向着人类形态快速演化着。而从地球到最遥远的类星体，有 80 亿或 100 亿光年的距离。就是说，我们看到的类星体，是它们远在地球甚至银河系形成之前的样子。

光速的局限不只体现在太空中，但只有天体间才离得够远，才足够体现光的速度。如果你的朋友在房间另一头，和你相隔 3 米，你看到的也不是“现在”的她，而是一亿分之一秒“以前”的她 [（3 m）/（3×10^8 m/sec）= 1/（10^8 / sec）= 10^{-8} sec，即 0.01 微秒。在这个计算中，我们用距离除以速度，得到时间]。“现在”和 0.01 微秒“以前”的差距实在太小，难以察觉。但换个情况，当我们观察 80 亿光年外的类星体时，这个知识就变得非常重要。举个例子，有观点认为类星体是在星系诞生之初才会发生的爆炸，那么星系离我们越远，我们看

1. 爱因斯坦在1905年发表狭义相对论，这一年被称为“爱因斯坦奇迹年”。本书首次出版于1980年。—— 译注

到的光出发越早，就越容易观察到类星体。而实际上，我们在观测超过 50 亿光年外的天体时，类星体的数量确实在增加。

两台“旅行者号”航天器是有史以来从地球发射的最快机器，现在正以光速的万分之一前进。如果以这个速度驶向比邻星，也要 4 万年后才能抵达。我们未来能否用更少的时间穿越浩瀚苍穹抵达比邻星？我们能接近光速吗？光速到底为何神奇？我们能否超越它？

假如漫步在 19 世纪 90 年代风景宜人的托斯卡纳乡野，你或许会在去帕维亚的路上遇到一个长发凌乱的高中辍学生。他原本在德国读书，被老师认定一事无成，最好离开学校，因为他总是提出各种问题，破坏课堂纪律。他确实离开了学校，在意大利北部四处游荡，享受着这里的自由氛围，反复思考心中的问题，不再理会纪律严格的普鲁士学堂的灌输。这个辍学生的名字叫阿尔伯特·爱因斯坦。他的沉思改变了世界。

爱因斯坦很喜欢伯恩斯坦所著的《大众自然科学》。这本科普书的第一页就提到了电经过导线时和光穿越空间时的惊人速度。爱因斯坦想知道，如果乘着光波旅行，世界看起来会是什么样。对漫步在阳光斑驳的乡村路上的小男孩来说，以光速运动是个多么迷人又神奇的想法啊。如果与光波同行，就感觉不到它的存在；如果你出发时位于波峰，就会永远位于波峰，完全意识不到光是一种波。以光速运动一定会发生奇怪的事情。爱因斯坦想得越多，越不可自拔。光速旅行似乎会带来无数的悖论。而我们曾经认为显而易见的事，其实是未加以深思熟虑的结果。爱因斯坦提出了人类本该在千百年前就开始思考的几个简单问题。比如，当两件事“同时”发生，同时到底是什么意思？

假设一下，你站在十字路口对面，而我骑车向你接近。这时候一辆马车在路上横穿而来，我狠狠拧转车头，躲过一劫。现在再思考一遍这件事，并假设马车和自行车都以光速移动。如果你站在路对面，马车的前进方向会和你的视线成直角。你通过阳光的反射，看见我向你骑去。但我的速度再加上光速，不是会比马车更早地传入你眼中吗？你难道不会先看到我急转弯，然后才看到马车吗？在我看来，马车和我同时接近路口，在你看来却不是这么回事。这种事情真的可能吗？我险些被撞死，你却只看到我猛地拐向了芬奇镇？这真是些奇妙的问题。它们挑战了人类的常识。爱因斯坦对这个世界的基础重新进行了深入思考，结果掀起了物理学的革命。

如果这个世界是可知的，如果我们能在光速旅行时避免这些逻辑悖论，自然界肯定存在相应的法则。爱因斯坦把它们写成了狭义相对论：无论一个物体是静止还是运动，它发出的光（无论反射或主动发射）速度都恒定不变。你不能把自身的速度和光速相叠加。此外，任何物体的速度都无法超过光：物理学理论允许你无限接近光速，比如它的99.9%，但再怎么尝试，你都不可能超越那个小数点。超光速旅行是不可能的。为了让世界在逻辑上保持自洽，必须存在一个宇宙极限速度，否则你就可以通过在移动平台上不断累加，来达到任何想要的速度了。

19和20世纪之交，欧洲人普遍相信某种特权参照系：德国、法国或者不列颠的文化和政治制度比其他国家更优秀，欧洲人也比有幸受到殖民的土著更高贵。阿利斯塔克和哥白尼的理念并没有应用到社会和政治方面。但爱因斯坦对政治“参照系”观念的反叛程度，可以和他对经典物理学的颠覆一较高下。他认为，在星斗东奔西跑的宇宙里，没有一个地方是“静止的”，在解释宇宙时，也不存在某套体系更优越。这就是“相对论”的含义。抛开华丽的演绎，这个思想的核心无比简单：观察宇宙时，没有哪个地方比其他地方更好。自然法则就是自然法则，无论谁来描述都一样。如果他的观点是正确的——假如我们在宇宙中这么不起眼的角落还有什么优越，才叫咄咄怪事——那么就可以推论出，没有任何东西能超越光速。

牛鞭挥起来噼啪作响，是因为它的末端运动超越音速，产生了小型冲击波，也就是音爆。雷声的轰鸣本质也差不多。人们曾经认为飞机无法超越音速，但如今超音速飞机并不鲜见。然而光速和音障不一样。超音速飞机只是工程设计问题，但光速限制是自然的基本法则，就像引力一样。没有任何经验——比如牛鞭和雷声——暗示超光速是可能的。相反，我们在核子加速器和原子钟里观察到的现象都支持狭义相对论。

同时性悖论并不适用于音速，因为声音需要介质才能传播，这种介质一般是空气。你的朋友说话时，你听见的是空气中分子的振动。真空不存在介质，声音无法传播，然而光可以。太阳发出的光线穿越广阔的真空，洒落在我们身上，可无论多么仔细，我们都听不见太阳黑子的噼啪声，或者耀斑的隆隆巨响。相对论诞生前，人们曾经设想光线是通过一种弥散在整个宇宙里的特殊介质进行传播的，它的名字叫“以太”。但著名的迈克尔逊－莫雷实验[1]证明了以太并不存在。

我们时不时能听到说有东西比光还快，比如什么“思维的速

---

1. 迈克尔逊–莫雷实验：1887年，迈克尔逊和莫雷用迈克尔逊干涉仪测量两垂直光的光速差值，证明光速在不同惯性系和不同方向上都相同，由此否认了以太的存在，动摇了经典物理学基础。—— 译注

度”。净是胡扯。脉冲通过大脑神经元的速度其实跟驴车一个档次。能发现相对论，说明人类确实有点儿头脑，但这不代表人的头脑能好到让思维超越光速。真要说的话，当代计算机的电脉冲倒确实接近了光速。

爱因斯坦二十多岁时提出的狭义相对论得到了所有实验结果的肯定。也许将来有人能发明新的理论统合我们所知的一切，不但绕过了同时性悖论，避开了特殊参考系[1]，还允许超光速旅行。但我怀疑这样的理论永远不会出现。爱因斯坦发现的光速不可超越性，和人们的常识相抵触。但在这个问题上，我们凭什么相信常识？我们经历过的速度，只不过每小时 10 千米，凭什么以此论断每秒 30 万千米的光速自然法则？相对论确实限制了人类的极限，但宇宙法则本来就不必符合人类的野心。狭义相对论对超光速的否定让我们少了一条通往群星的途径，但与此同时，它也给出了一条完全出乎意料的方法。

乔治·伽莫夫曾提出过一个假设，让我们来跟随他幻想一番：在宇宙中某个地方，这里光速并没有达到每秒 30 万千米，而是以每小时 40 千米的速度前进（不用担心打破自然法则会受到什么惩罚，因为你根本无法打破：自然对事物的安排会使得法则不可逾越）。假设你骑着摩托车，不断接近光速（相对论中很多段落都以“假设……”开头。爱因斯坦称这个练习为 Gedankenexperiment，即思想实验）。随着速度逐渐提升，你发现自己开始能看到经过物体的其他边角。直视前方，会看见身后的物体。越接近光速，你眼中的世界就越怪。到最后，所有的一切都被挤进了你视野前方小小的圆

1. 特殊参考系（Preferred frame）：理论物理学中，特殊参考系指特殊的假设。在这种假设环境下，物理定律看起来会和其他参考系中的不同。—— 译注

形窗口内。如果边上有个静止的旁观者，那么在他眼里，你远离他身边时反射着红光，接近时则是蓝光。如果你以接近光的速度冲着观察者过去，会被笼罩在怪异的色彩之中。你身上通常不可见的红外光线，将转移到较短的可见光波段。你在运动方向上被压扁，质量增加，你还会感受到时间减慢。接近光速条件下这种惊人的体验，我们称之为时间膨胀。但如果你有个同行者——也许摩托后座上坐了个人——那么在他眼里，这一切都不会发生。

狭义相对论描述的现象看似奇特怪异，恰恰说明了科学的本质就是求真。这些现象取决于你的相对速度，但它们真的存在，绝对不是幻觉。只要你学过一些代数，就可以用简单的数学计算来证明这一学说，所以任何受过教育的人都可以理解狭义相对论。它也和许多实验的结果吻合。非常精准的时钟，在飞机上就是会比地面上慢一点。核子加速器必须考虑物质质量会随着速度增加而增加；如果遗漏了这一点，那加速后的粒子都会撞在装置仓壁上，而核子物理实验基本上就不剩什么了。速度是距离除以时间。物质在接近光速的情况下，无法像我们日常生活中那样简单地提速，所以平日的绝对空间和绝对时间概念——它们与你的相对速度无关——就必须让位。这就是你为什么会被压扁，这就是为什么时间会膨胀。

以光速旅行的人几乎不会变老，但地面上的亲友们还在正常老去。所以当你结束相对论之旅返回家乡，便会感叹岁月在朋友们身上留下了多么明显的痕迹。数十年的岁月却对于你几乎毫无影响！光速旅行几乎是长生不老药。正因为接近光速会导致时间流逝减慢，狭义相对论才依然能留给我们一个飞抵群星的方法。但以人类的技术实力，真的可能接近光速吗？我们能造出这样的星际飞船吗？

托斯卡纳不只是年轻的阿尔伯特·爱因斯坦的思想熔炉，也是400年前另一个天才的家。那个天才名叫列奥纳多·达·芬奇。达·芬奇喜欢爬到托斯卡纳的群山上往下眺望，仿佛自己是一只飞翔的鸟儿。他是第一个绘制风景、城镇和堡垒鸟瞰图的人。达·芬奇兴趣广泛，在各行各业都取得了杰出的成就，包括绘画、雕塑、解剖、地质、自然史、军事和土木工程，除此之外，还有一件事让达·芬奇抱有极大的热忱：设计和制造一台能飞的机器。他画了很多图，设计了许多模型，还造过等比例大小的原型机，虽然没有一台真正飞起来。这主要是因为时代所限，他没有马力强劲又轻便的引擎。不过那些设计本身非常优秀，启迪了后世的工程师。达·芬奇本人因制造飞行器的一次次失败感到沮丧，但那不是他的错。他只是被困在了15世纪。

1939年也发生过类似的情况。当时一些工程师组织了英国星际协会，想造飞船把人送上月球——凭1939年的技术。他们所用的设计和30年后成功登月的“阿波罗号”完全不同，但这至少说明登上月球不只是空想，人们会在将来的某天，拥有完成梦想的技术可行性。

时至今日，我们已经初步设计出一些可以把人带往群星的飞船。其中还没有哪一种能直接从地球起飞。实际上，这些航天器都需要在轨道上建造，再从那里开始漫长的太空之旅。有一种飞船以猎户星座为名，以此提醒人们它的终极目标是遥远星辰。“猎户座号”飞船的推进方式是在尾部点燃氢弹，每次爆炸都会给惯性板施加点推力。你可以把它看作巨大的太空核动力摩托艇。从工程学角度来看，“猎户座号”似乎完全可行。虽然按照设计，飞船飞行肯定会产生大量的放射性碎屑，但只要在执行太空任务时认真仔细，这些碎片就会停留在广袤的星际空间里。美国一度认真地发展过“猎户座”计划，然而因为签署了禁止在太空引爆核武器的国际条约，它最终被废止。在我看来这真的很可惜。“猎户座号”飞船是我能想象出的核武最佳使用方式。

“代达罗斯”[1]计划是英国星际学会最近推出的一个新项目。它需要用到核聚变反应堆——比现有的核裂变反应堆更安全，更高效。人类至今还没捣鼓出核聚变反应堆，不过他们相信那也就是几十年内的事情。“猎户座号”和“代达罗斯号”飞船也许能达到光速的十分之一，而半人马阿尔法距离我们 4.3 光年，也就是说飞到那边只用 43 年，不到人的一生。在这种速度下，相对论的时间膨胀效应不会特别明显。但即使以最乐观的估计，我们也不太可能在 21 世纪中叶以前就造出这类飞船——尽管我真的很希望“猎户座号”计划能继续下去。

想去更远的恒星，我们还可以有其他尝试。也许可以将“猎户座号”和“代达罗斯号”设计成多代式飞船，这样一来，到达那些遥远恒星的人，就会是几个世纪前出发船员们的后代。又或者，我们将发明安全的冬眠技术。这样的技术虽然昂贵，但似乎比让飞船接近光速更容易实现。总之，群星并非遥不可及，只是需要我们付出巨大的努力。

至于让太空船接近光速，可不是什么百年目标，而是千年甚至万年的大计。但理论上它是可能实现的。R.W. 巴萨德提出了一种恒

---

1. 代达罗斯：希腊神话中的伟大工匠。曾用蜡和羽毛制作出人可以穿着飞翔的翅膀。——译注

星际冲压式引擎的概念，它的“铲斗”能够收集弥散在太空中的物质，主要是氢原子，使它们加速，在核聚变引擎里进行反应，产生反冲力。在这个设计里，氢既是燃料，又是反应物质。问题在于，深空的氢含量稀少，每十立方厘米[1]，也就是一颗葡萄大小的体积中，只有一个氢原子。想让引擎工作，它的前置铲斗得宽达数百千米。而且当船只达到相对论速度时，氢原子相对于飞船也接近了光速。如果不采取足够的预防措施，飞船和它的乘员都会被宇宙射线烤熟。这个问题的解决方案之一，是利用激光将电子从星际间的原子身上剥离，让它们在一段距离外就带电，然后用极强磁场将那些带电粒子收束到铲斗内，远离飞船的其他部分。这一工程的规模远超如今的技术能力。我们谈论的引擎，可能得有小行星那么大。

来想一想这样的太空船吧：地球始终用万有引力吸引着我们。如果从树杈上掉落——猿人老祖宗肯定经历过很多次——能明显感受到加速度的存在。这种达到 10 米 / 秒的加速度，把人类束缚在地球表面的力，就是引力。我们将它的大小定义为 1 个 g，g 是地球重力 gravity 的缩写。人类适应 1g 的重力环境，所以如果待在加速度为 1g 的太空船里，也会感到十分自然。爱因斯坦后来发现的广义相对论的重要特征之一，就是我们在飞船中感受到的这种力和引力是对等的。而以 1g 不断加速的飞船，只要一年就能接近光速 [（0.01 千米 / 秒^2）×（3 × 10^7 秒）= 3 × 10^5 千米 / 秒]。

这样一条以 1g 不断加速的飞船，可以在航行至旅途中点时转向，再以 1g 的速度减速，直至抵达目的地。由于旅程的大多数时间都接

1. 此处疑为英文原版书中笔误，应为“每立方厘米”。—— 译注

近光速，时间膨胀效应会十分明显。如果去较近的恒星系，比如 6 光年之外，很可能存在行星的巴纳德星系[1]，以飞船上的时钟计算只会耗去 8 年，而去往银河系中心，只需 21 年；仙女座星系 M1，28 年。当然，对留在地球上的人们来说，事情会大不一样。飞船抵达银心所耗的 21 年，在地球上的人看来就是 3 万年。等到返回家乡，恐怕不会有老朋友出来迎接。理论上讲，只要把速度提高到近乎光速极限，我们甚至可以在约 56 年里环绕已知宇宙。只是这样一来返程已是几百亿年之后。那时地球只剩烧焦的煤渣，太阳也早已熄灭。相对论允许发达的技术文明飞向群星，但仅限于那些踏上旅途的人。似乎没有任何办法能把信息以超光速发给留守后方的同胞。

“猎户座”“代达罗斯”计划和巴萨德冲压式引擎的设计，与将来真正的星际飞船相比，差距可能会十分巨大，甚至超过达·芬奇的模型与现代超音速飞机之间的不同。但只要人类没有自我毁灭，就总有一天会驶向星辰大海。我相信，完成太阳系的全面探索之日，就是群星向我们招手之时。

太空旅行和时间旅行彼此关联。太空中的高速旅行，意味着闯入未来。但过去呢？我们能否回到过去，甚至改变过去？我们能不能改写历史？人们每时每刻都在缓慢地进入未来，所谓日子一天一天地过，就是这个意思。可惜符合相对论的太空飞行只能让我们更快地进入未来。至于返回过去，许多物理学家相信那是不可能的。他们说，就算你真的有时间机器，也无法对过去造成一丝一毫的变化。打个比方，如果你回到过去阻止了爸妈的相见，那你就不可能

1. 巴纳德星系确实存在行星。2018年发现巴纳德b，质量至少是地球的3.2倍，公转周期233天。—— 译注

出生——而矛盾是，你显然是存在的。这就像$\sqrt{2}$的无理数证明，或者狭义相对论的同时性问题，通过结论的荒谬能反推出前提存在问题。

不过另有一些物理学家认为，两种不同的历史，不同的现实可以同时存在——其中一种是你所了解的，另一种则是你从未经历过的。也许时间本身就存在诸多维度，我们只是经历了其中之一。假设你回到过去，改变了历史——比如说服伊莎贝拉女王不支持克里斯托弗·哥伦布的计划。在那之后，有人说，你就启动了另一个不同的历史进程，而留在原时间线里的人完全不会知晓。如果这样的时间旅行真的存在，那么某种意义上，每一种能想象出来的历史都可能存在。

历史由复杂的线索交织而成。社会、文化、经济等因素彼此纠缠，难以明辨。无数微小的随机事件不断发生，大部分不会带来什么影响，但有一些则恰好位于关键节点，可能会改变历史的进程。某些情况下，一点点最细小的不同，就会导致天翻地覆。而且这类事情发生得越早，影响就越大——你可以把时间想象成杠杆，越久远的过去，就是越长的杠杆臂。

脊髓灰质炎病毒是一种非常小的有机体，遍布我们的日常生活环境。好在我们受到感染，罹患小儿麻痹症这种可怕疾病的概率并不高。但美国第32任总统富兰克林·D. 罗斯福，恰好是这样一个不走运的人。也许正是这种病症导致的生理残缺让罗斯福对平民有了更多的关注和理解，没准还坚定了他追求胜利的决心。如果罗斯福的个性有所不同，他可能就不会有竞选美利坚合众国总统的冲劲，第二次世界大战和核武器的发展没准会有另一种结果。世界的命运也会因此而改变。可是这个病毒只是非常不起眼的小东西，长度不过百万分之一厘米。它几乎什么都不是。

再换一个角度。假如有个时间旅行者说服伊莎贝拉女王，让她相信哥伦布计划有误，因为按照埃拉托色尼估计的地球周长，哥伦布绝对到不了亚洲。即便如此，那几十年内肯定也会有其他欧洲人启程西去，发现新大陆。航海技术的提高，香料贸易利润的诱惑，再加上欧洲大国之间的竞争，人们注定要在 1500 年前后发现美洲。当然了，在那条时间线里，美洲不会有哥伦比亚这个国家，哥伦比亚特区、哥伦布市、俄亥俄或者哥伦比亚大学也不会出现，但历史的大致进程不变。想要从根本上改写未来，时间旅行者对他们要干预的事件恐怕得精挑细选一番。

探索这种未知的世界，无疑是美好的幻想。履历不同平行世界，能让我们理解历史到底如何运作；历史，会变成一门实验科学；如果我们历史上一些举足轻重的人物从未诞生——比如柏拉图、圣保罗，或者彼得大帝——世界会何去何从？如果爱奥尼亚的科学传统得到了继承，而且发扬光大了呢？这一切的前提，是社会力量发生了改变——包括当时人们习以为常的奴隶制度，但如果 2500 年前地中海东部的曙光真的没有熄灭呢？如果在工业革命诞生 2000 年前，人们就开始大力追求科学，崇尚实验，尊敬机械艺术了呢？如果这股思潮能早早地散播到世界各地呢？我有时候会觉得，时代的进步会提前 10 个，甚至 20 个世纪。也许 1000 年前，人们就掌握了列奥纳多·达·芬奇的知识，或者 500 年前，就诞生了另一个阿尔伯特·爱因斯坦。有太多的事情会迥然不同。男人的每一次射精，能喷出数亿个精子细胞，但只有一颗有幸使卵子受精，继而发育成下一代人类中的一员。哪个精子会使卵子受精，取决于最微不足道的内部和外部因素。所以 2500 年前的一点点变化，也会让今天的我们不复存在，被另外一批人类替代。

如果爱奥尼亚传统不曾湮灭，我们——当然，是另一批“我们”——可能正在探索群星。前往半人马阿尔法、巴纳德星、天狼星和天仓五的第一批探测船已经归来。近地轨道上，庞大的星际船队还在不断扩充，包括开拓星海的无人勘测船、移民船和大型贸易船。这些船只上都印有文字。如果凑近点，你会发现它们是希腊文。第一批星际飞船的标志可能会是个十二面体，上书“地球星舰西‘奥多勒斯号’”几字。

我们自己的时间线上，事情进展得相对缓慢。到目前为止，人类还没有准备好向群星进发。不过一两个世纪以后，整个太阳系会得到探查，地球也不再混乱无序。到那时，我们将有意愿、有资源，也有能力去更远的地方了。我们会从很远的地方探查行星系统的多样性。有的行星和母星地球相近，有的截然不同，需要花点时间才能决定到底该拜访其中的哪些。我们的机器和我们的后代，会以接近光的速度掠过天际。他们是泰勒斯、阿利斯塔克、列奥纳多和爱因斯坦的子嗣。

我们尚未明了宇宙中的行星系统数量，不过这个数字很可能相当庞大。光是看本恒星系，行星系统实际上就不止一个，而是四个——木星、土星和天王星都有一套卫星系统，从卫星的相对大小和距离来看，它们和围绕太阳的行星非常相似。宇宙中存在许多质量相差甚大的双星系统，它们暗示了太阳这样的单恒星系统总是有行星相伴。

目前为止，我们还无法直接观察到太阳系之外的行星，因为它们微弱的反光被各自恒星的强光吞噬了。[1]不过我们已能够通过恒星受到的引力扰动推算出看不见的行星了。想象一下，几十年的时间里，有颗路径“恒定不变”的巨大恒星，已经在更遥远的星座背景下移动了一小段距离。如果那个星系里还有一颗巨大的类木行星，而且黄道面恰好和我们的视线成直角，那么当这颗不可见的行星位于恒星右侧时，恒星会右偏，反之则左偏。这样一来，恒星的轨迹将受到扰动，不再平稳前进，而像波浪那样时快时慢。巴纳德星是距离我们最近的单星，也是这种引力扰动测量法可以观察的最近目标——半人马阿尔法因为有三颗相互干扰的恒星，轨迹本来就不好分辨。不过即使是单星，对巴纳德星的研究也不轻松，因为它意味着需要对几十年的望远镜观察记录进行细致分析，寻找出这颗星星最微小的位移。我们对巴纳德星已经进行了两次成功的测算任务，两次结果都在某些标准上符合预期，显示恒星轨道上存在两颗以上类木行星（由开普勒第三定律计算得出），它们和恒星的距离比木星、土星离太阳更近。不幸的是，两次观测的结果本身相互矛盾。因此从已知情况来看，我们可能已经发现了巴纳德星的行星系统，然而还需要进一步的研究以得出更明确的结论。

其他寻找行星的方法也在不断发展。其中一种，是在观测时设法遮掩恒星的光芒——比如在天文望远镜前方放置圆盘，或者把月亮边缘的黑暗当圆盘来遮光——这样行星的反光就能浮现出来。在未来几十年内，我们将能确定附近几百个星系里，究竟哪些恒星拥有巨大的行星伴侣。

---

1. 截至2020年3月1日，人们已经发现了4,187个太阳系外行星。—— 译注

近年来的红外观测表明，太阳附近的一些恒星周围存在气体和尘埃的盘状凝结云。有理论据此认为，行星系统是星系里的常态，这真是令人激动。一组计算机模拟了那些气体和尘埃的演化过程，发现它们可能正在成为恒星和行星。小块的颗粒——云团最早一批凝结物——被随机加入到模拟中后，会不断吸收其他移动的尘埃，逐渐增大，并在成长到一定的阶段后，会在引力作用下吸引主要成分是氢的气体。甚至，根据计算机模拟显示，两个这样的团块相撞后还会黏合在一起。这个过程会不断持续，直到气体和尘埃耗尽。演化的最终结果取决于初始条件，特别是密度与分布。但只要初始条件合理，就会生成包含约十个行星的星系，其中类地行星接近太阳，类木行星则处于更远的地方，看起来与太阳系类似。而在初始条件变更后，我们还能见到各种不同的情形：有些情形中不存在行星——只有零碎的小行星带；或者恒星附近存在巨大的类木行星；要不就是类木行星吸收了足够多的气体和尘埃，成为另一颗恒星，于是该星系就变成了双星系统。虽然下结论为时过早，不过看起来银河系内恒星系存在行星系统的概率很高，而且种类五花八门。我们认为，所有的恒星都由这样的气体和尘埃云生成。银河系里等待探索的行星系统大概数以千亿计。

这些世界没有一个会和地球一模一样。少部分会适宜人类居住，但大多数环境恶劣。许多行星景色雄浑。有些行星的白天拥有好几个太阳，有些行星的夜晚则数个皓月当空，壮丽的星带从地平线一端升起，另一端落下。有些卫星紧挨行星，日夜高悬着遮蔽半边天空。而在另一些行星上，你会看到巨大的气体云，那是恒星的遗骸。在这些世界的地表上举首仰望，夜空景象各异，但你或许会在某处遥远又奇异的星座里，发现一颗肉眼可见或只存在于天文望远镜里的黯淡黄星。一支船队正从那里启航，探索着银河系的小小区域。

如你所见，空间和时间彼此交织。行星和恒星也和人类一般，从生到死。人的一生短短数十载，太阳的寿命则是我们的一亿倍。与群星相比，我们就像朝生暮死的蜉蝣。在真正的蜉蝣眼里，人类恐怕也是迟钝缓慢，甚至不怎么动弹的物体。从恒星的角度来看，人类，这种数量多达几十亿，生命转瞬即逝的生物，都挤在一个异常寒冷、坚固，而且遥远的硅酸盐铁球体上。

放眼宇宙，每一颗行星的未来都由它们当下的变化决定。而我们的小小星球，恰好处在历史的重要分岔口。这个岔口的重要性不亚于2500 年前爱奥尼亚科学家和神秘主义者之间的那场对决。无论我们在这个时代做出什么抉择，都将深深影响一代又一代子孙，以及他们通往群星的命运。

09

第九章 恒星的一生

苍穹在上，繁星点点。我们常躺在地上眺望群星，讨论它们到底是被造出来的，还是自己冒出来的。

——马克·吐温，《哈克贝利·费恩历险记》

我有……一种渴望……我可以这么说吗？……像是宗教。然后我会走出门，去看星夜。

——文森特·凡·高

想做个苹果派，你需要小麦、苹果、各种调料，还有烤箱的高温。这些原材料是分子构成的——比如糖或水分子。而这些分子又是原子组成的——包括碳、氧、氢和其他一些原子。原子从哪里来？除了氢，它们都产生于恒星。恒星是宇宙厨房，氢原子在那里被烹饪成更重的原子。恒星由星际气体和尘埃云凝成。氢是那些云团的主要组成部分，起源于大爆炸。所以如果你真的想从头开始做一个苹果派，首先得创造宇宙。

假如你把苹果派切成两半，再把其中一块继续切成两半；你就这样本着德谟克利特的精神不断重复下去。那么要切多少下，你才能见到单个原子？答案是大约 90 下。当然，没有刀子能锋利到那个份上，苹果派也太容易碎掉，更何况原子太小，不借助点外力根本看不清。但我们依然想办法做到了。

1910 年前后长达 45 年的时间里，英国剑桥大学的研究者第一次理解了原子的本质——他们采用的办法之一是用一些原子轰击另一些原子，看它们如何反弹。一个典型的原子由电子云包裹。顾名思义，电子是一种带电粒子，不过它们带的“负”电荷只是人们的主观定义。电子决定了原子的化学性质，金子的闪闪发光，钢铁冷冰冰的手感，钻石的晶状结构都源于电子。原子深处，在电子云之下的东西，就是原子核，它一般由带正电的质子和电中性的中子组成。原子极其微小，一亿个原子叠起来，也就只有小拇指尖那么大。而原子核的大小甚至只有原子的十万分之一，这也是人们花了这么久才找到它的原因。[1] 原子的大多数质量都集中在原子核上，和它相比，电子只是飘浮的绒毛。原子内部空间巨大。所以物质的主要成分其实是虚空。

我是原子构成的。我搁在桌上的胳膊肘，也是原子构成的。桌子当然同样由原子构成。但如果原子那么小，原子间空隙那么大——就不要提更小的原子核了——为什么桌子能支撑住我？就像亚瑟·爱丁顿[2]问过的，为什么组成胳膊肘的原子，不会轻松穿过组成桌子的原子呢？我为什么没有摔倒在地，或者干脆直接穿过地球？

答案在那些电子云上。我胳膊肘原子的外部带着负电荷，桌子也一样。负电荷会彼此排斥。我的手没办法穿过桌子，就是因为原子核周围有电子，而且它们力量很强。我们的日常生活与原子的这种结构密不可分。假如有人关掉了电源，那所有的一切都会崩塌成看不见的细碎尘埃。没有电，宇宙就只剩下电子、质子和中子杂糅而成的松散云团，以及基本粒子在引力作用下形成的球体。那会是一个死气沉沉的世界遗骸。

当我们不断切分苹果派，到了比原子更小的尺度后，面对的就是

---

1. 人们曾经认为电子均匀地分布在电子云里，而不是聚集在带正电荷的原子核周围。剑桥大学的欧内斯特·卢瑟福发现一些粒子在轰击实验时反弹回了来时方向，并据此发现了原子核。卢瑟福说：“我这辈子从没见过这么不可思议的事，这好比朝一张纸巾发射了15英寸的加农炮弹，它居然反弹回来打中了你。”
2. 亚瑟·爱丁顿（1882—1944）：英国天体物理学家、数学家，第一个用英语宣讲相对论的科学家，自然界密实（非中空）物体的发光强度极限被命名为“爱丁顿极限”。——译注

一个无限小的世界。而我们仰望夜空时，看到的又是一个无穷大的世界。这种无穷大代表了无限的退行，不仅是空间的无限，也是时间的无限。如果你站在两面镜子之间——比如说某家发廊里——能看到自己许许多多的重影，这是影子在镜面间不断反射所致。这些倒影数量虽多，却并非无穷无尽：因为镜子不是完美的平面，彼此也没有彻底对齐；还因为光传播的速度有限；此外，你挡住了光线的传播。真正的无穷，比任何数字都大。

美国数学家爱德华·卡斯纳曾经问他9岁的侄子，能不能想个非常非常大的数字出来。小男孩想出的数字确实很大，它是10的100次方（10^{100}）。1后面跟着100个零。那个小男孩称之为googol[1]。这个数字写下来就是：10, 000, 000, 000, 000, 000, 000, 000, 000, 000, 000, 000, 000, 000, 000, 000, 000, 000, 000, 000, 000, 000, 000, 000, 000, 000, 000, 000, 000, 000, 000, 000, 000, 000。你也可以编个巨大的数字，给它起个奇怪的名字。这是件挺有趣的事情。要是你才9岁，会更加乐在其中。

如果你觉得googol算大，那么你可以想想googolplex。它是10的googol次方，就是说，1后面跟上googol个0。作为对比，你体内的原子总数只有10^{28}个，而已知宇宙中的所有基本粒子——质子、中子和电子——加起来，约10^{80}个。如果宇宙是个被中子填满的实

1. Google公司的名称亦来源于此。—— 译注

体[1]，也就是说不留一丝一毫缝隙，大约会有 10^{128} 个粒子。这个数字比 googol 多点，但比 googolplex 差远了。即使数字大到 googol 和 googolplex 这个份上，它们依然连“无穷”的边都摸不着。本质上来说，googolplex 和无穷之间的差距，和从 1 到无穷一样大。别想把 googolplex 直接写出来，因为这是个不可能完成的任务。能写下那么多 0 的纸，会比整个宇宙都大。还好，googolplex 还有更简单的写法：$10^{10^{100}}$。甚至连无穷也有个很简单的写法：∞。

一个烤焦的苹果派，其主要成分是碳。将它对切 90 次，你就得到了一个碳原子。碳原子核内有 6 个质子、6 个中子，核外有 6 个电子。如果我们从原子核内取走一大块——比如 2 个质子和 2 个中子——那它就从碳原子核变成了氦原子核。这种切分，或者说裂变，一般应用在核武器和核电站里，只不过遭到裂变的并不是碳原子。如果你对苹果派挥起第 91 刀，切开了碳原子核，那么你得到的，就不再是更小的碳，而是变成了另一种东西——它有着完全不同的化学性质。换句话说，你切割原子，会改变元素。

让我们更进一步。原子是由质子、中子和电子组成的。我们能把质子切开吗？如果我们用其他基本粒子——比如其他质子——来对它进行高能轰击，就能瞥见隐藏在质子里的更基本单位。物理学家们最近提出，所谓的基本粒子，比如质子和中子，实际上是由更基本的粒

---

1. 做这种计算的想法古已有之。阿基米德在《数沙者》的序言中写道：“有些人，比如革隆王（前540—前478，西西里城邦盖拉和叙拉古的僭主。—— 译注）认为，沙子的数目无穷无尽。我说的不只是叙拉古和西西里其他地方的沙子，还包括了世界所有地区——无论那儿有没有被殖民——的每一粒沙。另外一些人虽然不相信沙子无穷无尽，但认为那个数字太过庞大，没有足以表达它的数学名称。”阿基米德不但为这个数字起了名，还做了计算。他后来又尝试推算他所知的宇宙里，沙子一共有多少粒。他给出的结论是10^{63}粒。这个数字和目前估算的宇宙原子总数10^{83}看起来差不多，真是无巧不成书。

子如夸克组成的，它们有着不同的“颜色”和“味道”。用这种比喻方式，是为了让它们更接近我们的日常生活，相对容易理解。夸克是组成物质的最小颗粒吗？还是说，它们也是由更小的物质组成的？我们对物质本质的理解，会有尽头吗？还是说，它们可以无限地细分下去？这是科学的一大未解之谜。

中世纪的炼金术士常常在他们的实验室里做研究，想改变元素的性质。许多炼金术士认为所有物质都是四种基本元素水、风、土和火的混合。这种观点可以追溯到爱奥尼亚人。在他们眼里，改变土和火的比例，就可以把铜变成金。炼金术士里有不少狡诈的骗子，比如卡廖斯特罗和圣日耳曼伯爵，他们不但谎称自己有能力改变元素，还假装掌握了永生的奥秘。的确，复杂艰苦的试验后，金子奇迹般地出现在坩埚里，但它恐怕原本就藏在搅棒底的暗格之中。财富和永生的诱惑下，欧洲贵族把大笔资金提供给这些可疑的奥秘探索者。当然啦，严肃认真的炼金术士也是存在的，比如帕拉塞尔苏斯和艾萨克·牛顿。所以那些钱也不算彻底打了水漂——新的化学元素，比如磷、锑和汞在这个过程中被逐次发现。现代化学的起源，甚至可以直接追溯至炼金术实验。

自然界存在 92 种化学性质不同的原子，被称作化学元素。它们在不久前组成了我们这颗星球上的万事万物。多数情况下，它们会以彼此结合的分子样貌出现在我们眼前。水是氢原子和氧原子结合而成的分子，空气的主要成分是氮（N）、氧（O）、碳（C）、氢（H）和氩（Ar），它们以 N_2、O_2、CO_2、H_2O 和 Ar 的形式存在。地球本身也是各种原子的复合物，主要包括了硅[1]、氧、铝、镁和铁。至于火，它根本不是一种化学元素，而是一种等离子辐射，在高温中将一些电子从原子核上剥离。古代爱奥尼亚人认为的四种“元素”，和现代意义上的化学元素完全两码事。那“四元素”里，一种是分子，两种是分子混合物，最后一种是等离子体。

从炼金术士时代至今，人们发现了越来越多的化学元素。一般来讲，元素发现得越晚，就越罕见。元素里最常见的种类构成了地球和生命的基础核心。一些元素是固体，一些是气体，还有两种（溴和汞）常温下是液体。按照复杂程度，科学家为它们排了序。最简单的氢是 1 号元素，最复杂的铀是 92 号元素。有些元素比较少见，比如铪、铒、镝和镨，和我们的日常生活关系不大。总的来说，我们对一个元素越耳熟，它在地球上的含量就越多。比如铁就比钇多得多。当然，这条规则也有例外，比如金或铀。经济因素、审美倾向，或者重大的实际应用价值也会影响人们对化学元素的评价。

意识到原子由质子、中子和电子这三种基本粒子组成，并不是多久远的事情。直到 1932 年，中子才被发现。当代的物理学家和化学家已经把我们所感知到的复杂世界，简化到了令人吃惊的程度：以不同模式组合起来的三个基本粒子，本质上，构成了一切。

中子，顾名思义，不带电荷，呈中性；质子带正电荷；电子带与之等量的负电荷。电子和质子不同电荷间的吸引力使基本粒子结合成原子。由于每个原子都呈电中性，原子核内的质子数量，一定和电子云的电子数量相同。一个原子的化学性质，取决于它有多少电子，或

1. 硅（Silicon）是一种原子，而硅树脂（Silicone）只是数十亿含硅分子中的一员。硅和硅树脂有着不同的特性和作用。

者有多少等量的质子，我们称之为原子序数。化学是简单的数学，毕达哥拉斯肯定很喜欢这个概念。如果你是有一个质子的原子，那你就是氢；有两个质子，就是氦；三个，锂；四个，铍；五个，硼；六个，碳；七个，氮；八个，氧；以此类推，直到第九十二个，铀。

电荷分为正电荷和负电荷，同类之间强烈相斥。我们可以这么想象，在微观世界里，人人都是避世隐士，想和同胞离得越远越好。电子和电子相排斥，质子和质子相排斥。不过这样一来，原子核是怎么结合在一起的？它为什么没有立刻飞散？这是因为自然界里还存在一种基本力：它不是引力，不是电磁力，而是一种距离非常短的核力，叫作“弱核力”。它就像一组钩子，能在质子和中子非常接近的情况下把它们拉到一起，克服质子之间的电斥力。这些中子提供了相互吸引的核力，又没有电斥力，你可以把它想象成胶水，使得原子核成为一体。所以情况就变成了这样：性情乖戾的隐士们渴望独处，却因为一些喋喋不休的和事佬，被迫和同胞待在一起。

两个质子和两个中子组成的氦原子核非常稳定。三个氦原子核可以组合成一个碳原子核；四个则是氧；五个组成氖；六个变成镁；七个，硅；八个，硫；以此类推。我们每往原子核里添加一些质子和用来让它们保持稳定的中子，就制造了一种新的化学元素。如果我们从汞原子里剥离一个质子和三个中子，我们就造出了金原子，这是古代炼金术士梦寐以求的事。地球上不存在比铀更复杂的原子，它们只能由人类合成，而且大多数情况下会迅速衰变。其中之一，也就是 94 号元素钚是已知毒性最高的物质之一。不幸的是，它衰变得很慢。

自然界中的元素是打哪儿来？你也许可以给每一种元素设想一种

来源，但在宇宙里，氢和氦[1]这两种最简单的化学元素占去了总比例的99%。实际上，人们先在太阳上发现了氦，然后才在地球上找到了它的踪迹。这点从氦的名字上就能看出来。氦是Helium，出自希腊神话的太阳神赫利俄斯。其他化学元素有可能是从氢和氦演变而来的吗？为了平衡电斥力，核内物质必须紧紧贴在一起，这样才能让弱核力生效。这种情况只会在极高的情况下发生，此时粒子的移动速度非常高，以至于电斥力来不及发生作用——这需要几千万摄氏度的高温。自然界中，只有恒星内部才具备这样的高温高压条件。

太阳是距离地球最近的恒星。我们从各种波段对它进行了研究，包括射电、普通的可见光，以及X射线。所有这些光都来自太阳最外层。和阿那克萨哥拉想的不一样，太阳并不是烧红的石头，而是氢和氦组成的巨大球体，由于高温而发光，当然这个道理和拨火棍被烧红时会发光一样，所以阿那克萨哥拉也不算全错。强烈的太阳风暴会产生耀斑，足以干扰地球的无线电通信；太阳上还有巨大的拱状热气流，这些受磁场引导的日珥体积巨大，让地球相形见绌。我们偶尔能在太阳落山时看到它表面的暗区，那些黑子其实是高强度磁场导致的太阳表面温度较低的区域。所有这些不间断的剧烈活动都发生在太阳表面，那里只有约6000℃，而太阳的内部，也就是阳光的发源地，有足足4000万℃。

恒星与行星诞生于星际气体和尘埃云团的引力坍塌。云团内部气体分子不断碰撞产生的热量逐渐叠加，最终达到了足以让氢转化成氦的阈值：四个氢核，结合成了一个氦核，同时向外释放了一个伽马光

1. 地球是个例外。因为引力相对弱小，地球原有的氢已经多数逃逸进了太空。木星由于引力更大，它形成时的氢多半保留至今。

子。光子向外迸发，经过层层物质的交替吸收和发散，最后终于移动到恒星表面。每走一步，它都会失去一些能量。这趟去往恒星表层的史诗旅程历时百万年，然后它才能辐射进太空。而恒星就是这样点亮的。组成恒星前身的云团，随着恒星形成而不再继续引力坍塌，因为它内部核反应的高温高压支撑了外层的重量。在过去50亿年里，太阳一直处在这样一种稳定态里。类似氢弹的反应不断发生，为太阳提供着能量。每秒就有大约四亿吨（4×10^{14}克）氢被转化成氦。所以夜晚闪闪发光的群星，其实都是远方的核聚变。

天鹅座天津四方向有一个发光的巨大的云团。那些炽热气体可能源于云团中央的超新星爆发。超新星爆发意味着恒星的死亡，但爆发的冲击波压缩了云团外围的星际物质，引发了新一轮的引力坍塌和恒星诞生。从这个意义上来说，恒星也有父母。婴儿诞生，父母死亡。人类社会里偶尔也有类似的情况。

类似太阳的恒星，在巨大的压缩云团——比如猎户座星云——里成批成批诞生。星云看似黯淡模糊，但内部早已被新生恒星照亮。这些星辰随后会离开襁褓，走向银河。青少年时期的恒星外侧依然被朦胧的云雾笼罩，那是被重力俘获的残余云团物质，就像羊膜。昴宿星团就是我们附近的一个例子。如同人类社会，成熟的恒星会离开家庭，和兄弟姊妹各奔东西。我们的太阳也许有一些——可能几十个——兄弟姊妹，它们50亿年前诞生于同一个星云。但我们不知道它们到底是谁。它们可能已经到了银河系的另一边。

太阳核心的氢氦反应不只表现在可见光的光子亮度上，它还产生了更神秘、更鬼魅的中微子辐射。和光子一样，中微子没有质量[1]，以光速传播。但中微子不是光子。它不算任何一种光。和质子、电子还有中子一样，中微子有它的固有角动量或者说自旋，光子则完全没有自旋。对中微子来说，物质是透明的。它可以毫不费力地穿过地球和太阳，只有很小一部分会遭到阻截。我们抬头看一秒太阳，就有10亿个中微子穿过了我们的眼球。它们不会像普通光子那样停留在视网膜上，而是会继续向前，从我的后脑穿出。到了晚上，你盯着地面太阳应该在的方向，会有和白天等量的中微子穿眼而过。它们毫不费力地穿过地球，就像阳光穿过透明玻璃。

如果我们对太阳内部构造的推测完全正确，也正确理解了生成中微子的核物理，那我们应该能精确计算出单位面积（比如我的眼睛）、单位时间（比如一秒钟）内的太阳中微子通过量。但这个计算结果不容易得到证实，因为中微子直接穿过地球，难以捕捉。不过中微子的量这么大，总有一小部分会和物质发生作用，只要条件合适依然能得到探测。罕见的情况下，中微子能将氯原子转化成质子和中子数量相同的氩原子。为了探测太阳中微子，你需要大量的氯。美国物理学家向南达科他州利德地区的霍姆斯特克矿洞里注入了海量清洗液，然后对氯进行扫描，以寻找新生成的氩。氩越多，中微子自然就越多。这些实验表明，太阳散发的中微子数量明显少于预测值。

这可真是个有意思的问题。太阳中微子通量少于预期，可能不会对恒星核聚变理论造成多少冲击，但它无疑意味着某些重要的事情。

1. 近年来的研究表明，中微子存在质量。2015年，阿瑟·麦克唐纳和梶田隆章因观测到中微子震荡现象获得诺贝尔物理学奖，而震荡的前提，是中微子必须存在质量。出现在下文的太阳中微子问题也因此得到了解答。—— 译注人们为此提出了很多解释，比如中微子在从太阳到地球的过程中破碎，或者太阳内部的核聚变能量会得到暂时储存，照耀着我们的阳光部分源于缓慢的引力收缩，等等。不过中微子天文学还是门崭新的学问，我们刚刚创造了一种可以直接窥视太阳中心的工具，新鲜劲儿都还没过去呢。随着中微子望远镜灵敏度的提高，我们将可能探测邻近恒星内部的核聚变，进一步研究这个问题。

恒星内部的核聚变无法永远维持。无论太阳还是别的恒星，内部的氢燃料都有限。恒星的结局很大程度上取决于初始质量的大小。那些比太阳大上两三倍的恒星，不论生时往太空发散了什么物质，都会以壮观的方式终结。不过太阳之死已经够惊人了。五六十亿年后，太阳内部的氢逐渐全部转化成氦，原本的氢聚变区不断外扩，直到热核反应壳层表面温度不足1000℃时，氢聚变才自动停止。与此同时，太阳自身的引力迫使富含氦的内核重新收缩，进一步增加内部的温度和压力。由于更加紧密地凑到一起，氦原子核开始相互黏合。尽管电斥力尚存，但弱核力发挥出了作用，于是灰烬化为燃料，太阳的第二轮聚变反应开始了。

这个过程中，碳和氧元素诞生，它们为太阳提供了额外能量，使它在有限的时间内继续发光发热。恒星如同凤凰，注定要在自己的灰烬中重生。[1]不过到那时，远离太阳核心的薄壳处的氢聚变，以及核心处发生的高温氦聚变，会给太阳带去巨大的变化：随着外部的膨胀和冷却，太阳变成了红巨星。由于可见表面远离内核，引力作用微弱，太阳的大气层将剧烈膨胀，犹如一场星际风暴。变成红巨星的太

1. 比太阳更大的恒星演化到后期，核心温度和压力会进一步提高。它能不止一次地从灰烬中重生，以碳和氧为原料合成更重的元素。

阳会吞没金星与水星——甚至包括地球。到那时，内太阳系就成了太阳的一部分。

地球的好日子结束于几十亿年后的某天。从那天起，太阳会逐渐变红、膨胀，而地球温度不断升高，甚至极地也会酷热难当。随后，南北极的融冰引发洪水，吞没海岸。高温下的海洋水汽蒸腾，带来遮天蔽日的浓云，能稍微遮挡一些阳光，为地球拖延一阵死期。但太阳的演变无可阻挡。海洋终究会沸腾，大气也会蒸发进太空，届时，我们的星球就迎来了你能想象出的最大灾难。[1]不过到那时，人类肯定已经进化成了完全不同的东西。也许我们的子孙后代可以调节恒星的演化，也可能他们只是打包走人，去了火星、木卫二、土卫六，或者就跟罗伯特·戈达德设想的那样，在某个充满希望的星系安了新家。

核反应的余烬尽管能重新作为燃料，却总归有个尽头。当太阳内部全是碳和氧时，温度和压力就不足以支撑核反应继续了。随着核心位置的氦消耗殆尽，被拖延许久的引力坍塌终于得以继续，而这样一来温度再次上升，引发最后一轮核反应，并让大气层略微膨胀。垂死挣扎的过程中，太阳会缓慢脉动，每隔千年膨胀和收缩一次，它的大气会以一个或者多个同心球层状喷射进太空中。暴露的太阳灼热核心使得它的球壳充满紫外线，产生了可爱的红色和蓝色荧光，一直延伸到冥王星的轨道之外。也许太阳的一半质量会以这种形式消耗。随着太阳的幽灵不断向外伸展，整个太阳系都会充满这种奇异的光芒。

今天在银河的这一隅环视，我们可以看到许多恒星被发光的气体球状外壳包裹。我们把这些气体叫作“行星状星云”（其实和行星

---

1. 阿兹特克人的预言中说，“当大地疲惫不堪……当大地不再播撒种子”时，日头会从天际坠下，群星亦将陨落。

一点关系也没有，只是它们似乎会让人联想到用简陋望远镜观察天王星和海王星时看到的蓝绿色圆盘）。它们像一个个环，但那只是因为从我们的视角看起来边缘比中心更厚，就像肥皂泡有个清晰的轮廓一样。每个行星状星云，都是恒星体积达到巅峰时的标志。在星云中央死去的恒星附近，可能还有一些被毁灭的行星。它们也许曾经生机勃勃，但如今大气全无，海洋蒸发，被笼罩在地狱似的光芒中。我们的太阳也会走到这一步。届时，行星状星云包裹住的太阳核心又小又热，随着它在太空中不断冷却，最终会坍塌到地球闻所未闻的密度——每茶匙的质量超过一吨。从那时起的几十亿年间，太阳会和那些行星状星云的核心一样，逐渐变成一颗白矮星。当表面的高温也褪去后，太阳就演化到了它的最终阶段：死气沉沉的黑矮星。

两颗质量接近的恒星组成的双星系统，演化路径也接近。但双星中质量更大的那一颗消耗氢元素更快，化作红巨星再蜕变成白矮星的速度也更快。所以很多情况下，双星系统里的一颗是红巨星，另一颗是白矮星。如果它们挨得特别近，那么红巨星的大气会流向白矮星，落在它的某片区域。在白矮星强大引力的作用下，这些被窃夺的氢元素不断压缩，发出高温高热，直至产生热核反应，让白矮星爆发出强光。这种情况我们称之为新星。新星的起源和超新星大不相同。新星只诞生在双星系统中，光源来自氢聚变；超新星是单星，由硅聚变供能。[1]

诞生于恒星内部的原子，通常会返回星际气体中：红巨星把外层大气吹进深空，行星状星云是类太阳恒星走向生命终结时抛散出的气

1. 新的理论认为，超新星也能诞生在双星系统中。—— 译注

体，炽烈闪耀的超新星将恒星的大部分物质喷出。这些返回星际气体的原子里，恒星内部聚变产物们自然占了大头，它们包括氢聚变成的氦、氦变成的碳、碳变成的氧及其后继产物。大质量恒星可以不断添加氦原子，能生成更多的氦、氖、镁、硅、硫，等等。每个阶段，两个质子和两个中子就会被添加进核内，直到生成铁原子。硅也能直接聚变成铁：硅原子有二十八个质子和中子，它们在数十亿摄氏度的高温下两两结合，形成了有五十六个质子和中子的铁原子。

这些化学元素我们很眼熟，名字也说得出口。而那些恒星反应生成得比较少的元素，比如铒、铪、镝、镨和钇等等，我们就没怎么听说过。化学元素在返回星际气体后，随着接下来的云层崩塌，新的恒星和行星形成，又一次被引力俘获。除了氢和一些氦之外，地球上的所有元素都是数十亿年前群星用它们的“炼金术”合成出来的，那些星体如今可能是银河系另一头某颗毫不起眼的白矮星。我们 DNA 里的氮、牙齿里的钙、血液里的铁，还有苹果派里的碳全部出自恒星内部。人类是由星际物质构成的。

有一些罕见的元素诞生于超新星爆发。地球拥有储量相对丰富的金和铀，这是因为太阳系形成前有许多超新星爆发。其他星系的稀有元素可能会和地球不一样。外星居民会不会炫耀似的带着铌垂饰和镤手镯，把金当作实验室里的珍品？如果黄金和铀在地球上像镨一样无足轻重，我们的生活会不会因此改善？

生命的起源和恒星的演化密不可分。第一，那些让生命成为可能的原子，诞生于很久很久以前，很远很远地方的恒星。宇宙中化学元素的丰度与恒星生成原子的相对丰度吻合，几乎可以确定红巨星和超新星是宇宙中各种物质的熔炉。我们的太阳是第二代，或者第三代恒星。构成它的所有物质、构成你我以及周围一切的物质，都已经在恒星这口大坩埚里熔炼过一两轮。第二，从地球上存在的某些重原子来看，太阳系形成之前，附近曾有过超新星爆发。这不太可能只是巧合。很可能正是超新星爆发产生的冲击波压缩了星际气体和尘埃，触发了太阳系的形成。第三，太阳发出光芒后，它的紫外线倾泻在地球的大气层里；这份温度带来了闪电；那些能量激发了复杂的有机分子，并最终导致生命起源。第四，地球生命几乎完全依赖阳光。植物吸收光子，把阳光转化成化学能。动物以植物为食。农业的本质不过是以植物作为介质系统性地收集阳光。可以说几乎所有地球生物都以太阳为能量来源。最后，物种演化的基础是被称为突变的遗传变化。通过基因突变和优胜劣汰，大自然不断诞生新的物种。这一过程有宇宙射线的参与——超新星爆发时接近光速喷出的高能粒子是突变的重要诱因。地球生命的演化，部分源于遥远星辰壮烈的死亡。

想象一下，你带着一部盖革计数器和一块铀矿去了地底深处，比如某个金矿矿洞，或者某条熔岩挖出来的地底隧道。这台敏感的计数器暴露在伽马射线，或者其他带电粒子（比如氢核和氦核）中时，会咔嗒咔嗒地响。要是把它放在铀矿边上，咔嗒的频率立马激增，这是因为铀的衰变释放出了氦核。如果把铀矿摆放进厚实的铅罐，计数率能明显下降；因为铅能够吸收铀的辐射。不过即使如此，我们依然可以听到一些咔嗒声。这些声音中的一小部分来自洞穴岩壁的天然放射性，然而它们不足以解释当下的辐射量。事实上，有许多辐射源自穿过岩石而来的宇宙带电粒子。所以我们听见的是宇宙的响声。它们产生于太空深处，产生于另一个遥不可及的年代。

宇宙射线主要是电子和质子，它们从地球诞生之时起就不断轰击着这颗星球。数千光年外恒星毁灭所产生的宇宙射线，会在银河系中呈螺旋状盘旋百万年后落一些到地球上，改变我们的遗传密码。也许它们在地球生物遗传密码的建立中起了某种关键作用，也许它们造成了寒武纪大爆发，也许它们让人类的祖先两足直立，行走于大地之上。

1054 年 7 月 4 日，中国天文学家记录下了出现在金牛座的“客星”：那是颗人们从未见过的星星，它突然变得比天上任何星辰都亮。地球另一面的北美洲西南部，一个天文学传统悠长的土著部族也注意到了那颗灿烂的新星。[1] 我们用碳 14 测定法检测了当年的炭火余烬。这个部族是霍皮人祖先阿纳萨齐人中的一支，生活在新墨西哥的崖壁之下。看起来，他们中的一员在崖壁上找了处不受风吹雨打的地方，留下了记录那颗星星的画，画边上还有个手印，大概是艺术家的签名。

那颗爆炸的星星距离我们 5000 光年，如今叫作“蟹状星云”——因为几世纪后一个天文学家用望远镜观察爆炸残余物时，无端联想到了螃蟹。那次剧烈的爆炸可以从地球上用裸眼观测长达 3 个月，甚至白天也能看到，到了夜晚，你还能借着星光读书。按照计算，银河系平均每个世纪都有一颗超新星爆发。一个典型的星系能存在约 100 亿年，所以它的一生能见证约一亿次超新星爆发。这是个很大的数，不过算概率，只有千分之一的恒星会变成超新星。以银河系为例，1054 年的爆发后，第谷 · 布拉赫于 1572 年记录了另一场爆发，紧接着，

1. 阿拉伯天文学家也注意到了这一点，但欧洲所有的编年史都对此只字未提。

开普勒记下了1604年的超新星爆发。[1]不幸的是，发明天文望远镜以后，银河系里还没有新的超新星爆发，天文学家们已经为此抓耳挠腮了好几个世纪。

我们经常能观察到在其他星系的超新星爆发。我接下来引用的这句话，准让20世纪初的天文学家大吃一惊。它出自大卫·赫尔方和诺克斯·朗1979年11月6日发表在英国《自然》杂志上的文章："1979年3月5日，九部太空航天器的联网传感器检测到了极为强烈的X射电和伽马射电暴，根据渡越时间测定，它们与大麦哲伦星云超新星遗迹N49吻合。"（大麦哲伦星云得名于著名的航海家麦哲伦，他是第一个发现该星云的北半球居民。你大概也想到了，还有一片小麦哲伦星云。）然而同一期《自然》上，E. P. 马泽斯和他在列宁格勒约飞研究所的同事——后者的数据源自"金星11号"和"金星12号"的伽马射电探测器，当时那两部飞行器正在去金星的半路上——则认为，射电的源头是只在几百光年外的脉冲星。尽管赫尔方和朗在射电源头位置上达成了一致，但他们也没有坚持伽马射电暴与超新星遗迹直接相关。他们好心地考虑了各种可能性，甚至给出了射电源头其实在太阳系内的猜想，比如那是一艘外星飞船在返航时留下的废气。不过，射电来自N49是个更简单的假设，因为我们可以确定星系里存在超新星。

上面已经说过，当太阳变成红巨星时，内太阳系会落得悲惨的命

---

1. 1606年，开普勒的《论新星》出版。他在书中说，他想知道超新星是不是原子间随机相互作用的结果。他写道："……这不是我的观点，而是我妻子的。我昨天正疲于写作，被她招呼去吃晚饭，桌上有我喜欢的沙拉。'看样子，'我说，'如果白镴盘、莴苣叶、盐粒、水滴、醋、油和煎鸡蛋片永远飘荡在天空中，也许它们终有一天会凑成一盘沙拉。''是的，'我的爱人说道，'但不会有我做得这么好。'"

运，但我们熟知的行星至少还能留个尸体。那些比太阳大得多的恒星一旦变成超新星，会把周围的行星彻底熔毁。因为它们的内部温度和压力更高，消耗燃料的速度更快，所以寿命比太阳短得多。如果一颗恒星比太阳大 10 倍，它只能进行几百万年的稳定氢氦聚变。时间如此之短，几乎可以肯定它们的伴生行星是来不及演化出高级生命形式的；换言之，清楚超新星是怎么回事的生物，他们的恒星就不太可能变成超新星。

超新星的本质是特大规模的硅铁核聚变。在恒星内部巨大的压力下，自由电子会被迫进入铁原子核内与质子融合，等量的相反电荷相互抵消，让整个恒星内部变成一个巨大的单一原子核，所占空间比原本的电子和铁原子核小得多。随后，核心剧烈爆炸，向外部反弹，形成超新星爆炸。超新星爆炸的亮度可能比它所在星系其他所有恒星加起来还要夸张。最近那些在猎户座孵化出的蓝白色超巨恒星，注定在几百万年后成为超新星。猎户座会成为宇宙中的烟花灿烂之地。

惊天动地的超新星爆发会把原恒星的大多数物质抛射进太空，包括少量残存的氢和氦，以及大量的其他原子，如碳、硅、铁和铀。爆炸留下来的是一颗炽热的中子核球：中子被弱核力捆缚在一起，形成巨大的单一原子核，其原子量约为 10^{56}。它是一颗直径只有 30 千米的太阳，它是萎缩、稠密、破灭的恒星残骸，它是一颗高速旋转的中子星。当巨大的红巨星核心坍塌成中子星时，旋转的速度会更快。蟹状星云中央的中子星，是一个巨大的原子核，约有曼哈顿大小，每秒旋转 30 圈。原恒星强大的磁场在崩塌过程中被放大，捕捉带电粒子的能力让木星磁场相形见绌。旋转磁场中的电子不仅向外释放无线电辐射，还伴生有可见光。如果地球恰好在这个宇宙灯塔的光束照耀范围内，会看到它每转一圈都会发光。这就是它们被称为脉冲星的原因。它们像节拍器一样摇摆闪烁，运行得比最优质的普通钟表更精准。对一些脉冲星，比如 PSR 0329 + 54 的长时间脉冲观测表明，它可能有至少一颗行星相伴。这些行星也许是爆发过程中幸存下来的，也可能是后来捕获的。我想知道这些行星的天空会是个什么样子。

每一勺中子星物质的质量，都相当于地球的一条山脉，也就是说，如果你有这么一块物质，然后放手让它掉下（好像也没其他选择），它会轻松地撕开地面，就像石头在空气中落下那样一路穿过地核，从星球另一面——可能是中国——冒出来。那儿的人们也许正在聊天散步，或者忙自己的事情呢，突然看到一小块中子星物质冲破地面，飞到高空待了一会儿，然后又钻回了地下。这样的怪事至少能给他们寻常的一天增添点趣味。假如邻近空间有人朝地球丢了这么块物质，那么它会不断穿过自转的地球，直到被地球内部物质摩擦停止。到那时，地球已经被它钻出了几十万个洞。要不是岩浆和金属流填补了那些坑洞，我们的星球看起来会像个瑞士奶酪。还好，地球上不存在大块的中子星物质。不过小块的这种物质其实到处都是。中子星的巨大能量，就隐藏在每个原子的原子核里，藏在每一个茶杯、每一只睡鼠、每一缕空气、每一个苹果派里。中子星教会了我们要尊重平凡的事物。

正如我们所知，太阳这样的恒星最后会演化成红巨星和白矮星。那些坍塌后质量依然两倍于太阳的恒星会化作超新星，然后是中子星。但更加巨大的恒星，比如坍塌后质量超过太阳五倍的那种，会在超新星阶段后迎接另一种奇异的命运——重力会把它变成一个黑洞。想象一下，我们有一台神奇的重力机器，能够拨动表盘来控制地球重力。它的初始值是 1g[1]，此时一切如常。地球上的动物、花草，还有我们的建筑结构，都是为 1g 环境演化或设计出来的。如果重力更小一些，地球上可能会出现许多纤瘦的物体，因为它们不用担心被自重压垮。如果重力再大一点，那动植物也好，建筑也好，都必须变得矮矮胖胖才不会坍塌。不过即使重力不小，光线也会像我们熟悉的那样呈直线传播。

不妨继续想象一下，如果一群普通人参加《爱丽丝梦游仙境》里的茶话会是怎样的场景。随着我们调低引力，物体的重量随之减少。接近 0g 时，最轻微的推搡也会让我们的朋友翻滚着飘到半空。溢出的茶水，或者别的什么饮料会变成在空气中颤动的球体，这是液体表面张力战胜重力的结果。要是我们在这些茶水球四处飘荡时重新把表盘拨回 1g，那就会制造一场茶水雨。接下来，我们再增加一点重力，比方从 1g 到 3g 或 4g，所有人马上会动弹不得；甚至连伸出手也需要费上牛劲。继续调高重力之前，我们得先发下善心，把人们从重力机器的范围里挪开。重力系数不高的情况下，光线依然沿着直线前进（至少在裸眼看来如此），好像和 0g 下没什么区别。到了 1000g 时，光依然直挺挺的，但是树木已经碾平；100000g 时，岩石也被自己的重量粉碎。除了神秘莫测的柴郡猫什么也不会剩下。当重力达到

---

1. 地球1g的引力会使下落物体产生约每秒10米的加速度。石块在下落1秒后的速度约为每秒10米，2秒后达到每秒20米，以此类推——直到它们落到地面，或者因空气摩擦而减速。在引力更大的世界里，落体的加速度也会相应增加。假设某个世界的引力为10g，那么石块在落下第一秒的加速度就会达到10X10米/秒，也就是接近每秒100米，2秒后则是每秒200米，以此类推。在这种环境下，轻微的磕绊也会带来致命性的后果。这里用小写的g，是因为大写的G专门用来代表牛顿的引力常数，它指代宇宙任意地方，而不仅仅局限在我们讨论的特定行星或者恒星上（两者的区别用牛顿方程来表达，即 $F = mg = GMm/r^2$；$g = GM/r^2$。其中F是引力，M是行星或恒星的质量，m是下落物体的质量，r是下落物体和恒星或行星核心的距离）。

10亿个g时，更加奇怪的事情发生了。天空中原本呈直线状的阳光，在极强的重力加速度下开始弯曲。如果引力进一步增加，光会被拉到我们附近的地面上。现在，连柴郡猫也隐去了身形，只剩下了它在强重力下的露齿一笑。

包括光线在内，没有任何东西能逃离强大到这个份上的引力。我们把这样的地方叫作黑洞。它对周围的一切漠然处之，简直是一种宇宙柴郡猫。当密度和引力足够大时，黑洞就会从我们的宇宙里“消失”。因为光线也会被俘获，所以我们才说它“黑”。不过，因为光被束缚在黑洞里，所以它内部可能非常明亮。虽然黑洞无法直接观察，但我们可以侦测到它的引力。假如你在星际旅行时不小心闯进无法逃离的黑洞领域，身体会被拉成一条长长的、令人不太舒服的细线。假如你还能从事故中幸存下来，那绝对会认为黑洞吸积盘是难忘景象。

太阳内部的热核反应支撑着它的外层，把灾难性的引力坍塌往后推迟了数十亿年。成为白矮星后，从原子核剥离出来的电子压力支撑住了它的结构。中子星的中子压力也可以扛住强大的重力。然而那些经历超新星爆炸的庞大恒星，如果质量超过太阳许多倍，就再没有任何已知的力量能够阻止它崩塌了。这颗恒星会难以置信地收缩、旋转，变红，然后消失。一颗20倍于太阳质量的恒星会收缩到洛杉矶大小，引力达到10^{10}g，然后在时空连续体上撕开一道裂缝，从我们的宇宙中消失。

1783年，英国天文学家约翰·米契尔首次提出黑洞的概念。但这个想法看起来太奇怪了，长久以来都无人问津。直到黑洞存在的证据明明白白地摆到了面前，许多人——包括许多天文学家——才真正感到震惊。地球大气对X射线来说不透明，所以想检测天体能否发出波长这么短的光，必须把X射线望远镜送上高空。第一台X射线望远镜是国际合作的典范，它由美国设计制造，在印度洋肯尼亚外海的意大利平台发射升空，名字叫乌乎鲁（Uhuru），斯瓦西里语意为“自由”。1971年，乌乎鲁发现天鹅座方向有一个非常明亮的X射线源，它每秒闪烁1000次。这个叫作天鹅座X–1的射线源肯定非常小。无论闪烁的原因是什么，它两次闪烁间的横越速度都不可能超越光速，或者说300000千米/秒。因此，天鹅座X–1不可能大于[300000千米/秒]×[（1/1000）秒]=300千米。一个小行星大小的物体，却闪烁着明亮的X射线，能被远在苍穹彼方的人看到。那它会是什么呢？天鹅座X–1在天空中的位置，和一颗灼热的蓝色超巨星完全重叠。通过分析那颗恒星的可见光，我们推断出它有个质量相当，却压根看不见的伴星。那颗伴星的引力，拉得超巨星在轨道上忽前忽后。既然这颗伴星的质量相当于太阳的10倍，超巨星又不太像是X射线源，那么把那颗能从超巨星可见光位移中推断出的伴星认作X射线源，就很自然而然了。但一个质量10倍于太阳的不可见天体，又坍塌到了小行星的大小，它只可能是黑洞。[1]天鹅座X–1的X射线，似乎源于气体和尘埃在围绕它时产生的摩擦。至于这些物质，大概是从超巨星那里吸引过来的。除了天鹅座X–1，已知的候选黑洞还包括了天蝎座V861、GX339–4、SS433

1. 两位著名天文学家史蒂芬·霍金和基普·索恩曾拿天鹅座X–1到底是不是黑洞打赌，赌输的人要为对方订阅几年的杂志。霍金认为天鹅座X–1不是黑洞。不过1990年霍金最终认输，因为观测证据显示该系统中存在引力奇点。这件事被霍金记载在了他的《时间简史》里。另外，基普·索恩是霍金和萨根两人的共同好友，萨根在撰写科幻小说《接触》时向索恩请教了一些广义相对论的问题，引起了他对虫洞的兴趣，并使索恩最终成为该研究领域的领军人物。索恩还在2014年11月上映的美国科幻片《星际穿越》里，负责设计了黑洞的模型。—— 译注和圆规座 X–2。仙后座 A 是超新星遗骸，它传来的光应该在 17 世纪时抵达地球。当时已经有了不少天文学家，却没有人记载超新星的爆发。也许就像 I. S. 施克洛夫斯基认为的，黑洞吞噬了爆发恒星的核心，减弱了超新星的亮度。我们把天文望远镜送上太空的作用之一，就是去检查这些残骸，看有没有传说中黑洞的踪迹。

要理解黑洞，行之有效的方法是思考空间的曲率。想象一张柔软、画着纵横线条的平面，比如一张橡胶质地的坐标纸。把一个重物放在纸上，它会凹陷变形。这时候再摆一个大理石球，它会绕着圈接近重物。这个过程，本质上和行星绕转太阳很像。我们今天能做出这个形象的比喻，得归功于爱因斯坦，是他提出了“引力是空间结构的扭曲”这一观点。在这个例子里，我们看到质量对二维空间施加影响，从而产生了三维上的扭曲。而我们生活的三维宇宙里，局部物质被质量扭曲成了无法直接感知的第四个物理维度。局部的质量越大，局部的引力越强，空间的褶皱或者卷曲就越严重。继续用上面那个比喻的话，你可以把黑洞看作一种无底洞。如果你掉进了黑洞，会发生什么现象？从外部看，你坠落的时间会长得无穷无尽，因为你的钟表——无论是生物钟还是机械钟表——都处于无限接近于停止的状态。但在你自己看来，这些钟表都运行如常。假如你有某种办法在引力潮汐和辐射通量中幸存下来，并且（只是假设）黑洞在旋转[1]，那么你可能会从时空的另一处冒出来。就是说，你去了另一个时间，另一个空间。这种情况类似于苹果上虫子啃出来的洞，所以得名虫洞。科

1. 黑洞有几种模型，其中史瓦西黑洞不会旋转，坠入黑洞者会不可避免地被拉向引力奇点，被挤压至无限的密度。但坠入带有电荷（雷斯勒–诺德斯特洛姆）或转动的（克尔）黑洞，理论上可能退出到不同的时空。—— 译注

学家们认真地讨论过虫洞，然而目前我们还找不到证据表明它们存在与否。引力能否提供一种恒星系间，甚至星系间的隧道，让我们更快地抵达那些正常速度难以企及的地方？黑洞能作为时间机器带我们返回久远的过去或者未来吗？甚至不用进行严肃的学术讨论，我们也能从这些问题中看出宇宙是多么超越现实。

本质上来讲，我们都是宇宙之子。想想晴朗夏日晒在脸上的阳光，再想想直视太阳有多么危险。我们远在 1.5 亿千米外就能感受到它的力量。如果能站上它那夺目的表面，甚至深入炽热的核心，又会有怎样的体验？太阳温暖了我们，滋养着我们，让我们得以看见世界。它使大地肥沃。它的力量超越了人类的经验。日出时分，鸟儿竞相欢唱。就连一些单细胞生物也知道游向亮光。我们的祖先崇拜太阳[1]，他们绝不愚蠢。可在众星之中，太阳的地位并不出众，甚至略为低下。如果我们必须敬畏某种远远超过我们的力量，那还有比太阳和星辰更好的选择吗？天文研究中的每一点一滴都暗藏了人们深深的敬畏之情，只是这份情感有时藏得太深，甚至研究者自己也没有察觉。

银河是未经探索的神奇大陆，充满了以星辰为尺度的奇异事物。我们才对它进行了初步的探索，就增长了不少见识。它们有的正如先哲所预料，有的却超越了人们最狂野的想象。过去的发现之旅已经表明，还有许许多多奥秘隐藏在星海中。银河系附近，有围绕着它运动的大小麦哲伦星云以及其他球状星团，它们当中肯定也存在行星。从那些世界看到的银河景象，无疑令人屏息：巨大的螺旋星系在天际升起，它包含了 4000 亿颗恒星。那里有坍塌的气体云团、凝结中的

1. 早期苏美尔人的象形文字用星号代表上帝。阿兹特克语里的“上帝”是Teotl，在象形文字里代表太阳；天空则是Teoatl，直译为上帝之海，宇宙之海。

行星系统、闪亮的超新星、稳重的中年恒星、红巨星、白矮星、行星状星云、新星、超新星、中子星和黑洞。倘若我们能够跳脱出去，从那些遥远异星的角度来反思自身，就能更清楚地理解：我们的组成物质、形态和大部分特性，取决于生命和宇宙之间的深刻联系。

10

第十章 永恒的尽头

晴朗的夜空中，高悬着光辉灿烂的大道，叫作银河。它通往雷电之主的寓所与宫殿……那些声名显赫、威力无比的诸神也定居于此。我斗胆称之为天庭的官道。

——奥维德，《变形记》，罗马，1世纪

有些愚人认为造物主创造了世界。这种神创之论缺乏智识，应当被摈弃。

如果世界真为神明所造，那世界得到创造之前，他在哪儿呢？……没有原材料，造物主如何创造世界？如果认为他先创造了原材料，然后再创造了世界，那这个问题就会无穷无尽地重复……要明白这个世界不是被神创造的。它就像时间一样，既没有开始，也不会终结。

它基于这些原理……

——摩诃婆罗那（意为“伟大的传说”），耆那，印度，9世纪一二百亿年前，发生了一件大事——大爆炸。宇宙便诞生于此。大爆炸为什么会发生，是人类已知的最大谜题。不过大爆炸本身确乎存在。宇宙中现存的一切物质和能量，都曾经以极高的密度压缩在一起，形成了一种像是宇宙蛋的东西，这和不少民间神话倒是不谋而合。这个宇宙蛋也许是一个不具备任何维度概念的、数学意义上的奇点。它不是把所有物质和能量压缩在当下宇宙的某个小小角落就能复现的；相反，整个宇宙中的物质、能量，还有被它们填充的空间，当时都被挤压在一个极小的地方，恐怕没有多少空间供各种事件发生。

开天辟地的爆炸过后，宇宙就开始了漫无止境的膨胀。把宇宙的膨胀想象成从外部观察一个泡泡不断增大并不妥当，因为我们根本不知道宇宙之外是什么。所以，我们最好从泡泡内部来思考这种膨胀。我们可以假设不断扩张的空间结构上黏着网格线，它们朝各个方向均匀扩张。随着空间拉伸，宇宙间的物质和能量也不断稀释，很快冷却下来。大爆炸的辐射如今散落在整个宇宙中，覆盖了光谱——从伽马射线、X 射线、紫外线，到彩虹色的可见光，再到红外和射电波段。爆炸的余波，也即宇宙背景辐射，可以用射电望远镜从全周天观察到。宇宙初诞之时所有空间都明亮耀眼。但随着时间的推移、空间结构的继续扩张，还有辐射的冷却，可见光频段下的太空终于黯淡下来，并持续到今天。

早期宇宙充满辐射，还有以氢、氦为主的物质。大爆炸初期的基本粒子组成了这两种原子。如果当时存在观察者，他一定觉得这宇宙没啥看头。不过接下来，不均匀的小块气体开始逐渐增长。巨大的薄纱状气体云凝成了须卷状的结构，它庞大笨重，缓慢旋转，并慢慢发出了光芒。它们是太古的兽，每一个都包含了数以千亿计的光点。宇宙中最大的可辨认结构就这样形成了。它们一直存活至今。实际上，我们人类就栖息在它们身上某个不起眼的角落。它们就是星系。

大爆炸过去10亿年后，宇宙中物质的分布开始变得逐渐不均匀，这可能由于大爆炸本身就不是完全均匀的。总之，物质在一些团块里的密度比其他地方更高。在引力作用下，它们逐渐吸收起了周边的大量气体，这些不断增长的氢氦云团注定会成为星系团。只要一点点初始条件的不均匀，就能最终导致物质的大量凝聚。

持续的引力坍塌，加上角动量守恒，导致原始星系越转越快。由于转轴方向上不存在能够和引力相抗衡的离心力，它们逐渐把自己压成了扁平状。就这样，开阔的空间中，出现了巨大的风车，也即宇宙中第一批螺旋星系。那些引力较小、初始转速不够快的，则成了第一批椭圆星系[1]。宇宙中星系众多，却总是大同小异，这是因为最简单的自然法则——引力和角动量守恒——适用于宇宙各处。同样的物理定律在地球上，表现为物体落下和溜冰者用脚尖旋转身体，放在宏大的宇宙里就塑造出了星系。

---

1. 对椭圆星系的起源，目前有新的说法，即它们是由两个形态可能不同，但质量相当的星系发生碰撞与经历长期合并作用的结果。这种碰撞在宇宙早期应该相当普遍。—— 译注

新生星系里的小块云团，同样在经历引力坍塌；随着它们内部温度攀升，热核反应发生，第一批恒星就此诞生。这些炽热、庞大而年轻的恒星肆意挥霍氢燃料，迅速演化，很快在超新星爆发中结束了短暂的一生。热核反应的余烬——包括氦、碳、氧和更重的元素——被爆炸送回星际空间，导致了后续恒星的新一轮演化。超新星爆发时的冲击波，还压缩了临近物质，加速了星系团的形成。引力作用无孔不入，会把哪怕一点点物质的凝聚不断放大，所以超新星爆发的激波很可能促成了各种尺度物质的形成。随着宇宙史诗般的演化，大爆炸产生的气体云凝结出了层级分明的物质，从星系团、星系、恒星、行星，再到生命，最后出现了拥有智力、略懂万物起源的智慧生物。

如今，星系团遍布宇宙。它们当中有的只包括几十个星系，体量上无足挂齿。比如被我们亲切地叫作"本星系群"的星系团，仅仅存在两个大型螺旋星系：银河系和M31。而有的星系团在万有引力的作用下，容纳了成千上万的星系。有迹象表明，室女座星系团包含了数千星系。

以最大的尺度来看，我们居住的宇宙遍布星系。星系的数量也许上千亿，它们都历经了各自的演化。关于后面这点，我们可以从星系或规则或散乱的结构上找到证据：宇宙中有常规的螺旋星系——因为朝向地球的角度不同，它们在人类眼里样貌各异（正面的那些有数条清晰的旋臂，侧面的那些，则可以看到星系核心的剪影，气体和尘埃正在那里形成旋臂）；棒旋星系中，由气体和尘埃组成的长河穿过它的核心，连接起方向相反的诸条旋臂；雄浑庄严的巨椭圆星系包含了超过一万亿颗恒星，它们吞噬融合了其他星系，所以才变得如此庞大；矮椭圆星系多得就像宇宙中的蚊虻，每个都容纳几百万恒星；还有许多造型怪异的非常规星系，它们形同不祥之兆，表明那里有什么东西出了问题；那些相互绕转、轨道过于接近的星系，边缘会因为彼此的引力而变形，有些情况下，我们甚至可以看到被抽离的气体和恒星形同桥梁，让它们彼此连接。

有的星系团里的星系，呈明显的球状分布；它们往往是椭圆星系，由某个巨椭圆星系主宰，我们认为它可能在不断吞噬同胞。几何形状更加无序的星系团里，螺旋与不规则星系也较多。星系团原本的结构也许因为星系间的碰撞而扭曲，这可能也有助于椭圆星系朝螺旋和不规则星系方向演化。从星系庞大的数量和各异的结构里，我们可以看到发生在太古的盛事，只不过这个故事我们才刚刚开始读起。

高速计算机的发展，让我们能够模拟亿万恒星在彼此引力作用下的集体运动。通过模拟我们发现，一些情况下，已经扁圆化的星系会自动生成旋臂。两个包含数十亿恒星的星系近距离遭遇，偶尔也会产生旋臂。这些星系里的气体和尘埃会因此发生碰撞，提高温度。当两个星系相撞时，它们会若无其事地穿过对方。因为恒星系之间绝大部分空间是虚空，所以那场面就像子弹穿过蜂群。然而恒星系安然无恙的同时，星系的结构却会遭到强烈的扭曲。一个星系对另一个星系的直击能让恒星四处离散在深空中，导致星系崩溃。而当一个小星系正面撞上一个大星系时，最可爱的不规则星系就产生了——那是直径数千光年、铺陈在柔软深空里的环状星系。如果把银河想象成一个水塘，它就是溅起的水波。这种核心被撕裂的星系结构注定无法长存。

漫漫时间长河中，星系的不规则结构，还有螺旋星系的旋臂、环状星系都如昙花般短暂，它们会消失或者重组。认为星系结构僵硬不变是全然错误的想法。它们是由千亿恒星组成的流体。就像人类不仅仅是百万亿细胞的集合，星系也不仅仅是单个恒星系相加那么简单，我们见到的，只是它们处在兴盛和衰亡间暂时的稳定形态。

星系的自杀率很高。就在离我们数千万或数亿光年的地方，有好些星系是强烈的 X 射线、红外辐射和射电的源头。它们的核心亮度耀眼，而且以几周时间为单位不停地波动。一些观察显示，它们喷射出了长达数千光年的辐射羽流，尘埃盘也混乱无序。那些星系很可能正在爆炸。在巨椭圆星系如 NGC 6251 和 M87 中央，存在质量也许超过太阳百万甚至数十亿倍的超级黑洞。M87 内部有质量巨大、密度骇人、体积却极小的东西正不断发出叽里咕噜的声音。那片区域还没有太阳系大，无疑和黑洞有所牵连。数十亿光年外的类星体光景更加混乱。我们看到的也许是年轻星系的巨大爆炸。它们是大爆炸之后历史上最激烈的事件。

“类星体”的英文缩写本意为“类恒星射电源”，发现它们并不全是射电源后，才改叫成了“类恒星天体”。因为外观类似，它们一直被当成银河系里的恒星。然而光谱观测到的红移显示，它们距离银河非常遥远，似乎积极地参与了宇宙的膨胀，有些类星体远离我们的速度甚至超过了光速的 90%。相隔如此遥远却依然能被观察到，它们无疑具有极高的亮度，实际上其中一些已经超过了超新星的千倍。而天鹅座 X–1 的高速频闪表明，其光源被局限在很小的体积内，还没有太阳系大。类星体释放极大的能量，肯定经历了某些不得了的过程，我们为此提出几种猜想，包括：1. 类星体是巨型脉冲星，它超大质量的核心快速旋转，带动了强大的磁场。2. 类星体是数百万恒星在星系中央剧烈碰撞形成的。碰撞撕裂了它们的外壳，使高达 10 亿℃的恒星核心暴露在外。3. 与上一条类似，类星体是恒星系非常密集的星系，它们中的某一颗变成超新星，会撕裂其他恒星的外壳，导致后者也变成超新星，如此产生了链式反应。4. 反物质以某种方式一直保存在类星体中，它们和物质相互湮灭，绽放强光。5. 类星体是恒星、气体和尘埃坠入星系中心巨大黑洞时释放出的能量，这个黑洞可能是诸多小型黑洞碰撞合并的产物。6. 类星体是和黑洞相反的“白洞”。宇宙其他地方，甚至其他宇宙中被黑洞吞噬的物质从类星体倾泻而出，出现在人们的视野中。

类星体是深奥的谜题。无论它们因什么而爆发，都肯定导致了惊世的浩劫。每一场类星体爆发，都会让数百万世界——其中一些可能已经发展出了能够理解自身命运的智慧生物——彻底毁灭。对星系的研究，既揭示了宇宙秩序和美丽的一面，也展示了它狂暴时有多么恐怖。宇宙是神奇的地方，它诞生了生命，但它同样毁灭星系、恒星与行星。宇宙既不仁慈，也不恶毒，只是对我们这样的小东西漠不关心。

哪怕恭谦有礼的银河系，心底也有些骚动不安。射电观测发现，银心的垂直方向上有两团足以生成百万太阳的氢云，它们正在被喷出，仿佛那里时不时有些轻微的爆发。近地轨道上的高能天文观测显示，银心是特定光谱伽马射线的强烈源头，这与银心藏有大质量黑洞的假说一致。银河可能是步入中年、状态稳定的星系代表。这些星系历经演化，青年时期也曾狂妄不羁，有过类星体和剧烈爆炸的阶段。实际上我们今天看见的类星体，很可能就是星系年轻时的样子。只是因为彼此相隔数十亿年，那些画面才刚刚映入我们的眼帘。

银河系群星的运动和谐有序。球状星团总是冲出银道面，出现在银河某一侧，然后减速、悬停，再反冲回去。如果能跟踪单颗恒星在银道面上的沉浮，你会发现它们如同跳动的爆米花。我们之所以看不到星系的变化，是由于人类寿命太过短暂。银河系自转一次需要 2.5 亿年。如果这一过程能加速，我们会看到它的运动充满活力，让人联想到有机体，甚至多细胞生物。而任何一张天文学照片，都只能定格它缓慢运动和演化中的一瞬。[1] 银河系越接近银心的部分转动越快，越外侧越慢。正如围绕太阳的行星需要遵守开普勒第三定律，绕着银心转的恒星系也遵从了同一套规则。银河系旋臂总是试图向银心不断收紧，这样一来，气体和尘埃会在旋臂中达到更高的密度，进而生成年轻、炙热、明亮的恒星，它们的光芒勾勒出了旋臂的轮廓。这些恒星能发光发热 1000 万年左右，仅仅相当于银河自转时长的 5%。它们一旦燃烧殆尽，马上又有新的恒星和伴生星云诞生。这些恒星连星系自转一圈的时间都活不到，而旋臂结构长存。

任何一颗恒星绕转银心的速度都会和旋臂有出入。太阳以每秒 200 千米（大约每小时 50 万英里）的速度绕行银心，已经进出了旋臂 20 余次。换言之，太阳系平均会在每条旋臂内逗留 4000 万年，再到旋臂外浮游 8000 万年，然后去新的旋臂里消磨 4000 万年。旋臂是新生恒星的襁褓，但未必受太阳这样的中年恒星待见。就目前的情况而言，我们正居住在旋臂之间。

---

1. 不完全正确。星系离我们最近的一面，与离我们最远的一面相差数万光年；我们看到某个星系时，它前面的时间比后面的时间要早数万年。认为星系照片记录下了它某一时刻的模样并不全然正确。不过星系动力学里的典型事件得持续上数千万年，所以区别不大。

太阳周期性地进出旋臂可能对我们产生了重大影响。大约 1000 万年前，太阳离开了猎户座旋臂古尔德带，现在已经和这条旋臂拉开了不到 1000 光年的距离（猎户臂之前是人马臂，之后则是英仙臂）。进入旋臂中时，太阳撞上星际气体和尘埃云，以及遭遇亚恒星天体的概率都会提高。有人认为，我们星球每隔 1 亿年就会进入一次大型冰期，可能是因为有星际物质阻隔在地球和太阳之间。W. 纳皮尔和 S. 克虏伯猜想，太阳系的许多卫星、小行星、彗星和星环物质原本在星际中漫游，直到太阳穿过猎户臂时才被俘获。这是个很有趣的想法，虽然可能性不大，但真伪容易验证。我们只要采集那些可能是外来的天体，比如火卫一或者彗星的样本，对镁同位素进行检验即可。镁同位素（它们质子数相同，中子数不同）的相对丰度与星际核合成事件明确相关，包括附近的超新星爆发事件——就是它产生了镁元素。发生在银河系另一个角落的事情肯定和太阳系有所出入，这种不同也会表现在镁同位素上。

我们之所以能发现大爆炸和星系的彼此远离，要归因于多普勒效应。这是一种自然法则，同样适用于声音。设想一下，某辆高速行驶的汽车上，驾驶员摁响了喇叭。对车内的司机来说，喇叭发出的声音不变，但在车外的我们听来，喇叭音调会发生明显的变化。我们假设这辆汽车的时速 200 千米，接近于音速的五分之一。声音是一种波，它一个波峰接着一个波谷。波离得越近，频率越高，听起来越发尖厉；反之则更加低沉。如果汽车从我们身边驶离，那在我们听来声波会越拉越长，逐渐低沉。而假如汽车在接近我们，那么随着波形被挤压，频率升高，我们听到的声音会越来越尖。所以只要知道车辆静止时的喇叭音高，我们就可以从它的变化中推出车辆的速度。

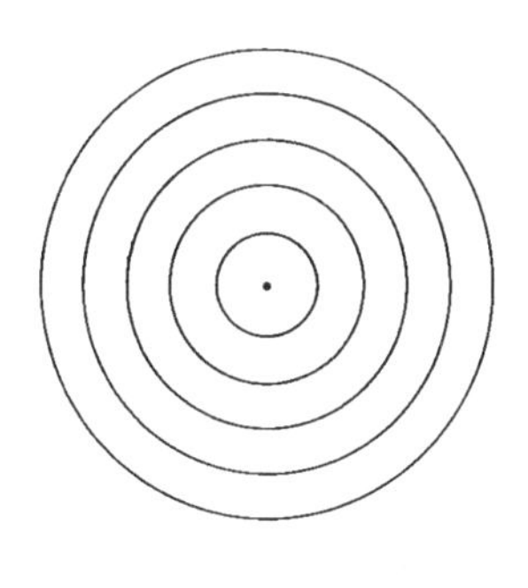

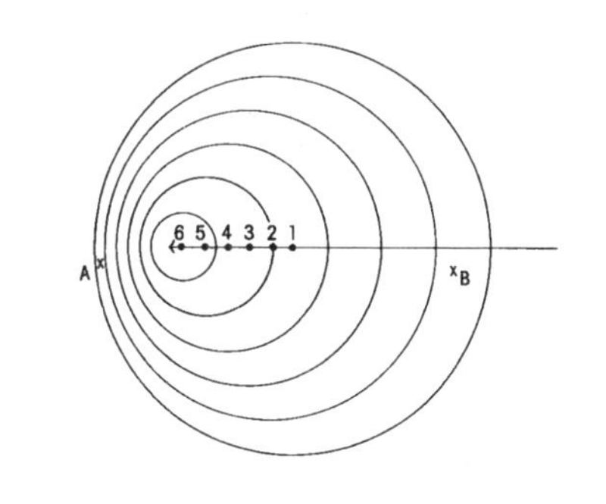

多普勒效应。固定声源或光源发出一组球面波。如果源头从右向左移动，如图所示，它会在从点 1 至点 6 的过程中不断发出球面波。但在 B 点的观察看来，波形被不断拉长，而 A 点观察者则看到波形被不断压缩。我们把源头的远离称为红移（波长拉伸），把源头的接近称为蓝移（波长变短）。多普勒效应是宇宙学的关键

光也是一种波。和声波不同，它能不受阻碍地穿过真空，所以多普勒效应在宇宙中也成立。如果靠近或远离我们的车辆发出的不是喇叭声，而是纯黄色的光，那光波会在汽车接近我们时略微压缩，远离时稍稍拉伸。当然，正常速度下，这种效应微乎其微，难以察觉，但假如车速快到能以光速作为基准进行考量的地步，那我们就能观察到汽车在接近时，颜色向着更高的频段，也就是蓝色变化；反过来说，如果汽车发出低频的红光，那就说明它在远离。这样我们就明白了，当某个物体以极高的速度接近时，光谱线会发生蓝移，高速远离时会发生红移。[1] 我们在遥远星系中观察到的光谱线红移现象得到了多普勒效应的解释，而这种现象是宇宙学的关键。

如同命中注定一般，20 世纪初，世界上最大的望远镜观察到了遥远星系的红移现象。这座天文台建在威尔逊山上，远眺着洛杉矶清澈的天空。为了把望远镜的巨大组件送到山顶，人们动用了骡队。有

---

1. 物体本身可以是任何颜色的，甚至包括蓝色。红移只是意味着我们观察到的物体光谱线波长，比它静止时更长。红移值与速度以及物体静止不动时的光谱线波长成正比。

个年轻的骡夫名叫弥尔顿·赫马森，他帮着运送了许多机械和光学设备，不少科学家、工程师和达官显贵也乘他的骡车上山。赫马森总是带着骡队沿山脊行走，他的白色小猎犬常趴在马鞍上，一只前爪搭在他肩头。赫马森体格健硕，喜欢嚼烟草，赌博和台球也是一把好手，很讨姑娘们的喜欢。他没有多少文化，书只读到八年级。但赫马森是个好奇心强烈的聪明人，想知道自己辛辛苦苦搬到山顶的设备到底是什么。他和一位天文台工程师的女儿交往甚密，但这位工程师对他女儿的选择持保留态度，因为他认为赫马森只是个没有远大志向的赶骡人。为了让他改观，赫马森干脆在天文台打起了各式各样的零工，包括当电工助理、看门人，擦洗他帮助建造的天文台的地板。据说有天晚上望远镜操作助理病倒了，有人问赫马森能不能顶替一下工作，他立马展现出了操作仪器的技巧和耐心。不久之后，他得到聘用，成了望远镜操作员和观测助手。

第一次世界大战后，威尔逊山迎来了很快就要声名大振的埃德温·哈勃。哈勃才华横溢、举止优雅，在天文学家圈子外也很受欢迎，他拿罗德奖学金去牛津进修的一年里，还学会了一口英式发音。正是哈勃提供的材料，决定性地证明了螺旋状星云其实是遥远的宇宙岛，和我们的银河系一样，它们也由大量的恒星汇聚而成；他还计算出了测量星系距离的标准烛光。旁人可能不太相信，不过哈勃和赫马森相处得很好，两人常常在望远镜旁无间合作。在罗威尔天文台天文学家 V. M. 斯莱弗的带领下，他们测量起了遥远星系的光谱。不久后人们就清楚地意识到，赫马森获得的光谱数据，质量超过了世界上任何一个职业天文学家。于是乎，他成了威尔逊山天文台的正式员工，学习了许多与工作相关的科学知识，到去世时，他已深受天文学界的尊重。

一个星系的光，是它内部数十亿星辰所发光芒的总和。当这些光离开恒星时，某些频率或颜色就已经被恒星最外层的原子吸收了。通过由此呈现出的光谱线，我们得知数百万光年外恒星所含的化学元素，与我们的太阳，以及太阳系附近的恒星相同。在这个过程中，赫马森和哈勃还获得了另一个出人意料的发现：所有远方星系的光谱都发生了红移，而且星系越远，红移得就越厉害。

红移最直白的解释就是多普勒效应，即星系正离我们而去，而且相隔越远速度越快。但星系为什么会逃离我们？难道我们在宇宙中有什么特殊之处？还是说银河系不小心做错了什么，惹得星系们众叛亲离？相比这些解释，更可能的情况是宇宙本身在膨胀，星系不过是被膨胀带动了。人们逐渐意识到赫马森和哈勃发现了大爆炸。如果大爆炸不算我们宇宙的起源，那也至少是它最近一次重生。

几乎所有当代宇宙学——特别是和宇宙膨胀以及大爆炸相关的那些——都建立在认为遥远星系红移是一种多普勒效应的基础上。不过自然界里也存在其他形式的红移。引力红移就是其中一例。当光在逃离强引力场时，会损失一部分能量，在遥远的观测者看来，那束成功逃离的光线波长会变得比之前更长，颜色更红。许多星系中心可能存在巨大的黑洞，它们确实能为红移提供看似合理的解释。问题在于我们观察到的特殊光谱线，通常属于弥散在深空的稀薄气体，而黑洞附近物质密度极大，光谱特征并不相符。另外一种解释是我们观察到的红移虽然属于多普勒效应，但这和整个宇宙的膨胀无关，而是由局部地区温和的星系爆发导致。可如果是那样，向我们飞来的爆炸碎片和飞离我们的爆炸碎片数量应该差不多，红移蓝移现象各占一半。然而无论用望远镜观察哪个遥远的天体，我们看到的几乎都是红移。

话虽如此，在一些天文学家看来，用星系红移和多普勒效应来推导得出宇宙膨胀的结论，论证过于薄弱。他们认为这一结论可能不完全正确。天文学家霍尔顿·阿尔普就发现了诡异的例外：有的星系和类星体，或者星系和星系之间存在明显的物理关系，红移却完全不同。天体有时甚至是被气体、尘埃和恒星构成的桥梁直接连在一起的。如果把红移归因于宇宙膨胀，那么不同程度的红移代表了不同的距离。两个在物理上相连的星系，似乎不可能距离彼此太远，然而从红移上来推算，有些情况下它们甚至相隔了10亿光年。有人认为这种联系纯粹是偶然，比如较近的一个明亮星系和远得多的类星体有着截然不同的红移光谱线，实际退行速度也相去甚远。它们不存在真正的物理联系，只是恰好沿着视线方向排列在一起而已。从统计学角度来看，这情况的确存在，所以人们争论的焦点在于此类巧合是不是太多了。阿尔普还指出了另外一些特殊的情况，如某个红移微弱的星系两侧，有两个巨大的类星体，它们的红移速度几乎完全相同。阿尔普认为那两类星体的距离并不相等，只是被“前景”星系喷射出的物质所遮掩；它们的红移由某种未知机制导致。到底该用天体的排列巧合还是传统的哈勃－赫马森解释这种红移，怀疑论者一直争论不休。如果阿尔普是对的，那么我们就不用费心为那些遥远的巨型天体寻找能量来源了——超新星链式反应和超大质量黑洞都不再必要，类星体也“不必”距离我们如此遥远。但这样一来，红移现象本身就需要特殊机制来加以解释。无论如何，太空深处发生了非常奇怪的事。

用多普勒效应来解释星系的红移现象，并据此认为它们正在远去，不是大爆炸的唯一证据。宇宙微波背景辐射同样颇具说服力。微弱的静态无线电波从宇宙的各个方向均匀地辐射而来，如果大爆炸是真的，那么它的辐射冷却至今，就该是这个强度。但微波背景辐射同样有令人费解之处。U-2 侦察机在地球大气层高处用灵敏的无线电天线侦测到宇宙各处背景辐射值接近，各个方向的强度都差不多——这暗示了大爆炸火球扩散的方向非常平均，也即宇宙的起源对称精确。然而若是对背景辐射进行更精确的测量，我们会发现它们并非完美对称。如果整个银河系（可能还有本星系群的其他成员）正以超过每小时 100 万英里（每秒 600 千米）奔向室女座星系团，那么我们可以把它视为一个小型的系统效应。以这样的速度，我们会在 100 亿年后与它交汇，届时研究银河系外天体会变成一桩易事。室女座星系团是已知宇宙中星系最多的地方，到处都是螺旋星系、椭圆星系和不规则的星系，简直是天空中的珠宝盒。问题在于，我们为什么会奔向它呢？乔治·斯穆特和他的同事进行了这些高空测量，他们认为银河系正被引力拉向室女座星系团的中心；这个星系团中的星系，可能比已经发现的要多得多；最令人吃惊的是，这个星系团尺度巨大，横跨了10亿到20亿光年的空间尺度。可观测的宇宙只有近百亿光年的广度，如果室女座星系团真是这样一个超星系团，那也许在更遥远的地方，也存在类似的、更加难以观测到的星系团。要让太初时小小的引力不均，增长成室女座超星系团这样的庞然大物，我们猜想的宇宙年龄显然不够。

斯穆特推出的结论是，大爆炸不像其他观测结果所显示的那么均匀，宇宙中物质最初的分布就严重偏颇（存在小块的凝结物并不稀奇，它们也的确能够生成庞大的星系；只是目前的规模令人吃惊）。

也许这个悖论可以用同时存在两个或者更多的大爆炸加以解释。

如果宇宙膨胀和大爆炸假说大体上正确，我们就必须面对更加困难的问题。大爆炸到底是什么？大爆炸之前是什么？是不是本来什么物质也没有，突然微小的宇宙就从无到有冒了出来？这种事怎么会发生？许多神话传说都提到了神灵无中生有创造世界，但这只是在回避问题。如果真要鼓起勇气深究下去，肯定得问神灵又是打哪儿来。假如我们相信这是个无从解答的问题，那干脆再进一步，认为宇宙起源也永远无法窥知好了。或者换个思路，为什么不从神灵永存的说法里，推出宇宙也无始无终呢？

每个文明都有各自的创世神话，大多数神话里，宇宙都是神灵交媾或者从宇宙蛋里孵出来的。我们的先人天真地以为宇宙遵循了人类或者动物的诞生模式。我举五个复杂程度不一的例子吧，它们出自环太平洋地区的不同文明：

> 太初，万物都陷在永恒的黑暗里：夜吞没一切，就像层层叠叠、无法穿越的丛林。
>
> ——《伟大之父》，阿兰达人，澳大利亚中部

> 万物垂悬，万事安宁，万籁俱寂；而天空苍茫。
>
> ——《波波尔·乌》，基切玛雅人

> 纳·阿瑞独自坐在太空中，就像一朵飘浮在虚无里的云。他没有睡觉，因为那时还没有睡觉；他不觉得饥饿，因为那时还没有饥饿。他就这样待了很久很久，直到产生了一个想法。他对自

己说："我要创造一个东西。"

——迈亚纳人创世神话，基里巴斯群岛

天地混沌如鸡子，盘古孕其中。蹦出蛋壳时，盘古体格已四倍于今日常人。他手执锤凿，创造世界。

——盘古神话，中国，约 3 世纪

天墜未形，冯冯翼翼，洞洞灟灟，故曰太昭。道始于虚廓，虚廓生宇宙，宇宙生气。气有涯垠，清阳者薄靡而为天，重浊者凝滞而为地。清妙之合专易，重浊之凝竭难，故天先成而地后定。天地之袭精为阴阳，阴阳之专精为四时，四时之散精为万物。

——《淮南子》，中国，约前 1 世纪

这些神话是对人类无畏精神的礼赞。它们和当代科学宇宙大爆炸神话之间最大的区别，在于科学会自我质疑，我们可以通过实验和观察来验证我们的观点。但这些创世神话值得深深敬畏。

每一种人类文化都会为自然界的周期循环而欢欣。在先人看来，如果不是神的旨意，循环怎么会发生呢？如果人类能在短短一生里见证日夜轮换，四季流转，那么在神明们以亿万年为计量单位的岁月里，会不会同样存在循环？世界主流宗教里，唯有印度教相信宇宙本身已经经历了无数次的灭亡与重生。它是唯一一种时间尺度接近当代科学宇宙观的宗教——当然这只是巧合。梵天的一日一夜长达 86.4 亿年，远超地球和太阳的年龄，达到了大爆炸的一半。但这还不是它最长的时间尺度。

印度教里有个迷人的观念，即宇宙不过是神的梦。梵天在百年过后，会陷入无梦的睡眠，宇宙也将因此消融。而另一个百年后，他会心头一凛，然后镇静下来做另一场宏大的宇宙之梦。其他地方还存在无数宇宙，都是不同神明做的宇宙之梦。这想象宏大玄妙，但被另一种或许更加伟大的观念所调和。有人说，也许人类不是神的梦，正相反，神才是人的梦。

印度教神明众多，而每个神都有若干形象。11 世纪朱罗王朝铸造的青铜器上，有湿婆的多种化身，其中最优雅庄严的造像叫作“湿婆之舞”，代表了每个周期伊始宇宙的创造。这个造像中的湿婆又叫纳塔罗伽，舞之王。他有四只手。右上的持鼓，发创造之音；左上的执火，表明初诞的宇宙会在数十亿年后灰飞烟灭。

我喜欢把这个深邃有趣的形象理解成现代天文学的预兆。[1] 宇宙很可能起源于大爆炸，而且打那之后就一直膨胀。人们还不清楚这膨胀能否永远持续。膨胀也许会放慢，停滞，接着重新收缩。如果宇宙中的物质少于一定的临界值，那么退行星系的引力就不足以阻止膨胀，宇宙终将陷于寂灭。但如果物质比我们所见的更多——它们可能隐藏在黑洞，或者星系间炽热但不可见的气体里——那么宇宙的命运就很接近印度神话了。膨胀与收缩周而往复，让宇宙的振荡没有尽头。假如这是真的，那大爆炸就谈不上宇宙的诞生，它只能算是上一

1. 玛雅历法上的日期也可以追溯到很久很久以前，有时候还指向很久很久以后。有一处玛雅铭文上的日期提到了一百多万年前，另一处甚至指向四亿年前——虽然有些玛雅学者对此有争议。这些铭文上的事件可能纯属虚构，但时间尺度惊人。在欧洲人放弃《圣经》所说的世界只有几千年的观念前，玛雅人已经以数百万年为时间尺度，印度人则是数十亿年。

个周期，或者说宇宙上一个化身毁灭的产物。

这两种现代宇宙论都谈不上令人欢欣鼓舞。第一种里，宇宙一二百亿年前诞生，然后开始永无止境地膨胀，星系彼此不断远离，直到完全从视野中消失。星系天文学就此关张。很久很久以后，群星逐渐冷却熄灭。随着物质本身不断衰变，宇宙的最终命运是变成由基本粒子组成的薄雾，再无他物。另一种假说里，宇宙不断振荡，无始无终。我们被困在它死亡与重生的无限循环中，没有任何信息能够翻越周期间的藩篱。无论上一个宇宙周期演化出了什么星系、恒星、行星、生命或者文明，有关它们的任何信息都无法通过大爆炸流入宇宙的这个周期。在这两种宇宙观里，宇宙的命运看起来都令人沮丧，但它涉及的时空尺度巨大。我们也许可以从中获得些安慰。宇宙的最终命运远在几百亿年后，甚至更遥远的未来。我们人类，还有我们的继承者——无论他们是谁——都可以在宇宙消亡前的几百亿年里，完成各种各样的伟业。

如果宇宙真的在振荡，还会带来更奇怪的问题。有些科学家认为，宇宙膨胀之后是收缩，而当遥远星系的光谱全部转为蓝移时，因果关系就会颠倒过来，事情的结果会先于起因。水塘里会先泛起水花，然后石头才投进去。火炬先燃烧，然后才被点着。因果倒置到底意味着什么我们恐怕不太好理解。人会从坟墓中站起，死于胎盘吗？时间会倒流吗？到底如何理解它们？

科学家们想知道宇宙在振荡的顶点，也就是从收缩到膨胀的转折时会发生什么。有些人认为自然法则会重置，换言之，支配我们宇宙的物理和化学规律，只是可能性无限多的法则中很小的一部分。而能允许星系、恒星、行星、生命和智慧出现的自然法则显然不太多。如果它们真的在振荡顶点随机重组，那宇宙允许我们存在，简直就像老虎机摇出了个无比罕见的结果。[1]

我们的宇宙，到底在无限地膨胀，还是无限地重置，其实有几种办法查清答案：计算宇宙中物质的总量，或者观察宇宙的边缘。

射电望远镜可以探查到信号非常微弱、距离非常遥远的天体。当我们望向太空深处时，其实也在回望时间。离我们最近的类星体可能远在5亿光年之外，最远的也许有100亿、120亿甚至更多。如果我们看到的是120亿光年外的天体，我们看到的，是它120亿年前的样子。我们观察太空，就是在回溯时间。我们遥望着宇宙的边界，遥望着大爆炸的时代。

甚大阵射电望远镜（VLA）是由27台射电望远镜组成的阵列，地处新墨西哥州的偏远地区。它是个相位阵列，就是说一台台独立的望远镜彼此连线，相当于组成了一台巨大的望远镜，它的直径由最远的单元决定，长达几十千米。VLA分辨光谱射电波段细节的能力，可与最大的地基望远镜在可见光波段上的分辨力媲美。

有时候，分处地球两面的望远镜会以这种方式连线，拉出与地球直径相当的基线——在某种意义上，相当于架设起了一部行星大小的望远镜。我们未来可能会往地球轨道发射望远镜，它能绕行到太阳另

1. 自然法则不能在顶点完全随意地改变。如果纯粹随机重组，那么万有引力法则在很多情况下会无足轻重，任何初始膨胀都会让宇宙无法重新收缩，这样一来，就再也没有振荡了，另一个顶点和另一套新的自然规律也无从谈起。由此可以推断，如果宇宙寿命有限，那每次振荡时，物理法则的变更必然受到严格的限制。而如果顶点的自然法则重组并非完全随机，那就必然存在一套规律，它决定了哪些法则可以生成，哪些不行。这些规律凌驾于现有的物理学之上。我们的语言过于贫乏，找不到合适的词语去描述它。“超物理学”和“玄学”这些名词已经被其他差别甚大，甚至根本不是一个门类的东西给占用了。我们也许可以叫它“高物理学”。

一端，这样一来，我们就等于有了和内太阳系一样大的望远镜。它也许能揭示类星体的内部结构和性质，确立类星体的标准烛光，进而判断出它们的距离和红移值。通过了解最遥远类星体的结构和红移，我们有可能知晓宇宙的膨胀速度是不是几十亿年前更快，它现在有没有减慢，会不会将来某一天开始坍塌。

当代的射电望远镜非常灵敏，甚至能探测到遥远类星体微弱到只有千万亿分之一瓦的辐射量。地球上所有射电望远镜接收到的来自太阳系外的能量，还没有一片雪花落地产生的多。无论是探测宇宙背景辐射、分析类星体，还是寻找外太空智慧生物信号等其他方面，射电天文学家处理的能量几乎称得上虚无缥缈。

有些物质，特别是恒星散发的那些，在可见光波段下清晰可见。而另外一些物质，比如星系外围的气体和尘埃就没那么容易侦测。它们不会产生可见光，却在不断发出无线电波。为了揭开宇宙的奥秘，我们要用神奇的仪器去分析肉眼可见范围之外的光波频率。通过轨道上的望远镜，我们发现星系间有强烈的 X 射线。我们一开始认为那是灼热的氢，它们也许数量庞大到足以让宇宙收缩，产生永无止境的振荡，但是里卡多・贾科尼最近的观测显示，这些 X 射线的源头更像是一个个彼此独立的点，有可能是遥远的庞大类星体群。当然了，它们也为宇宙提供了目前还未知的质量。当我们结算完宇宙物质清单，把所有星系、类星体、黑洞、星系间氢、引力波和其他那些奇异物质的质量加起来，就会明白自己到底身处怎样的宇宙。

讨论宇宙的大尺度结构时，天文学家喜欢说空间是翘曲的，或者宇宙没有中心，要不就是宇宙有边无界。他们说的到底是什么？不妨想象一下，我们生活在一个奇怪的国度，所有人都是平面的。这个概念引用自生活在维多利亚时代英国的莎士比亚学者埃德温·艾勃特。他写了一本叫《平面国》的奇书，书里有的人是正方形，有的人是三角形，还有的形状更复杂一些。我们庸庸碌碌，进出平面公寓，做平面生意，享受平面玩乐。平面国里的每个人都只有长和宽，却不知高为何物。我们理解左右和前后，但一丁点儿也没有上和下的概念——除了数学家。他们总说："听好了，其实简单得很。想象一下左右，再想象一下前后。没问题吧？现在再想象另一个维度，跟另外两个呈直角！"这时候我们就会说："你到底在说什么？什么叫'跟另外两个呈直角'？世界上只有两个维度。第三个维度在哪里？"听到这些话，数学家就会垂头丧气地慢慢走开。没人理解数学家。

在平面国里的每个正方形生物看来，另一个生物都只是一截线段，也就是距他最近的那个侧面。要看到其他的面，他就必须走上一小段路。但他们看不见彼此的内部，除非发生了什么可怕的事故，或者尸检时剖开正方形的边，暴露出它的内里。

有天，一个长得像个苹果的三维生物来到了平面国。它在上空盘旋，看到一个富有魅力、相貌和蔼的正方形先生走进了他的平面公寓。苹果决定和他打个亲切的招呼。"你好啊，"他说道，"我是三维世界来的访客。"可怜的正方形在房间里环视了一圈，但谁也没见到。更糟糕的是，这来自上方的问候在他听来就仿佛是从自己二维身体里发出来的。正方形先生有家族精神病史，他认为这不幸终于也降临到了自己身上。

被人当作幻觉让苹果有点生气，于是它干脆降落到了平面国里。一个三维的物体，只能以片面的形式出现在二维国度里。正方形眼中的苹果，只有它与平面相交的那个横截面。所以苹果在穿过平面国时，会从一个点，变成更大的圆形切片。正方形看到他二维密闭的公寓里，先是凭空出现了一个点，然后扩大成圆。他不知道这个奇怪的生物到底是打哪儿冒出来的。

苹果见这个平面生物如此鲁钝，心生不快，于是抓住正方形先生，把他高高抛起。正方形就这样在七荤八素的情况下体验了神秘的三维世界。一开始，他完全闹不明白发生了什么；这完全超越了他的经验。但最后他还是明白过来，他正在从一个特殊的角度"上面"俯瞰平面国。他看见了密室的内部，看见了平面同胞的身体内部。这是一个多么震撼的视角啊，他简直像 X 光那样看穿了一切。后来，正方形先生像一片悠悠的落叶，重新降落到了平面国里。在他的平面同胞眼里，他先是莫名其妙地消失在了密闭的房间里，又毫无征兆地出现在了另一个地方。"老天呀，"他们说，"你怎么了？""我觉得，"正方形先生惊魂未定地说，"我在'上面'。"他们轻轻拍了拍他的侧边，安抚他。幻觉是他的家族病。

进行跨维度的想象时，没必要局限于二维世界。我们可以像艾勃特那样，构思一个一维的世界，那里的一切都是线段，你甚至可以幻想一个零维野兽的神奇世界，所谓的零维，也就是一个个点。但高维世界也许更有趣。比方说，存在第四个维度吗？[1]

我们可以用如下方法在脑海里构思出一个立方体来：取一个线段，沿垂直方向平移其自身的等长距离，我们就得到了一个正方形。接下来以同样方式移动正方形，我们就得到了立方体。立方体会在二

---

1. 如果四维生物存在，那么在我们三维生物看来，他能凭空出现消失、改变形态，还把我们从上锁的房间里拉出，再让我们出现在任意一地。它也可以让我们"内外倒置"。内外倒置的形式有好几种，最糟糕的是把我们的内脏器官拉扯到整个宇宙——包括发光的星际气体、星系、行星——外面。我不确定我喜不喜欢这个主意。

维平面上投下影子，我们画影子的时候，一般会画两个顶点相连的正方形。观察这个影子，你会发现它并非所有线条都等长，也并非全是直角。三维物体的二维投射，无法完美还原出它的本来相貌。这就是几何物体降低维度的代价。现在拿起我们的三维正方体，用正确的方法把它带入第四个维度：这个维度既不是左右，也不是前后，同样也不是上下，但它同时与它们呈直角。我没法向你具体展示那是什么方向，但我可以想象它存在。通过这种呈现展示出来给你看，不过我可以向你展示它在三维空间中的投影。它类似于两个嵌套的正方体，所有顶点以线相连。但真正的四维超立方体，它所有的线都等长，且所有的角都是直角。

现在，把平面国的概念扩展到整个宇宙。平面国其实沿着第三个维度产生了弯曲，但其居民并不知情。当他们进行短途旅行时，宇宙看似平坦顺滑。但若是沿着完全笔直的线一直前进，平面居民会发现一个惊天的秘密：虽然没有遇到障碍，也始终没有转向，但他不知怎的居然回到了起点。他的二维宇宙一定被神秘的第三维度扭曲了。他无法直观地想象出第三维度，但能够从中推断出来。

这个二维宇宙的中心在哪里？它存在边界吗？边界之外是什么？答案是：一个在第三维度卷曲的二维宇宙，不存在中心点——至少不在球体表面。它位于无法进入的球体内部，位于三维空间。球体表面积有限，但并没有边界。边界之外是什么，这个问题对平面生物而言没有意义。他们无法独立逃离二维宇宙。

把这个故事中所有的维度都加一，就是我们可能正在遭遇的情况：宇宙是一个四维的超球体，没有中心，也没有边界，外面也没有东西。为什么所有的星系都在离我们而去？因为超球体就像个四维气球，它从一个点开始不断膨胀。膨胀一段时间后，星系开始在超球体球面上冷凝下来，并随之不断向外移动。无论哪个星系中的天文学家看到的光都被卷曲的超球体曲面捕获，并不存在特殊参考系。[1]星系离得越远，退行速度越快，是因为星系嵌套在空间中，而空间的结构正在膨胀。这也回答了之前的问题，即大爆炸到底发生在宇宙的哪个地方。答案很明显：无处不在。

如果没有足够的物质阻止宇宙无限膨胀，那么它必然是一个马鞍形开放结构，在三维空间中无限延伸。如果物质足够，则宇宙会闭合，三维投影呈球状。如果宇宙是闭合的，光也会受困其中。20 世纪 20 年代，人们在 M31 相反的方向发现了一对遥远的螺旋星系。他们想，那会不会其实是银河系和 M31？就像从宇宙的另一个方向上看到了自己的后脑勺？如今人们已经发现宇宙比当年想象的大得多。光绕行宇宙所需的时间超过了它的年龄，而星系比宇宙更年轻。但如果宇宙是封闭的，光线无法逃逸，那完全可以说宇宙就是个大黑洞。想知道黑洞里什么模样，也许看看你周围就行了。

之前提过，只要能在虫洞中穿行，我们就可能出现在宇宙的另一个地方而无须长途跋涉。你可以把这些虫洞想象成贯穿第四维度的管道。虫洞存在与否还是个未知数，但如果存在，它们的出入口位置会永远固定吗？它们会不会通往其他宇宙，去那些我们原本不可能到达的地方？据目前所知，可能有许许多多的宇宙。也许它们在某种意义上彼此嵌套。

有一种观点怪异而迷人，它是科学和宗教里最精妙的猜想之一，

---

1. 无论在什么地方进行观察，宇宙大体上都一个样。据我们所知，首先提出该观点的人是焦尔达诺・布鲁诺。

但完全没有得到证明——可能永远也不会得到证明。这个猜想认为，宇宙有无限的嵌套结构。如果我们能窥视基本粒子，比如电子的内部，会发现那里也存在完全封闭的宇宙，大量更小的基本粒子组成了微观星系和其他更小的结构。而这个小宇宙的内部，同样包含了更更小的宇宙，就这样无穷无尽地嵌套下去，无限向下递归。向上也是同样。我们熟悉的星系、恒星、行星和人类，也不过是上一个宇宙的基本粒子，是另一个无限递归中的一环。

我所知道的宇宙观里只有这一种比印度教无尽循环的无穷宇宙更夸张。其他的宇宙会是什么样？它们的物理法则会与我们不同吗？那里有恒星、星系和行星吗？还是说存在某种完全不同的东西？有无法想象的生命形式吗？要进入那些宇宙，我们必须以某种方式穿透第四个物理维度——这当然不是件容易的事，但黑洞给了我们一条可能的道路。太阳系附近也许就存在小型黑洞。站在永恒的边缘，我们就要投身其中……

第十一章 记忆挥之不去

天空和大地的命运已然注定，沟渠与运河亦各行其道，底格里斯与幼发拉底的河堤也已经建立；我们还能做什么？我们还能建什么？阿奴纳奇，伟大的天神啊，我们还能做什么？

——亚述人关于创造人类的记载，约公元前800年

无论到底是哪位神祇，他因此决定把秩序赋予世界，并削改混沌，使之成为宇宙的部分。他先把地球塑造成了巨大的球体，让它从各个方向看起来都形似……如此，没有一处地方缺乏特有的生命形式。群星和圣灵占据了天堂的基底，闪亮的游鱼以大海为家，大地接纳了野兽，流动的空气迎来了鸟儿……随后人类诞生……尽管其他动物都面朝大地，神祇却赐给了人类一张仰起的面孔，叫他挺直身子，望向天空。

——奥维德，《变形记》，1世纪

无尽群星散落在宇宙无垠的黑暗中。它们有的比太阳系更年轻，有的更古老。虽然没有明证，但让地球演化出生命和智慧的机制同样存在于宇宙各处。仅银河系，眼下应该就有以百万计的世界存在与我们截然不同的生物，且智慧程度远甚于我们。懂得多和智慧是两码事；智慧不仅仅包括了收集信息的能力，还有如何做出判断——分析和使用信息的方式。尽管如此，信息的获得量依然是衡量智慧的重要指标之一。测量的标杆，也就是信息的单位，叫作“比特”（最小的二进制单位）。它是对抽象问题做出的“是”或“否”判断，举个例子，判断台灯开没开，就需要一个比特。从 26 个拉丁字母里选择其一，需要 5 个字节（$2^5 = 2 \times 2 \times 2 \times 2 \times 2 = 32$，它大于 26）。本书词语略少于一千万比特，即 10^7。一小时电视节目所使用总比特数，大约是 10^{12}。地球所有图书馆藏书的文字和图画信息加起来，大概占了 10^{16} 或 10^{17} 比特。[1] 这当中当然有不少的冗余信息，不过它们依然是对人类知识总量的概括。但在那些更古老、比地球早数十亿年就演化出生命的世界里，当地住民的知识可能多达 10^{20} 甚至 10^{30} 比特——

1. 全世界所有书籍里的信息加起来也没有美国一座大城市一年的电视播放数据多。并不是每个比特都具有相等的价值。

不仅数量多于我们，内容也截然不同。

银河系数百万颗存在智慧文明的星球中，有这样一个世界。它是整个恒星系中唯一一颗地表富含大量液态水的行星。这颗星球演化出的生物，自然而然地适应了它们的生存环境：它们有的长着八条可以抓取物体的柔软附肢；有的通过改变身上明暗斑驳的图案交流；陆地上一种聪明的小动物，还会乘木制或者金属质地的载具在海洋中短暂停留。不过我们要谈论的，是这颗星球上最伟大的生物之一。它们是优雅又敏感的深海之主：鲸鱼。

在这颗名为“地球”的行星上，鲸鱼是有史以来最大的动物[1]，比恐龙还要庞大。一头成年的蓝鲸长达 30 米，重 150 吨。许多鲸鱼性情温和，特别是长须鲸，它们遨游大洋，却以微小的生物为食。另一些鲸喜欢鱼和磷虾。鲸鱼的远祖是一种食肉哺乳动物，7000 万年前才迈着沉重的步伐迁入大洋，所以它们生活在海里的时间不长。鲸群中的母鲸会温柔地哺乳、耐心地照看后代，幼鲸则在漫长的童年期里彼此嬉戏以消磨时间。这些活动都是哺乳动物的特征，对智力发展至关重要。

大海幽深。对陆地生物而言至关重要的视觉和嗅觉，在深海发挥不了什么作用。只愿仰仗这些感官来寻找配偶、养育子嗣，或者捕猎食物的那部分远古鲸鱼没能繁衍多少后代。与此同时，另一种感官在古代鲸鱼身上得到了长足发展。要理解鲸鱼，就避不开这个核心要素：听觉。有些人把鲸鱼的声音叫作“鲸歌”，但我们并不了解它们的性质和作用。鲸歌的频率范围很广，包括了人耳根本无法分辨的极

1. 有些红杉比任何鲸鱼都更大更重。

低音。一曲典型的鲸歌持续约 15 分钟，最长的则有一个钟头。鲸歌常常包含重复的韵律，一拍接一拍，一节又一节，一个音符跟着一个音符。随着冬季来临，鲸群会离开寒冷的水域，有时它们正歌唱到一半就启程，而半年后归来时继续吟唱，仿佛未曾中断。由此可见，鲸鱼的记忆力很好。不过更常见的情况是归来后它们改变了曲调，往鲸类流行音乐中加进了新的旋律。

鲸群通常会同唱一首歌。它们存在某种共识，会合作谱写歌曲。鲸歌总是一个月接一个月地发生着缓慢且可以预测的变化。鲸歌有复杂的旋律。如果把座头鲸的歌当作一门语言，那么这些歌曲的全部信息量约为 10^6 比特，与《伊利亚特》和《奥德赛》相当。我们不知道鲸鱼或者它们的近亲海豚到底在聊点或者唱点什么。它们既没有操作物品的复杂器官，也不研究工程学，但无疑是社会性动物。它们捕鱼、游泳、交配、玩耍、躲避捕食者，要交谈的事情也许挺多。

鲸群面临的主要威胁是一群新来的暴发户。那些自称“人类”的生物最近才借着技术发展涉足大洋。鲸鱼历史 99.99% 的时间里，都不用在海面或者深海遭遇这种生物。就是在那段时间里，鲸鱼发展出了非凡的音频通信系统。举个例子，长须鲸能发出 20 赫兹的隆隆巨响，接近钢琴键盘最低的八度音（赫兹是声频单位，代表每秒进入你耳朵的单个音波数量，每个音波由一个波峰和一个波谷组成）。海洋很难吸收这种低频声音。美国生物学家罗杰·佩恩发现，两头鲸鱼能够利用深海频道，在世界的任何地方以 20 赫兹的频率进行交流。就是说一头在南极罗斯冰架的鲸鱼，可以跟阿留申群岛的同胞聊天。漫长的历史中，鲸鱼也许已经发展出了一种全球通信网络。没准隔着 1.5 万千米的深海，它们依然情歌对唱。

数千万年的光阴里，这些庞大、聪慧、擅长交流的生物基本上没有天敌。但19世纪蒸汽轮船的发展给海洋带去了不祥的噪音污染。随后商业和军事船只来来往往，进一步增加了海洋噪音背景，在20赫兹频段尤甚。毫无疑问，鲸鱼的交流正变得越来越困难，沟通距离不断缩短。200年前，长须鲸可以隔着1万千米对话，如今可能只剩几百千米。鲸鱼知道彼此的名字吗？它们能仅凭声音就认出对方是谁吗？我们割裂了鲸鱼的社会，让它们持续了数千万年的交流日趋沉默。[1]

我们所做的不止于此。直到今天，还有很多人在进行贩卖鲸鱼尸体的活动。他们捕杀鲸鱼，只是为了获取口红和工业润滑剂的材料。很多国家都清楚，蓄意谋杀智慧生物是骇人听闻的行径，但日本、挪威和苏联依然允许贩卖活动。我们人类总想着和地外智慧生物交流，那为什么不从跟本土智慧生物打交道开始呢？它们不也有着与我们不同的文化和语言吗？我们为什么不试着和类人猿、海豚，尤其是聪慧的深海之主鲸鱼交流呢？

鲸鱼能生存至今，必须了解很多事情。这些知识储存在它们的基因和大脑里。基因里的信息包括了如何把浮游生物转化为鲸脂，还有怎么屏住呼吸潜到水下1千米处。大脑里的信息需要后天习得，包括了认得妈妈是谁，理解鲸歌意义，等等。鲸鱼和其他地球动物一样，

---

1. 故事还有另一个有趣的对照版本。我们与星际文明进行通信的首选频道接近14.2亿赫兹，这是以宇宙中最丰富的氢原子为射电谱线得出的结果。但我们才刚刚开始寻找其他智慧生物的信号，这一频道就已经遭到了越来越多的民用和军用通信的干扰，而且干扰源还不止几个大国。星际通信频道正变得越来越混乱。地球无线电技术不受控制的发展，阻碍了我们和遥远世界的智慧生物进行通信。即使他们的歌声已经传来，我们也可能与之失之交臂。

有基因和大脑的双重信息库。

鲸鱼的遗传物质与人类相同，都由核酸构成。这些了不起的分子能从周围的化学构件中获取材料，实现自我复制，将遗传信息传承下去。举个例子，鲸鱼的己糖激酶——你身体里的每个细胞中也有——会开启超过 20 个酶介导步骤，把鲸鱼从浮游生物中获得的糖分转化为一点一滴的能量，也许会最终变成鲸歌中的一个低频音符。

鲸鱼、人类，或者地球上其他动植物 DNA 双螺旋结构中的信息都由四个字母写成——这四种不同的核苷酸是构成 DNA 的分子成分。不同物种的遗传材料能包含多少信息？这种生命的语言，写出了多少需要用“是 / 否”来回答的生物学问题？写出一个病毒，需要一万比特——与这一页书上的信息量大致相当。但是病毒的信息非常简单、紧凑、有效。阅读它的时候，你得保持万分的审慎。病毒擅长感染其他组织、不断自我繁殖，它们的行为全写在这些指令代码中。与它相比，细菌使用的信息要多得多，约为 100 万比特——相当于本书的 100 页。和病毒不同，细菌不完全是寄生物，懂得什么叫生存。能自由游动的单细胞阿米巴虫比细菌更加复杂，它的 DNA 约四亿比特，需要 8 本 500 页的巨著才能写下。

鲸鱼和人类的 DNA 信息约 50 亿比特。我们生命全书的这 5×10^9 比特信息如果拿英文写下，需要 1000 本书。而你体内的细胞多达百万亿，它们每一个都包含了制造你所有部件的完整指令库。所有这些细胞，都由结合了你父母基因的单个受精卵不断分裂而来。你向着成为人类方向前进的每一步，或者说细胞的每一次增殖，原始的遗传指令都得到了高度精准的复制。所以你的肝细胞掌握了如何生成骨细胞的无用知识，反之亦然。遗传信息库里，所有你先天就知道该怎么做的事都已经写明。那些古老的信息被仔细地一遍遍誊写，所以你知道了怎么笑，怎么打喷嚏，怎么走路，怎么辨别图形，怎么繁殖，怎么消化苹果。

消化苹果的过程极其复杂。实际上，如果我得发号施令让酶合成，或者得弄清楚从食物里提取出能量的每一个化学步骤，大概早就饿死了。但即便是细菌也懂得无氧糖酵解。其实苹果的腐烂就是细菌们在大快朵颐。细菌、人类，还有介于两者之间的所有生物，都拥有类似的遗传指令。不同生物的基因信息库重合度很高，这提醒了我们万物同源。到目前为止，我们的身体能毫不费力地进行许多复杂的生化反应，而科技只能再现其中微小的一部分：我们对这些反应过程的研究才刚刚起步，而演化已经实践了数十亿年。DNA 清楚很多事情。

然而 DNA 并非万能。假设一下，你想做的一些事情太过复杂，即使几十亿比特的信息库也不够用。又或者环境变化太快，出现了预编码的遗传百科全书——哪怕它们多达上千卷——中没有写明的情况。这样一来，身体就无法照本宣科似的解决所有问题了。这就是我们存在大脑的原因。

跟其他器官一样，我们的大脑在数百万年里不断演化，变得越来越复杂，信息容量也越来越大。它的结构反映了它的演化路径。大脑是由内而外逐渐出现的。最深处的脑干是最古老的部分，它负责基本生物功能，包括带动生命的节奏——也就是心跳和呼吸。保罗·麦克莱恩有个颇为可信的假说，他认为大脑高级功能的演化经历了三个连续的阶段：

覆盖脑干的是爬虫复合体（R-complex），它负责侵略、仪式、领地和社会等级等意识，数亿年前由我们的爬行类祖先演化而出。我们每个人的头骨深处都有个类似鳄鱼大脑的东西。

爬虫复合体的外层是边缘系统，或者说哺乳动物的大脑，它起源于数千万年前我们还没演化到灵长类阶段的哺乳动物远祖，它主导了我们的心情、情感，还有对幼体的同情和关心。

最外侧的大脑皮层直到数百万年前，才在我们的灵长类祖先身上出现，它与下方更原始的大脑处在不稳定的休战状态。大脑皮层是物质转化为意识的地方，也是我们宇宙之行的起点。它占去了大脑总质量的三分之二，也是我们直觉和理性分析的所在地。我们的思考、灵感、阅读、写作、数学计算和谱写乐曲能力全都位于这个部分。大脑皮层控制着我们的意识。它是我们的最重要特征，是人类之所以成为人类的关键。文明是大脑皮层的产物。

大脑的语言不是基因的 DNA 语言。更确切地说，大脑所知的一切都源于被编码的神经元。它们是微小的电化学开关元件，通常只有零点几毫米宽。我们每个人大概有 1000 亿个神经元，和银河系的恒星数量差不多。许多神经元与周遭数千个其他神经元相连。这样的连接，人类大脑皮层中约有 100 万亿，也就是 10^{14} 个。

查尔斯·谢林顿曾这样描绘我们苏醒时大脑皮层的活动：

> （大脑皮层）现在成了一块发光之地，一个个光点有节奏地闪动着。思想的火车飞驰其间，激起阵阵火花。大脑正在苏醒，意识正在回归。那光景就好像银河系跳起了某种宇宙之舞。很快，大脑皮层就成了一台魔法织布机，数以百万计的闪光梭子上下翻飞，各种图形不停变换。这些图形各有其意义，但它们永远不会固定下来，而是在无尽的变化中达成了一种和谐。随着身体

苏醒，这曼妙的图阵延伸到了大脑深处尚未点亮的轨道上。一串串的闪光和移动的火花连接着它。这意味着身体已经醒来，正起床迎接新的一天。

即使在睡眠中，大脑神经元也会脉动、闪烁。这是因为它们还得从事那些复杂的人类事务——做梦、回忆、思考。从这个角度来讲，我们的思想、观点和幻想，都是现实的物质。心头的一个闪念，本质是数百个电化学脉冲。假使缩到神经元大小，我们也许能看到各种转瞬即逝的精美图形。其中一幅可能是被勾起的回忆，遥指童年乡间小路上丁香花的芬芳。另一幅则是焦虑公告栏的一部分：“我到底把钥匙搁哪儿了？”

如果把大脑想象成山脉，那么它沟壑纵横。沟回极大地增加了大脑皮层的表面积，以便在有限的颅骨空间内储存尽可能多的信息。大脑神经化学反应极其繁忙，比人类设计的任何机械电路都精巧，但是没有证据表明大脑的功能超越了由 10^{14} 个神经连接搭建成的优雅意识结构体。这个思想的世界可以大致分为两个半球。大脑皮层的右半球主要负责图形识别、直觉、感知和创造力。左半球主管理智、分析和批判性思维。两个半球分工明确，这就是人类思维的本质。它们协同合作，一边产生各种各样的想法，另一边测试其有效性。左右脑交流的通道是胼胝体，这巨大的神经束如同桥梁，连接了创造力和分析力，而这两者都是理解世界所不可或缺的。

人类大脑中的信息量可能相当于神经元之间的连接总量，也即100 万亿（10^{14}）比特。假如用英文写下，这些信息会填满两千万册书籍，可谓世界上最大的图书馆。而这样大的存储空间就位于我们每个人的颅骨中。所以别看占用空间小，大脑实在是个大地方。大脑中的多数书籍都存储在大脑皮层里，只有一小部分留在“地下室”中。地下室里的信息非常基础，是我们远祖的生存必需品，包括侵略、恐惧、交配，还有盲从领袖的意愿。高级大脑功能中的一些——阅读、写作、说话——似乎位于大脑皮层的特定位置，而记忆以冗余的方式存在于各处。假如世上真有读心术，那阅读我们所爱之人的心灵肯定是件了不得的事情。可惜的是，没有明确的证据表明读心术存在，所以传播这类信息的担子依然落在艺术家和作家肩上。

大脑的工作远不止回忆。它比较、综合、分析，还产生抽象概念。这远远超过了基因的能力范围，所以我们的大脑数据库比基因数据库要大上一万倍。我们可以在每个儿童身上看到他们对于学习的热情。学习是我们生存之道。情感和仪式化行为同样深深根植在人类内心，它们是人性的一部分，但并非人之所以为人的关键。许多动物也有感情，使得我们有别于它们的是思想。大脑皮层解放了人类。我们不再需要被困在蜥蜴和狒狒的遗传行为模式中，而是更多地对那些输入我们大脑的信息负责。作为成年人，我们明白自己应该在乎和了解什么东西。我们不再受爬行动物思维的支配，可以自我改变。

世界上绝大多数巨型城市都是按照临时需求一点点发展起来的，几乎没有城市会先做出长远的计划，然后按部就班地实行。大脑和城市的发展很像，都是从一个小小的中心开始扩张，慢慢成长、变化，留下许多虽然老旧，却依然起着一定功能的部分。大脑不会因为某些部分不够完善，就在演化过程中把它彻底舍弃，用更加现代化的组件取代。这就是为什么我们的脑干先被爬虫复合体包围，然后是边缘系统，最后则是大脑皮层。旧有的部分承担了太多基础功能，无法全部更替。所以虽然大脑的一些部分老旧过时，有时甚至彼此冲突，但人类只能凑合着继续用。这是演化的必然结果。

纽约不少主干道的布局可以追溯到 17 世纪，股票交易所建于 18 世纪，自来水厂建于 19 世纪，电力系统则建于 20 世纪。如果所有城市系统都并行建设，定期更换，那么纽约可能会运转得更有效率（这也解释了为什么毁灭性的火灾——伦敦和芝加哥那种级别——有时反而有助于城市规划）。但新功能的缓慢添加让这座城市在几个世纪里一直保持着活力。17 世纪时从布鲁克林去曼哈顿得搭乘东河渡轮。随着技术的发展，19 世纪时人们建起了跨河大桥。它的选址刚好在轮渡码头旧址。这一方面因为那是块公地，另一方面在于大桥完全取代了之前渡轮的功能。再后来，人们终于有了打通河底隧道的能力。出于和之前同样的理由，再加上建造跨河大桥时，河里已经有了废弃的沉箱这种隧道前身，人们顺理成章地在同一个地方开凿了隧道。这种为了新的目的而利用或者重建旧有系统的模式，非常类似生物演化。

当基因无法储存生存所需的所有信息后，我们逐渐演化出了大脑。可能仅仅一万年前，我们又发现连大脑也无法轻易容纳更多的知识了，所以学会了在体外储存大量的信息。据目前所知，人类是地球上唯一一种发明了把记忆公共化，既不储存在基因里，也不记在大脑中的物种。这种放置记忆的仓库，叫作图书馆。

书是树做的。扁平、柔软的书页上（“书页”在英文里还叫“树叶”[1]）印着黑色的文字。只消瞟上一眼，你就听见了另一个人的声

---

1. 尽管“页”和“叶”的中文读音似乎也相近，但“页”在中文古语里其实指人头，而不是树叶。—— 译注

音——虽然他可能早已作古。即使相隔千年，你也能听见书籍的作者在你脑海中说着清晰、无声的话语。写作也许是人类最伟大的发明，它把不同时代、彼此从不相识的人们联系到了一起。书籍打破了时间的枷锁，证明人类可以创造奇迹。

人类最早的作家在泥板上书写。楔形文字是西方字母的远祖，起源于5000年前的近东。它原本的目的是记录，包括购买谷物、土地交易、君王的胜利、祭祀的律例、群星的位置、诸神的祷词等。千百年来，文字被刻在泥板、石块、蜡、树皮和皮革上，画在竹子、纸莎草和丝绸上——但每次刻写只能留下一份，而且除了纪念碑的铭文外读者寥寥。

2至6世纪之间，中国人发明了纸、墨和雕版印刷术，使得文字作品能得到大量复制和发行。遥远的欧洲直到1000年后才意识到了他们的落后，但紧接着，书籍仿佛一夜之间就普及到世界各地。1450年是活字印刷术发明前夜，当时全欧洲的书都是手写的，加起来不过几万本，这个水平和公元前100年的中国相当，更是只有亚历山大大图书馆的十分之一。然而50年后的1500年，欧洲的书籍就多达了1000万本。任何识字的人都可以从书中获取知识。奇迹无处不在。

最近，书籍，特别是价格低廉的平装书被海量印制。只要一顿饭的价格，你就可以见证罗马帝国的衰亡、物种的起源、梦的解析和事物的本质。书籍如同种子，可以休眠数个世纪，然后在最贫瘠的土地里开花结果。

世界上那些最大的图书馆馆藏书籍数百万卷，相当于10^{14}比特的文字信息，如果算上图片，更是达到了10^{15}比特。这个数量级比我们的基因库大上万倍，也比我们的大脑多出十倍。如果我每周读一本书，一辈子也不过几千本，大约只能看现今最大图书馆馆藏书籍的千分之一。阅读的诀窍在于挑书。不像预编程的基因，书本的内容总是受到时事影响，不断变化以适应世界。如今距亚历山大图书馆的建立已经过去了 23 个世纪。如果没有书，没有文字记录，那 2300 年是多么惊人的时间跨度啊。每个世纪 4 代人，23 个世纪就是接近 100 代人。如果信息只能通过口头传播，那么人类就会对过去知之甚少，进步和发展注定步履维艰！我们的一切发展都需要建立在先人打下的基础上，所以过去的知识能否准确地传达给今人至关重要。古老的学识可能会得到人们的尊崇，但难免在不断的转述中走形甚至遗失。书籍则允许我们穿越时空，直接分享祖先的智慧。藏在图书馆里的那些智慧和洞见，由先人从自然现象中艰难归纳而出。整颗星球、整个历史中最杰出的头脑、最优秀的老师孜孜不倦地教导着我们，激励着我们，希望我们能为人类知识的大厦添砖加瓦。公共图书馆的资金来自捐款。我相信，人民的文化素养和对未来的态度，都体现在对图书馆的支持力度上。

如果地球的历史进程重启，即使所有先决条件不变，也极可能不会出现与人类相似的生物。演化过程的随机性极强。宇宙射线照射了不同的基因段，诱发了另一种突变，会导致早期生物产生微小的不同。别看只是些许区别，它们却会对未来产生深远的影响。偶然事件在史学中扮演着重要角色，生物学上恐怕也是如此。关键节点上的区别发生越早，对现在的影响就越大。

以我们的手举例。人类的每只手有五根手指，包括拇指和另外四根与它关节朝向不同的手指。这是个非常灵活便利的结构。可是话说回来，手指多一根少一根其实并没有什么差别——虽然拇指还是要有的。我们可以说，手指是自然演化的必然产物，但人类的手部结构未必。我们有五根手指，只是因为我们泥盆纪的鱼类老祖宗鳍上有五根指骨而已。假如我们是四指骨或者六指骨鱼类的后裔，那肯定会认为四根或者六根手指才是天经地义的事。而我们使用十进制算数呢，也只是因为我们的手指一共十根。[1]若非如此，我们可能会把八或者十二当作计算基数，而把十进制视为数学里的新门类。我相信，类似的状况也深深地影响了我们的遗传物质、生物化学、身体结构、体格、器官系统、爱恨情仇、激情与沮丧、温柔与暴虐，甚至还有分析事物的方式。所有这一切，至少它们当中的一部分，最初只是漫漫演化之路上毫不起眼的随机小事件。没准泥炭纪的沼泽里少淹死一只蜻蜓，如今统治这颗行星的智慧物种就会浑身羽毛，在巢穴里教育后代。演化的因果关系是一张极其复杂的网，我们只能窥其一二，必须保持谦卑。

就在 6500 万年以前，我们祖先还是些长得不讨人喜欢的小型哺乳动物——它们的大小和智力都接近鼹鼠或树鼩。当时如果存在生物学家，肯定只有疯了才会相信这样的动物有朝一日会主宰地球。那时占地球绝对统治地位的是以恐龙为首的大型爬行动物。它们水里游、天上飞，有些六层楼高，走过时发出雷鸣般的撼地声，还有一些已经演化出了体积可观的大脑，能直立行走，前肢类似人手，擅长捕捉小型动物当晚餐——菜单里也许包括了我们的老祖宗。要是恐龙活了下来，今天统治地球的大概是四米高、绿皮肤、尖牙齿的生物，而人类模样的生物只是他们的科幻小说里可怕的怪物。但是恐龙灭绝了。一

1. 以数字五或十作为基础的算术在人类眼中天经地义，古希腊语言里的“计算”直译就是“数到五”。

场巨大的灾难带走了它们，以及许许多多的其他物种。当时地球的大部分物种都遭到了灭绝。[1]然而那些树鼩似的家伙不在死亡名单里。哺乳动物撑过了这场浩劫。

没有人能明言恐龙因何灭绝，不过有一种说法颇能掀起人们心中的波澜。这个假说认为恐龙灭绝于一场太空灾难。如果 6500 万年前，距离地球 10 到 20 光年内出现了蟹状星云级别的超新星爆发，那么它会向太空喷射出强烈的宇宙射线，它们中的一些横扫地球，点燃了大气中的氮。由此产生的氮氧化合物会除去臭氧层，增加太阳在地表的紫外线辐射。那些对紫外线抵御能力不强的生物或死亡，或变异，而它们中的一些是恐龙们的主食。[2]

无论到底是什么灾难，总之恐龙从此离开了历史舞台。不用再被爬行动物的淫威支配，我们的哺乳动物祖先很快兴旺发达起来。两千万年前，我们的直系祖先可能还栖居在树上，但冰河期的到来逼得森林给草原让出了许多位置。如果树不太多，那么过彻底的树栖生活大抵是讨不了多少好处的。许多灵长类动物肯定随着森林一起消失了，另一些勉强下地的过着朝不保夕的生活，但它们至少还活着。它们中的一支后来进化成了人类。我们尚不清楚气候变化的原因。可能是太阳或地球的轨道发生了微小的偏移，使光照强度变化；或者大规模火山喷发把细小尘埃注入平流层，反射更多阳光导致地球降温；也可能洋流的变化才是罪魁祸首；银河系中的尘埃云同样能导致这种情

1. 最近一项分析表明，96%的海洋物种在此期间灭绝。高强度的灭绝环境下，只有一小部分不具代表性的物种能从中生代晚期存活下来并演化至今。
2. 关于恐龙灭绝，目前的主流观点是它由包括小行星撞击地球在内的一个或多个原因所造成。不过换一个角度，也可以说恐龙没有完全灭绝，因为今天的鸟类就是一支恐龙的直系后代。—— 译注

况发生。无论如何，我们都能看出人类的存在与随机的天文、地质事件密切相关。

爬下树以后，我们演化成了直立行走的姿态；我们解放了双手，获得了出色的双目视觉——这些都是制造工具的先决条件。而接下来，大脑扩容以及复杂思想的交流为人类在生存竞争中带去了巨大的优势。其他条件相同的情况下，聪明总比愚蠢好。聪明的人能更好地解决问题，他们活得长久，子孙也更多；直到核武器发明以前，聪明才智一直有助于人类的生存。

我们的历史中，一群毛茸茸的小哺乳动物在树梢栖居、躲避恐龙，后来下了树钻木取火、发明文字、建造天文台，还发射了太空飞行器。如果事情稍微有一点不同，那么演化出智力和操作能力，取得成就的可能就是其他物种。这份候选名单里有兽脚类恐龙、浣熊、水獭和乌贼。如果能知道其他智能生物和我们有多少不同那该多好；出于这个原因，我们就应该好好地研究鲸鱼和猩猩。为了尽可能理解其他文明，我们有历史学和文化人类学。可是我们——不只人类，还包括猩猩和鲸鱼——关系太密切了。如果始终把研究局限在一颗星球的一两种演化路线上，我们就永远不会了解其他智慧文明所能取得的成就、所能达到的高度。

由于其他星球生物的遗传多样性受完全不同的随机因素影响，而且基因的组合方式也受制于当地的环境，我相信外星生物在生理上与我们相似的概率几乎为零。但外星人本来就不必像人。他们的大脑可能也由内而外演化，而且同样存在类似神经元的组件，但那些“神经元”也许是由很不一样的东西构成的，比如低温环境下的超导体，而非室温环境下的有机元件。如果是超导体，那么他们思考的速度会比

我们快 10^{15} 倍。还有可能他们的神经元不在体内，而是借着无线电彼此联通。这样的一个智慧生物，可以分裂成不同组件，甚至散布在好几颗星球上。每个组件都是整体的一部分，它们联合起来会远比形单影只更聪明。[1] 有些外星生物的神经元连接数可能是 10^{14} 个，与我们接近。但也保不准存在连接数达 10^{24} 或者 10^{34} 之多的物种。我很好奇他们都在想些什么。既然生活在同一个宇宙里，我们肯定能同享信息。与他们取得接触的话，能获知多少有趣的事情啊。反之亦然。我认为外星智慧生物——哪怕他们远比我们更先进，也会对我们的知识储备、认知方式、大脑构造、演化过程、未来前景抱有兴趣。

如果邻近的恒星系就存在智慧生命，他们会不会已经发现了我们？地球生物从基因到大脑，再到建造图书馆的发展之路漫漫，他们会不会早就观察到了地球，对我们的事略知一二？即使外星人待在家里，也至少可以通过两种方式了解我们。其中之一，是用大型射电望远镜收听信号。过去几十亿年间，他们只能听到断断续续的微弱无线电静电电波，那些电波的源头不过是闪电和被地球磁场俘获的电子跟质子。但不到一个世纪前，信号变得更强、更响，也不那么像噪声了。地球的原住民终于发现了用无线电交流的方式。如今，地球上有大量的跨国无线电、电视和雷达电波，如果用一些特定频段来观察地球，你甚至会发现它已经成了太阳系中最强大的射电源，比木星、比太阳更加耀眼。如果有外星文明在监视地球的无线电波并接收到了这些信号，他们一定能得出结论：那颗行星最近发生了一些有趣的事情。

---

1. 在某种意义上，这种独立无线电台的结合正在地球上开始实现。

随着地球不断自转，人类越发强大的无线电信号发射装置缓缓扫过天空。另一个星系里的天文学家能够通过信号出现和消失的时间判断出地球一天的长度。这些强大的信号源中包括了一些雷达发射器；它们当中的一部分是雷达天文学器材，正用无线电探测附近行星的地表。投向太空的雷达波束比行星大得多，所以许多信号飘出太阳系进入深空，任何灵敏的接收装置都听得见。除此之外，大多数雷达发射器有军事用途；它们永不停歇地扫描天空，寻找装载核弹头的导弹的发射迹象。如果那景象真的出现，人类社会将在15分钟后终结。不过总的来说，这些脉冲信号的内容微不足道：它们只是简单的数字编码。

地球上最多，也最清晰的无线电信号，其实是电视节目。因为地球在转动，有的电台出现在一条地平线上时，另一些会消失在彼方的地平线下。可想而知，外星文明收到的电视信号杂乱无章。就算附近恒星系存在先进文明，还整合了地球的电波，结果恐怕也好不到哪儿去。因为其中最频繁的信息是电台呼叫信号，以及清洁剂、除臭剂、头痛药、汽车和石化产品的广告。而最引人注目的，则是许多电视台在不同时区同时播放的消息，例如国际危机中美国总统或者苏联总理发表的讲话。不动脑子的商业广告、层出不穷的国际危机，再加上人类大家庭的战争内讧，这就是我们向宇宙发送的地球广播。你猜他们会怎么看我们？

电波信号一经放出就覆水难收。不要幻想能发送速度更快的消息以修正之前的错误。没有任何东西能快过光。20 世纪 40 年代，地球开始大规模播放电视节目。从那时起，以地球为中心的无线电球面波就以光速向外扩张，我们发送的信息包括了《胡迪·都迪》[1]、时任副总统理查德·M.尼克松的“跳棋”演讲[2]、参议员约瑟夫·麦卡锡[3]的听证会。因为这些信号是几十年前播送出去的，所以它们离地球只有几十光年远。如果最近的外星文明与地球相距不止几十光年，那我们还能缓上一口气。当然，我们还可以祈祷他们无法理解地球的电波信号。

飞往群星的还有两台“旅行者号”航天器。每台航天器都携带了一张镀金的铜唱片，外加唱头唱针，它们的使用说明可以在铝制唱片套上找到。我们希望某些正在遨游星海的外星文明能够收到它。唱片内容包括了人类的部分基因、大脑和文化数据，但不包含科学理论。任何有能力拦截“旅行者号”的文明——那时它的发射者早已作古——科学知识都远在今日的人类之上。我们只是想把人类的一些独特之处告诉其他人。制作金唱片，是为了满足大脑皮层和边缘系统的兴趣；爬虫复合体在其中所占的比重要少一些。虽然我们预计收件人不懂地球的任何一门语言，但唱片内还是收录了 60 种人类的问候语，外加座头鲸的。唱片里还有世界各地人们互帮互助、学习、制作工具和艺术品，以及应对挑战的照片。长达一个半小时的音乐部分则收录了多种文化的优美乐曲，其中一些意欲表达人类在宇宙中的孤独感、对终结这种孤独的渴望，还有与其他生命对话的意愿。唱片保存的录

---

1. 《胡迪·都迪》：美国儿童电视节目，是同类节目的开创者。—— 译注
2. “跳棋”演讲：尼克松于1952年发表的电视演讲。是政治家利用电视媒体直接向选民发出吁请的经典案例。—— 译注
3. 约瑟夫·麦卡锡（1908—1957）：冷战时期的美国政治家，他声称联邦政府受到了敌对国家的渗透，引发大量争议，但近来的文档揭秘显示他对许多人的控诉并非毫无根据。—— 译注

音里，既有地球在生命起源之前就存在的声音，也有人类在漫漫演化之中的声音，还有最近蓬勃发展的技术之音。就像长须鲸的鸣唱，这是一曲投向辽远空间的情歌。唱片信息中的不少片段，甚至大多数内容恐怕都得不到外星人的理解，然而我们还是把它送了出去。因为尝试很重要。

出于同样的考虑，我们还记录了一个人在一小时内的思想和感情。准确来说，是他大脑、心脏、眼睛和肌肉的电活动。我们把这些数据转录成声音，压缩并存入唱片。从某种意义上来说，1977 年 6 月，我们往宇宙发送了一个地球人思想与感情的直接记录。唱片的收件人也许不会把它当回事，或者认为它只是脉冲星的记录——毕竟看表象，它和脉冲星确实有几分相像。但还有一种可能：接收唱片的文明先进到不可思议。他们破译了这些记录下来的情感和思想，欣赏了我们分享信息的努力。

我们基因中的信息非常古老，至少有几百万年的历史，有的甚至长达数十亿年。与之相比，书本至多记录了千年前的故事，大脑的记忆更是只有短短几十载。不过，那些长存在基因里的信息算不上典型的人类特征。由于侵蚀作用，纪念碑和人工制品无法在地球的自然环境下长存，但“旅行者号”正飞往太阳系外的星际空间。至少 10 亿年后，金唱片才会被宇宙射线和尘埃撞击毁灭。基因、大脑和图书编码信息的方式不同，存留信息的时长也不同，而“旅行者号”的金属制品会让人类这个物种的记忆得到更加悠久的保存。

携带金唱片的“旅行者”系列速度慢得令人揪心。它们是人类有史以来最快的飞行器，然而要数万年后才能飞得比最近的恒星系更远。与此同时，任何刚刚播完的电视节目只要几个小时就能在土星附近追上已经先行好多年的“旅行者”。只要四年多一点，它们就可以抵达半人马阿尔法。如果几十或者几百年后宇宙中有人收到了我们的电视广播，希望他们能对人类做出个好评价。这个物种是宇宙在经历 150 亿年的演化后局部物质转化成意识的结果。智能赋予了人类可畏的力量，然而我们究竟有没有智能到可以避免自我毁灭，目前来看还是个问题。但至少我们中的一些人正为此竭尽全力。希望从宇宙的尺度来看，地球很快就能和平统一，让所有生灵都得到尊重。唯有这样，它才能准备好迈出新的一步，成为银河文明社会中的一员。

12

第十二章

银河百科全书

“你是谁？从哪儿来？我从未见过你这样的东西。”造物者渡鸦看着人类……惊讶地发现这个新生物居然和他如此相似。

——爱斯基摩创世神话

自然的主宰……使我们目前无法在地球上与宇宙中的其他神圣天体建立起联系，很可能他也切断了那些行星和星系彼此间的联系……我们的好奇心被观察激起，却无法得到满足……彰显在整个自然界中的智慧，应该不愿只让我们彼此遥望，吊足胃口……却以失望而告终……因此，认为现状只是我们的起点，它正在为将来的进一步发展做准备和测试，实在是自然而然的事情……

——科林·麦克劳林，1748年

我们已经向群星发射了 4 台航天器，分别是“先驱者”10 号和 11 号，“旅行者”1 号和 2 号。它们落后原始，在浩瀚星海间速度形同梦游。不过将来我们会做得更好。我们的航天器会飞得更快，探索目标更明确，而且迟早会载上人类船员。银河系里一定存在许许多多比地球早诞生数百万乃至数十亿年的行星，所以地球会不会已经被外星人拜访过了？我们星球生命诞生后的这几十亿年间，难道就没有一艘来自遥远文明的古怪飞船自天空俯瞰，然后缓缓降落，让五彩斑斓的蜻蜓、好奇的爬行动物、尖叫的灵长类，或者惊叹不已的人类目睹一下技术奇观？这是个自然而然的想法。任何考虑过外星智慧文明的人，不管考虑得多么粗浅，都会想到这个问题。不过，这种事真的发生过吗？解答这个问题的关键在于证据。我们需要经得起怀疑论者仔细检查的证据，而不是道听途说的流言，或者一两个人的信誓旦旦。按照这一标准，我们到目前为止还没有见到令人信服的案例证明外星人曾经造访过地球。UFO 和古代宇航员之类的传言常常闹得满城风雨，简直让人怀疑地球上到处都是异星来客。我宁愿事情有另一种发展：哪怕只是找到了外星人留下的标记——比如复杂的铭文之类——也会无可辩驳地证明他们存在。更重要的是，那些东西还会成为理解外星人和外星文明的基石。这种渴望，我们古已有之。

1801年，一个叫约瑟夫·傅立叶的物理学家[1]成了法国伊泽尔省的行政长官，他在视察辖区学校时，发现有个11岁的小男孩聪明过人，富有东方语言的天赋，已经引起了不少学者的注意。男孩受邀去傅立叶家，结果一下子就迷上了陈列室内的埃及文物。那些东西是傅立叶在拿破仑远征埃及期间，为当地天文学遗迹分类编目时收集的。男孩被埃及象形文字深深地迷住了。“它们是什么意思？”男孩问。“没人知道。”傅立叶答道。男孩的名字叫作让-弗朗索瓦·商博良。这门无人能懂的神秘语言激起了商博良的好奇心，促使他后来成为杰出的语言学家。那个时代，法国到处都是埃及文物，它们由拿破仑在埃及觅得，后来提供给了西方学者。那次远征经过成书出版，商博良如饥似渴地阅读了它们。成年后，他实现儿时的抱负，成功地解读了古埃及象形文字，但直到1828年，也就是他和傅立叶见面的27年后，商博良才第一次踏上埃及这片令他魂牵梦萦的土地。他乘帆船从开罗沿河而上，向他努力理解的异域文化致以敬意。这既是一场穿越之旅，也是一场异邦之旅：

> 16个日夜，终于抵达丹德拉。月光皎洁。我们距离寺庙只有一小时行程。就算再冷静，又有谁能抵御得了这种诱惑！吃过晚饭，我们立刻启程。虽然没有向导，但我们全副武装。这支队伍在野地里穿行……直到神庙出现在面前……你可以测量它的大小体积，但无法用语言来形容它给人的感觉。它是优雅和庄严的

---

1. 傅立叶：傅立叶以对固体中热量传播的研究而出名，该研究如今用来分析行星表面材质，他对波和其他周期性运动的研究，开创了被称为傅立叶分析的数学分支。

完美结合。待在神庙的两个小时里，我们欣喜若狂，在各个大厅里奔来跑去……试着在月光下解读神殿外的铭文。直到凌晨3点，我们才回到船上，当日早上7点又返回神庙……那些在月光下充满魔力的铭文，在日光下暴露了所有的细节，却并未失色半分……无论古代还是现在，都没有一个欧洲国家在艺术上攀到古埃及这样宏伟的高峰。欧洲的神话里只有矮人，而埃及人所造的一切，简直是为百尺高的巨人准备的。

无论是在丹德拉、卡纳克的墙壁和立柱上，还是在埃及其他地方，商博良发现所有铭文他都可以毫不费力地读懂。他之前的许多人早就尝试过破解这种可爱的象形文字，但均以失败而告终。有些学者相信那些充斥着眼睛、波浪线、圣甲虫、黄蜂和鸟类（鸟类尤其多）的文字写意多过写实，词义含混不清。有的人推测古埃及人来自中国。另一些人得出的结论刚好相反。市面上到处是粗制滥造的所谓译文。有个译者瞥了眼罗塞塔石碑——当时它还没被破译呢——就立刻宣布弄清了它的含义。他说这种快速破译法可以使他“避免犯下因为长时间思考而产生的系统性错误”。他认为深思熟虑反而不是好事。如今我们对外星生命的探索，可谓此事的翻版，门外汉的胡说八道吓得许多专业人士不敢继续从事这个行当。

商博良不认为象形文字只有含混的意向。相反，他在英国物理学家托马斯·杨的帮助下，对罗塞塔石碑进行了举世闻名的研究。罗塞塔石碑是1799年一个法国士兵在尼罗河三角洲小城拉希德修筑防御工事时发现的。因为对阿拉伯语一知半解，所以欧洲人把那里叫作“罗塞塔”。石板出自一座古老的神庙，它用三种不同文字记载了同一段信息：象形文字在顶上；中间的文字接近草书，被称为世俗体；最下面的古希腊语则是破译的关键。商博良通晓古希腊语，他读出那段铭文的内容是纪念公元前 196 年春天托勒密五世的加冕。新法老大赦天下，他释放政治犯、减免税收、捐助神庙、宽恕叛军，同时增强了军备。简而言之，他做了所有今天那些待在办公室的政客会做的事。

希腊语文本多次提及托勒密。而在象形文字的对应位置附近，有椭圆或者圆形包围的符号。商博良推断它们很可能指的就是托勒密。若是如此，那他读到的根本就不是什么象形文字或者模糊的表意符号，正相反，它们代表了字母或音节。商博良在脑海里计算了一番希腊语词汇和那些看似象形文字的符号数量，意识到前者的数量比后者少得多，这再次表明了“象形文字”主要是字母和音节。那么，它们和古希腊字母到底是怎么对应的呢？幸运的是，菲莱一座方尖碑上的古埃及铭文里，有克利奥佩特拉的希腊名字。托勒密（Ptolemy）和克利奥佩特拉（Cleopatra）的名字都有椭圆形装饰，且从左至右排列。托勒密以 P 打头，而椭圆形内的第一个符号是正方形。克利奥佩特拉名字里的第五个字母也是 P，对应位置的象形文字同样是正方形。这样，P 就确定了。托勒密的第四个字母是 L，它会不会是狮子？看克利奥佩特拉的第二个字母 L，它在象形文字里同样是狮子。鹰是 A，因为它在克利奥佩特拉的名字里出现了两次。就这样，一个清晰的对应模式浮现而出。古埃及文字在很大程度上是一种简单的替代密码。不过并非所有的古埃及文字都是字母或者音节。其中一些真的是象形文字。比如托勒密椭圆形的结尾符号意为“永生的卜塔神之宠儿”，克利奥佩特拉椭圆形结尾则是传统的“伊希斯之女”符号。这种字母和象形文字的组合，难住了过去的破译者。

乍看起来，破译古埃及文字似乎很容易，但这完全是马后炮。人们花了好多个世纪才摸到窍门，而且即使是商博良也没法让破译工作一蹴而就。比如在解读更早期的象形文字方面，人们就还有很多事情要做。商博良的破译过程中，那两个椭圆形装饰是关键中的关键，它给人的感觉几乎就像埃及法老故意圈出自己的名字，好方便两千年后的人来进行解读似的。商博良漫步在卡纳克神庙宏伟的立柱大厅里，肆意阅读铭文。别人眼中如同天书般的符号，回答了他幼时对傅立叶提出的问题。和一个已经沉寂了数千年的文明进行哪怕只有单向的交流，理解它的历史、巫术、医学、宗教、政治和哲学，是件多么快乐的事情啊！

如今，我们又一次寻找起古老又奇特的文明信息，不过这一次，它不仅藏在时间里，也藏在空间中。如果我们收到了来自外星文明的无线电波，该怎么去理解呢？地外文明的信息恐怕不仅优雅、复杂，还完全陌生。当然了，外星文明如果发送信息给我们，一定会尽量让它简单易懂。不过他们该怎么做呢？是不是需要某种星际罗塞塔石碑？我们相信这种工具的确存在。无论差异多么巨大，所有技术文明之间都存在某种共同语言。那就是科学和数学。自然规律适用于宇宙各处。遥远星辰的光谱模式与太阳，以及适当实验所展现出的并无不同。相同的化学元素散布于宇宙各处，同一套量子力学支配着每个原子辐射的吸收与发散。使远方星系彼此绕转的万有引力，让苹果落地，也决定了旅行者前往星海的轨迹。这就是自然规律的普适性。如果一条星际消息就是发给新兴文明的，那破译起来应该很容易才对。

不要指望在太阳系其他行星上找到另一个发达的技术文明。如果某个文明的历史进程比我们慢一点点——比如只差一万年——那它还没有发展出基础的通信技术。而如果它的发展比地球文明快一点点，那我们在探索太阳系时，就应该已经和它打照面了。为了和其他文明交流，我们需要超越行星间距，达到恒星系间距的沟通手段。理想情况下，这种交流手段应该具备几个特点。其一是廉价，这样才能收发大量信息；其二是高速，这样才能使跨恒星系的对话成为可能；其三是显眼，这样任何技术文明，无论它们的演化路径为何，都能很快发现信息。有意思的是，这种沟通手段确实存在。那就是射电天文学。

地球上最大的半自动射电/雷达望远镜在阿雷西博天文台[1]，由康奈尔大学为国家科学基金会运作。它位于波多黎各岛的偏远内陆，稳坐于碗状山谷之中。它直径达 305 米，反射镜呈碟形。来自太空深处的无线电波落在碟形镜面上，又聚焦到其上方的吊臂馈源天线处，再由此通过电路传入控制室加以分析。如果反向操作，它也可以当作雷达发射机用：只要把电波信号从馈源天线射向碟形镜面，再反射进入太空即可。阿雷西博望远镜可以用来搜索外星文明信号，以及朝它们发送信息——虽然只发送了一次。那段信息如今正在飘向遥远的球状星团 M13，从这个意义上讲，人类已经有能力进行星际级的对话了，至少我们自认为如此。

只要几个星期，阿雷西博望远镜就可以把《大英百科全书》全本发给邻近恒星系的类似天文台。无线电波以光速传播，比我们那俩带着金唱片的史上最快航天器还要快一万倍。射电望远镜在较窄波段内信号极其强烈，即使相隔遥远也收得到。就这么说吧，如果清楚对方

---

1. 中国的500米口径球面射电望远镜（FAST）于2016年取代阿雷西博成为世界上最大的射电望远镜。而2020年11月，美国国家科学基金会宣布将以可控方式拆除阿雷西博望远镜，拆除计划还在进行时，望远镜平台已因故障发生倒塌。——译注

的精确位置，那么阿雷西博天文台可以和1.5万光年外的同强度望远镜通信，这个距离相当于太阳系到银心的半途。另外，射电天文学是一门自然科学。无论行星上的大气成分如何，应该都能被无线电波穿透。无线电波不会被恒星间的气体吸收或者耗散，这个道理就和旧金山电台的广播可以在能见度只有几千米的大雾天，被洛杉矶的听众清楚地接收到一样。自然界中存在许多与智慧生物无关的无线电波，比如脉冲星、类星体、行星辐射带和恒星外层大气；任何行星上的智慧生物在其天文学发展初期，都会找到这些明亮的射电源。此外，无线电波占据了电磁波谱中的很大一块，任何刚开始分析光波的技术文明，很快都会对无线电波展开研究。

有效的通信方式也许还有数种，如星际飞船、可见或红外激光、中微子脉冲、重力波调制，或者其他什么我们1000年后才能掌握的通信技术。对先进的文明来说，无线电波可能是老掉牙的玩意儿。但它依旧强大、廉价、快速又简单。他们明白，像我们这种渴望接收来自天空消息的落后文明，很可能首先会转向无线电技术。也许他们为此还把射电望远镜搬出了古代科技博物馆。如果说有什么接收信息的手段是目前来看最最靠谱的，那么答案毋庸置疑，就是射电天文学。

天上真的有人能和我们对话吗？仅银河系就有三千多亿或者5000亿恒星系，地球真的是唯一一颗有生物存在的星球吗？更可能的情况是宇宙中技术文明并不鲜见，银河系里到处都是熙熙攘攘的发达社会，人类距离最近的外星文明并不遥远——没准我们将来某天接收到的广播，源头就在某颗肉眼可见的恒星系里，从星际尺度来看这几乎就在隔壁。也许当我们仰望星空时，某个微弱的光点附近，有个与我们截然不同的生物，也正悠闲地望着那颗被我们叫作太阳的恒星。

不过这事很难确定。可能技术文明在发展过程中会遇到许多严重问题。可能行星的数量比我们猜想的更少。可能生命的起源不像实验室显示的那般容易。可能高级生命形式的演化只是孤例。可能高级生命形式的出现稀松平常，然而智能和技术社会的诞生需要一系列不太可能的巧合——就比如人类登台亮相，需要恐龙退场和冰期导致森林减少，后者逼得我们那些栖居树上，只会尖叫，没多少头脑的祖先下地行走。还有可能文明反复出现在银河系数不清的行星上，然而社会结构不够稳定；除了很小一部分，它们都因为贪婪、无知、污染和核战而自我毁灭。

为了进一步探索这个重大问题，我们可以把银河系中技术文明的大致数量设定为 N。这里的技术，指具备射电天文学能力。当然，这个定义有些狭隘。可能有无数的世界诞生了才华横溢的语言学家和诗人，但对射电天文学漠不关心，所以我们收不到他们的消息。N 是一系列参数相加或者相乘得出的结论，每个参数的基数都必须非常庞大，才能保证大量的文明社会存在。

N_* 代表银河系的恒星数量；

f_p 代表拥有行星的恒星系比例；

n_e 代表宜居行星的比例；

f_l 代表存在生命的星球比例；

f_i 代表演化出智慧生物的星球比例；

f_c 代表不但存在智慧生物，还诞生了技术文明的星球比例；

f_L 代表了能让技术文明存续的星球比例。

现在，让我们写下方程 $N = N_* f_p n_e f_l f_i f_c f_L$。所有的 f 都是分数，取

值在 0 和 1 之间，它们会减少 N_* 的最大值。

为了推出 N，我们必须为每个系数估值。等号后的前几个系数，也就是恒星和行星系统数量，我们已经有了相当了解。而后面的那几个，比如智慧生物的演化或者技术文明的存续，我们知之甚少，所谓估值其实没比瞎蒙好到哪儿去。所以如果你对我在下面做出的推测不满意，完全可以自己修改系数，看看你的观点会导致银河系技术文明数量发生多少变动。该方程最早的提出者，康奈尔大学的弗兰克·德雷克认为，它最大的优点在于涵盖了从恒星和行星天文学到有机化学、演化生物学、历史、政治以及变态心理学的方方面面。可以说多半宇宙都被写进了方程式里。

对于银河系恒星系的数量 N_*，我们比较清楚。只要盘点天空中一小块具有代表性区域的恒星数量，我们就能反推出它容纳了数千亿恒星。最新的估计是银河拥有 4×10^{11} 个恒星系。大型恒星总是迅速消耗热核燃料，所以寿命不长，好在它们占比不高。绝大多数恒星的寿命有几十亿年或更长，它们稳定地发光发热，为附近行星的生命起源和演化提供适当的能量来源。

有证据表明，行星常常伴随恒星一道诞生：木星、土星和天王星的卫星系统就像小号的太阳系；关于行星起源的诸多假说、双星系统、恒星周围的吸积盘，以及对恒星引力扰动的初步研究等都暗示了行星普遍存在。许多，甚至大多数恒星周围可能都有行星。我们先把拥有行星的恒星系比率粗略地设为 1/3。如此一来，银河系中恒星系的数量就是 $N_* f_p \approx 1.3 \times 10^{11}$。假如这些恒星系类似太阳系，有 10 颗左右行星，那银河系里的行星数量就超过了 1 万亿。这出宇宙戏剧的舞台可真是大。

我们的太阳系拥有数个可能适宜生命存在的天体：地球当然得算在内，火星、土卫六和木星可能也得包括其中。生命一旦诞生，就会展现出异常顽强的适应力。在某个特定的行星系统内，肯定有多种环境适宜生命生存。不过保守起见，我们设 n_e=2。这样，银河系里适宜生命存在行星数量就是 $N_* f_p n_e \approx 3 \times 10^{11}$。

实验已经表明，组成生命的分子能在最普通的宇宙环境下生成和实现基础结构的自我复制。但接下来，我们就要进入不那么确定的范畴了。比如遗传密码可能在演化过程中，会遭遇重重障碍而失败。不过我相信，原始物质既然有数十亿年光阴慢慢反应，终归能演化成功。我们设 $f_l \approx 1/3$，这意味着银河系中诞生了生命的星球多达 $N_* f_p n_e f_l \approx 1 \times 10^{11}$ 个。1000 亿存在生命的世界。这实在是个惊人的推论。不过方程还没有列完。

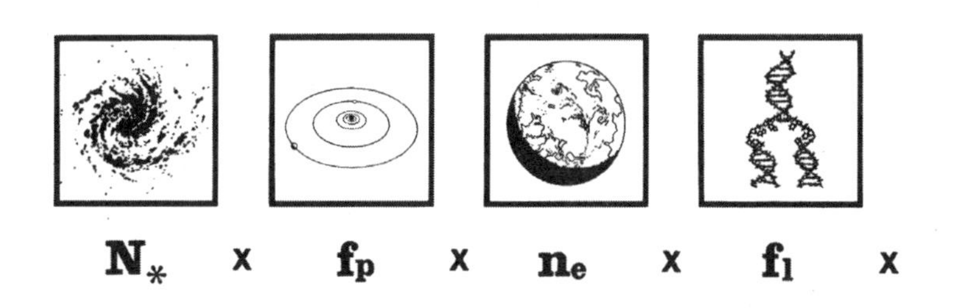

f_i 和 f_c 的取值更加难以确定。一方面来看，我们人类能演化至今，成功获得智力和技术发展，需要经历许多概率非常小的偶然事件。另一方面，先进文明的演化路径肯定多种多样。考虑到以寒武纪大爆发为代表的复杂生物在演化之路上遭遇了明显的困难，让我们设 $f_i \times f_c$=1/100，换言之，有生命的行星里，只有百分之一最终产生了技术文明。这一估值，是对各种科学观点的折中。有些人认为，生物从三叶虫演化到驯化火焰阶段的所需时长，只是历史长河中的短短一

瞬；另一些人则认为，即使有 100 亿或者 150 亿年光阴，也未必一定出现技术文明。我们在这个问题上只能研究一颗行星，样本量实在不够。现在，把这些系数相乘，我们发现 $N_* f_p n_e f_l f_i f_c \approx 1 \times 10^9$，即银河系至少有 10 亿颗行星存在过技术文明。但这个数字不代表现在银河系里真的有 10 亿个技术文明。因为我们还要加上 f_L。

一颗行星的一生中，技术文明所占的时长百分比是多少？拥有射电天文学的技术文明才在地球上出现几十年，而地球已经存在了几十亿年。我们行星的 f_L 少于 $1/10^8$，也就是百万分之一。更重要的是，人类完全可能明天就自我毁灭。假如这种灭亡是常态，而且毁灭得非常彻底，导致没有其他任何技术文明——不管是人类还是别的物种——能在太阳熄灭前的 50 亿年里再度崛起，那么 $N = N_* f_p n_e f_l f_i f_c f_L \approx 10$。所以无论何时，银河系里的技术文明数量都少得可怜。新文明的崛起和旧文明的毁灭，会让这个数字大体上保持不变。极端情况下，N 可能会小到只有 1。如果每个文明都在进入技术时代后倾向于自我毁灭，那么放眼银河，我们也许找不到一个可以交流的对象。而且说实话，我们自己做得也不怎么样。

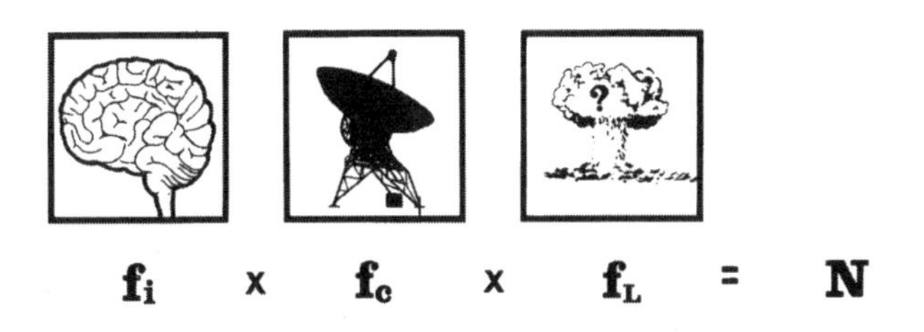

文明需要经过几十亿年曲折的演化才能出现，毁灭却只要一瞬间的愚蠢。

不过，我们可以想象另一种情况。也许多少有一些文明学会了与发达的技术共存；他们有意识地解决了大脑在漫长演化过程中产生的种种矛盾，避免了自我毁灭；或者虽然遭遇巨大的灾难，但在之后几十亿年的漫长生物演化中重新崛起，并纠正了之前的错误。这样的文明也许能持续发展，存在时长可以用地质或者恒星演化的尺度来衡量。只要有百分之一的文明能度过技术青春期，在关键的历史节点上做出正确的选择并走向成熟，那么 $f_L \approx 1/100$, $N \approx 10^7$，银河系中现存的文明就有上百万个。所以我们虽然不清楚德雷克方程里前几项系数的准确值——包括天文学、有机化学和演化生物学——但更主要的不确定性来源于经济、政治，还有我们地球人称之为人类本性的东西。很显然，如果自我毁灭不是银河系里绝大多数文明的结局，那天空中应该回荡着来自群星的消息。

这种推测令人振奋。有人认为，即使没破译其内容，来自太空的信息本身就充满希望。它意味着有些文明学会了与发达的技术共存，意味着我们同样有希望度过躁动不安的技术文明青春期。抛开信息本身的内容不谈，仅此一点，我们就应该继续寻找其他文明。

如果银河系中散落着数百万技术文明，那么我们距离最近的约为 200 光年。就算以光速传播，地球的电波也要两个世纪后才能传到他们那里。假如我们向他们发起对话，那么其中间隔的时长，就好比约翰内普勒提出问题，直到当下才收到答复。因为人类才发明射电天文学不久，科技相对落后，所以对我们来说，收听比发送更有意义。对于那些更先进的文明来说，两者当然得反过来。

我们处在使用无线电波寻找其他文明的初级阶段。给密集的星区拍一张光学照片，你能数出成千上万的星星。根据乐观估计，它们之中可能存在某个先进的文明。但到底是哪个呢？我们该把望远镜对准哪些恒星？存在先进文明的恒星系可能数以百万计，可我们检测过的却只有寥寥数千。到目前为止，我们只做了所需努力的千分之一。好在很快美苏就会展开更严格、更系统的搜索工作。这种搜索的费用并不高。建造一艘中等大小的海军舰艇的费用——比如一艘现代化驱逐舰，就足以为为期十年的地外智慧搜索项目买单。

回顾历史，我们会发现地球不同文明的初次接触难得和平收场。当然，那时候都是直接的物理接触，而电波信号轻柔得如同一个吻。尽管如此，我们依然能够以史为鉴：美国建国后，法国大革命前，路易十六曾派一支探险队远征太平洋。那支队伍有着科学、地理、经济和民族主义等多种目的，指挥官是曾在美国独立战争中为合众国而战的拉彼鲁兹伯爵。1786 年，也就是扬帆启航的近一年后，他们抵达了阿拉斯加海岸一个叫作利图亚湾的地方。拉彼鲁兹伯爵喜欢这个港湾，他提笔写道："世界上没有任何地方能比这儿更便利。"他看到岸上有一些原住民向船队挥舞白色的斗篷、动物的皮草表示亲善，湾内则有一些捕鱼的独木舟，写道：

> ……（我们）被土人的独木舟不断包围，他们用鱼、水獭和其他动物的皮草，以及衣服上的小装饰来换我们的铁器。出乎大家的意料，他们精通交易，讨价还价起来不亚于任何一个欧洲商人。

和美洲原住民的交易越来越难讨到好处，然而真正让拉彼鲁兹伯爵生气的地方在于对方的偷窃行径。被偷走的主要是铁器，还包括一件制服。有个法国军官睡觉时把制服塞在枕头下面，周围又有警卫保护，却还是遭了窃——这一壮举堪比哈利·胡迪尼[1]。因为王室的命令，拉彼鲁兹伯爵保持住了克制，但他抱怨说原住民“认为我们可以永远忍耐下去”。他并不喜欢对方，好在两个文明都没有对彼此造成严重威胁。为两艘船补给物资后，他们离开了利图亚湾，再也没有回来。1788 年，探险队于南太平洋失踪，除了一名船员外，拉彼鲁兹伯爵和所有船员都遇难身亡。[2]

整整一个世纪后，特林吉特部落的酋长科伊跟加拿大人类学家 G.T. 埃蒙斯见面，讲述了自己祖先第一次和白人接触的故事。特林吉特人没有文字，科伊也从没听说过拉彼鲁兹。这是科伊口述的内容：

> 有一年春末，特林吉特部落的大部分人冒险北上，去亚库塔特做铜买卖。铁比铜珍贵，可是得不到。进入利图亚湾时，四条独木舟被大浪吞没。就在幸存者扎营为逝者哀悼时，两个奇怪的东西出现在了海湾里。没人知道它们是什么。它们看起来就像黑色的大鸟，长着白色的翅膀。特林吉特人相信造世主是一种常常幻化成渡鸦模样的大鸟。它还把太阳、月亮和星星从囚笼里放了出来。要是直视渡鸦，你就会变成石头。特林吉特人非常害怕那两个东西，纷纷躲进树林。但是过了一阵子，有几个胆子大的发现自己并没有受伤，于是把臭菘草卷成望远镜的样子，通过草叶

1. 哈利·胡迪尼（1874—1926）：著名魔术师，以表演逃脱术而闻名于世，甚至被尊为史上最伟大的魔术师。——译注

2. 拉彼鲁兹伯爵在法国召集探险队水手期间，许多聪明、热心的年轻人提出了申请。其中一个遭到拒绝的人是科西嘉炮兵军官，名叫拿破仑·波拿巴。这是一个重要的历史节点。如果拉彼鲁兹伯爵接纳了拿破仑，可能罗塞塔石碑至今没有被发现，商博良也永远不会去破解古埃及文字。我们的近代史肯定会发生天翻地覆的改变。

往外看。据说这样可以防止石化。他们看到大鸟逐渐合拢翅膀，身体里冒出了很多黑色的神使，还爬到了翅膀上。

这时候，一个眼睛快要瞎了的年迈勇士挺身而出，把族人召集到一起。勇士说他已经暮年，愿意为了部落去证实渡鸦到底会不会把孩子们变成石头。他穿上海獭皮长袍，驾着独木舟向渡鸦接近。他爬上渡鸦，听到了奇怪的声音。因为视力不好，他只能模模糊糊地看到许多黑影在眼前晃动，可能是些神使乌鸦。后来，勇士安全地返回了岸上。见到他还活着，族人惊讶地迎了上来，把他围在中间，又是摸又是闻，直到确定回来的正是本人。老人思考了很久，说他接触的应该不是渡鸦神，而是一艘人造的大型独木舟。那些黑影也不是乌鸦，而是另一种人。特林吉特人被他说服了，他们造访了船只，用毛皮换了许多奇怪的物品，主要是铁器。

特林吉特人口口相传的故事，几乎完好无损地记录了他们和另一个文明进行的第一次接触。[1] 这次接触可算非常和平。如果我们哪天和更先进的外星文明进行了接触，会发生些什么？会像特林吉特部落和法国人那样，尽管差异巨大，却依旧和平共处吗？还是说会发生更糟糕的状况？人类历史上，不乏两个文明接触后，更落后的那个完全被摧毁的先例。16 世纪早期，墨西哥中部地区存在高度发达的阿兹特克文明。阿兹特克人有着不朽的建筑、详尽的纪事、精美的艺术

---

1. 特林吉特酋长科伊讲述的故事表明，即使在文字发明前，与先进文明接触的可识别记录也能保留至少数代人。如果许久以前有外星发达文明造访过地球，那么即便人类当时还没有文字，接触记录依然可能留存至今，且清晰易懂。然而至今没有一个疑似案例能追溯到前技术时代，而且只能用和外星文明的接触来解释。

品和欧洲任何国家都难以比拟的天文历法。1520 年 8 月，艺术家阿尔布雷希特・丢勒[1]在第一批满载墨西哥宝藏的船只抵港时这样写道："我从未见过如此令人欣喜的物品。我目睹了……整整一英寻[2]宽的金质太阳（那实际上是阿兹特克太阳历）；同等规格的银质月亮……两个船舱里塞满了各种武器、盔甲和其他神奇的物品，它们堪称奇迹。"阿兹特克书籍令欧洲的知识分子们目瞪口呆，他们中有人评论道："它们几乎能和埃及古物媲美。"埃尔南・科尔特斯[3]这么描述阿兹特克的首都特诺奇提兰："世上最美丽的城市之一……人们的生活和举止水准与西班牙相当，一切井井有条。考虑到他们只是些野蛮人，既不认识上帝，也缺少和文明国家的沟通，这真是叹为观止。"写下这些话的两年后，科尔特斯彻底毁灭了特诺奇提兰和阿兹特克文明。以下是阿兹特克的记录：

> 消息传来，（阿兹特克的统治者）蒙特苏玛陷入震惊。他们的食物让他困惑，那些伦巴第火炮更是让他几乎昏厥过去。它们在西班牙人的命令下如雷鸣般炸响，震得人头晕眼花，还飘出令人作呕的难闻烟味。雨点般溅起的火花中，像是石头一样的东西从炮口飞了出来。如果打中山，石头就崩裂四散；如果打中树，树就会化成碎屑——它消失不见，好像被打飞了一样……蒙

---

1. 阿尔布雷希特・丢勒（1471—1528）：德国中世纪末期、文艺复兴时期著名的油画家、版画家、雕塑家及艺术理论家。绘有《骑士、死亡和魔鬼》《圣杰诺米在房间里》。——译注
2. 英寻：海洋测量中的深度单位。1英寻约合1.829米。——译注
3. 埃尔南・科尔特斯（1485—1547）：著名的西班牙"征服者"，以摧毁阿兹特克古文明，并在墨西哥建立西班牙殖民地而闻名。——译注

特苏玛得知这一切，完全吓坏了。他惊恐不安，心神不宁，心衰气竭。

报告不断传来：“我们不如他们强大。我们根本无法同他们抗衡。”西班牙人开始被称为“天上来的神”。不过，阿兹特克人对西班牙人并不抱什么幻想，他们是这么描述这些外来者的：

> 他们像猴子那样抓起金币，脸上闪着光。毫无疑问，他们对黄金的渴望永无止境；他们贪得无厌，就像想用黄金填饱肚子的猪。他们拨弄金线，反复摩挲，又抓在手里，彼此间叽叽喳喳着莫名其妙的话。

遗憾的是，对西班牙入侵者本质的洞察并不能帮助阿兹特克人保护自己。1517 年，一颗巨大的流星划过墨西哥天际。蒙特苏玛相信那是个征兆，预示羽蛇神会变成一个白皮肤的人从东方的海洋回归。他的宫廷占星术士没有预见流星的出现，也不知该如何解读，结果遭到处决。认定末日将至的蒙特苏玛心如死灰，完全丧失了反抗的意愿。就这样，在西班牙人先进武装和阿兹特克人坐以待毙心态的双重影响下，一支由 400 个欧洲人和他们当地盟友组成的队伍彻底击垮了一个人口上百万的高等文明。阿兹特克人从没见过马匹，新世界不存在这种动物；他们也没有把炼铁术用于战争；火器在他们眼里更是神秘莫测。然而，他们和西班牙人的技术差距其实并不大，也就几个世纪。

反过来说，我们肯定是全银河最落后的技术文明——因为任何比我们更原始的文明都还没有发明射电天文学。如果地球上文明间的冲突也普遍存在于银河系里，我们应该已经被毁灭了——也许摧毁地球的外星人会对莎士比亚、巴赫和维米尔的作品表达一丝惋惜之情。但现实是我们还好端端地活着。所以外星文明大概更像拉彼鲁兹伯爵而不是征服者科尔特斯。当然还有种可能：那些不明飞行物和古代宇航员之类的，会不会都是谣传，人类文明其实还没有被外星人发现？

一方面，我们认为即使只有一小部分技术文明学会了与大规模杀伤性武器共存，银河系里也应该存在大量的发达文明。就连人类都已经掌握了慢速星际飞行能力，而且我们相信，将来还会飞得更快。另一方面，我们坚持认为尚无明确证据表明曾经有外星人造访过地球。这难道不矛盾吗？如果距离我们最近的文明就在 200 光年外，他们以光速来访地球只需要 200 年。哪怕只有光速的百分之一，或者百分之零点一，附近的文明也能在人类诞生后降临地球。为什么他们没有出现？有很多可能的答案。其中一个听起来有点和阿利斯塔克还有哥白尼的遗产相悖，但我们可能才是银河的长子。总有某个技术文明会在银河系历史中第一个出现；也可能我们低估了文明的自毁倾向；或者星际飞行存在某种难以预见的问题——在远低于光速的情况下无法察觉的问题；还可能外星人确实遍布银河，但因为某些银河系法律禁止对新兴文明进行干扰，所以一直没有露面。就像人类观察琼脂盘上的细菌，他们也正好奇而克制地观察着人类，看我们能不能再挺过一年而不自毁。

不过还有一种解释与我们所知的一切都相符：即使很久很久以前，一个先进的太空文明出现在 200 光年外，除非亲自来过地球，否则他们是不会认为这里有什么独特之处的。他们察觉不到人类的存在，即使光速传播的无线电信号也要200年才能到了那儿。在他们眼里，邻近恒星系多多少少一个模样。[1]

新兴的技术文明在探索了母星系，并且发展出恒星际间飞行能力后，会开始逐步探索附近的恒星系。有些恒星系可能没有宜居行星——比如全是大型气态行星，或者都是小行星。或者虽然找到了宜居行星，但那里已经有生物定居，要么大气、气候不适宜。很多情况下，殖民者不得不改变行星地表——用我们狭隘的语言来讲就是地球化——使它适宜居住。重塑行星需要花上些时间。不过偶尔他们也会发现一颗宜居度非常高的星球，然后开始殖民。利用当地行星资源建造新的星际飞船是个缓慢的过程，不过最后，第二代探索殖民飞船会向着未知的星空进发。就像藤蔓一样，文明慢慢向四周扩张。

之后的某个时间点，可能第三代，或者第四代正在探索新世界的殖民者，会和另一种正在扩张的文明相遇。很可能正式会面前，他们就已经通过无线电或者别的手段交流过了。新来者极可能拥有不同的社会结构和需求。我们可以想象，他们要殖民不同的行星，所以彼此相安无事，就仿佛金丝银线交织在一起却不会起冲突。他们甚至可能携手合作一道探索银河的新星域。但即使我们附近的文明已经独自探索，或者联合行动了数百万年，他们也可能没留心过毫不起眼的太阳系。

对人口的控制是保证文明发展出星际飞行能力的必要前提之一。如果任由人口爆发式增长，那么任何社会都不得不把所有精力和技术

1. 飞向群星的动机可能有许多。如果发现太阳或者邻近的恒星即将变成超新星，那么发展星际飞行的计划会突然变得非常具有吸引力。即使是先进文明，银心爆发的征兆也可能会激发起他们对星系间飞行能力的研究。这种宇宙级的灾难事件时有发生，所以太空游牧民族可能并不鲜见。即便如此，他们来过地球的可能性依然微乎其微。

用在填饱肚子上。这是个普适性的结论，不管放在哪种社会条件下都是如此。无论星球有多么古怪，无论当地的生物和社会系统有多么独特，人口的增加都意味着资源的消耗。所以那些能从事星际探索和殖民的文明必须先忍受人口常年零增长或低增长。但一个人口增长率低下的文明需要很久才能殖民多个世界，即使他们找到了几颗伊甸般的梦幻星球，缓解了人口控制的压力也依然如此。

我和同事威廉·纽曼计算过，假如100万年前，一个保持低人口增长的文明出现在了200光年外，并且不断向外扩张，沿途殖民宜居星球，那么他们来到地球附近，也才是今天这个时代的事。100万年是很漫长的时间。如果离我们最近的文明再年轻一点儿，就来不及抵达地球。而且半径200光年的球体会包裹20万颗恒星，也许还有数量相当的宜居星球。只有在那20万个行星被殖民后，他们才可能把目光投向太阳系某个土著文明的家园。

100万年是怎样一个概念？我们发展出射电天文学和航天飞机才几十个年头；作为技术文明只有几百年历史，科学思想的普及不过耗时千年，甚至文明本身满打满算也就几万年；几百万年前，人类才在这颗星球上演化出来。从目前的技术发展速度来看，一个领先人类百万年的文明看待我们的方式，大概跟我们看待夜猴或者猕猴差不多。然而即使他们存在，我们能认得出来吗？一个领先100万年的文明，真的还会对殖民或者星际飞行感兴趣吗？人类寿命有限是有原因的。生物学和医学的巨大发展可能会揭示其中奥秘，并让我们达到永生。我们对太空飞行的痴迷，会不会因为那是种超越有限生命，达到永恒的方式？一个由不朽者组成的社会，会不会觉得探索星际是孩童的游戏？没人造访地球，可能是因为群星过于密集，最近的文明在抵达我们附近之前就已经改变了探索的初衷，或者演化成了人类无法察觉的形态。

科幻和UFO文学常常会假定外星人的能力与人类相近。可能他们拥有不同类型的太空船或者光束武器，但在战争中——科学小说酷爱描写不同文明间的战争——与我们势均力敌。实际上，两个太空文明几乎不可能在同等水平上展开互动。任何冲突都会呈一边倒的态势。100万年的差距足以决定一切。如果一个先进文明出现在太阳系里，我们根本无能为力。他们的科技水平完胜我们。我们也犯不着担心对方是否怀有恶意。他们既然存在了这么久，很可能已经知道如何与他人相处了。也许我们对外星人的恐惧心理，反映出了自身落后的那一面：在过去的地球历史中，略微落后的文明往往惨遭蹂躏。我们还记得哥伦布和阿拉瓦克人[1]、科尔特斯和阿兹特克人，甚至在和拉彼鲁兹伯爵相遇后，特林吉特的后几代人也命运多舛。我们记得这些事，所以感到恐慌。不过，如果真有星际舰队出现在了地球的天空中，我想我们会发现他们的善意。

不过我们和外星文明的初次接触，更可能以另一种形式展开——刚才已经讨论过，我们能用无线电接收到丰富、复杂的地外文明信息。至于更直接的物理接触，还得等上一段时间。只要不答复，发送信息的文明不会知道有谁收到了他们的信号。如果电波内容令人反感或者害怕，我们完全可以不作答。但如果我们收到了有价值的信息，那肯定会给人类文明带去极大的震撼——它不但会增加我们对外星科技、艺术、音乐、政治、伦理、哲学和宗教等方面的见解，还会

---

1. 阿拉瓦克人：居住于加勒比海沿岸的印第安人，因屠杀和天花等疾病的影响几近灭绝。——译注

引发去人类中心化的思潮，使我们不再那么自命不凡。至于更多的可能性，届时才会见分晓。

因为科学与数学原理放之四海而皆准，我相信理解外星文明的信息不过小事一桩，说服美国国会和苏联部长会议资助地外文明搜寻工作才更加困难。[1] 实际上，我们也许可以把文明分成两大类：一类是科学家无法说服掌权者资助寻找地外文明，于是所有资源都转向社会内部，传统观念岿然不动，该文明最终运转失灵，泯灭于星海之中；另一种文明则富有远见，愿意与其他人进行广泛接触，探索广袤宇宙。

实际上，即使我们始终未能找到外星文明，也不失为一种成功。这样的好事历史上并不多见。如果我们仔细监听上百万个恒星系的无线电信号却一无所获，那只能得出银河系中文明异常稀少，甚至可能不存在的结论。这反证了地球的生命是多么珍贵，而且史无前例地突出了每个人的价值。如果我们收到了信号，则物种和星球的历史进程都将永远改变。

要是地外文明希望别人能一眼识别出他们的电波，可以为它加上明显的人工痕迹，比如头十个质数——只能被自身和1整除的数字，也就是1、2、3、5、7、11、13、17、19、23。任何自然现象都不可能产生只包含质数的无线电波。如果我们收到这样的信息，至少能够推断出太空中存在理解质数的文明。不过更可能的情况是，这些电波信息套信息，如同重写本。古代作家在缺少纸莎草或者石板的时

---

1. 或其他国家机关。想一想1978年2月26日伦敦《观察家》报道的英国国防部发言人言论吧："任何从太空传来的信息，都归英国广播公司和邮政管。追查非法广播是他们的职责。"

候，会把新的文字叠加在原有的文字上，这些电波也可能有类似的设置。他们可能在邻近波段用更快的频率写了另一段引言，教我们如何使用星际通用语。由于散播无线电波的文明无法得知电波何时能得到收听，所以引言会不停地重复。至于真正的信息，可能埋藏在重写本的更深处，质数信标和引言之下。无线电技术能让信息的丰度高到难以置信。没准当我们完整解析后，会发现自己正在阅读《银河百科全书》第 3267 卷。

到那时，我们会理解其他文明的本质。我们会发现地外文明数量繁多，而每个文明社会的成员都有迥异的生理结构。这导致他们的宇宙观不同，艺术和社会也不同。他们会对我们完全想象不到的东西着迷。通过对比双方的知识，人类将获得难以估量的成长。把这些新信息储存在电脑里，我们就能清楚地看到银河系里到底存在什么样的文明。我们不妨幻想一台巨大的银河计算机，它存储着不断更新的庞杂信息，记录了银河系里所有文明的性质和活动，可谓宇宙大图书馆。可能那套《银河百科全书》就有各个文明的摘要，它们无疑令人心生向往。

至于那些电波，虽然我们愿意等多久就等多久，但终有一日要做出答复。我们会传递一些关于人类的信息——从最基本的开始——以开启漫长的星际对话。由于星际空间尺度巨大，光速又受限，对话会一直持续到我们的子子孙孙。而在更遥远的未来，更遥远的星球上，某天会有一个与人类截然不同的生物发来信息，希望能获得《银河百科全书》的最新版本和一些社会信息，以方便他们加入银河文明社会。

13

第十三章

谁为地球代言

死亡与奴役正发生在眼前，我为何要费心去探索星辰的奥秘？

——阿那克西美尼问毕达哥拉斯，约前600

与这些宏伟的天体相比，地球只是个小小的舞台。人类所有伟大的工程、史诗般的航海和战争都微不足道。那些王侯将相为了他们的野心，不惜牺牲众人的生命，不过是想成为一个小角落的主人。这真值得他们反思。

——克里斯蒂安·惠更斯，《关于行星世界及其居民和产物的新猜想》，约1690年

让我们回望过去。数不清的年月前，潮起潮落的滩涂里，生命逐渐成形。他挣扎着变成一个又一个不同的形状，攫取了一种又一种不同的力量，终于自信地爬上陆地。经过一代又一代的变化，他控制了天空，也潜入了黑暗的深渊……他不断伸展，不断优化，向着难以置信的目标一刻不停地前进。然后，他变成了我们……未来时间无限，终有一日，那些栖居在我们思想里、藏在肉身中的生物将傲然立于地球之上，仿若那只是小小的脚凳。他会向着群星伸出手，朗声欢笑。

——H. G.威尔斯，“发现未来”，《自然》，1902年

我发现宇宙，宛如昨日之事。百万年来，人们的认知都局限于地球。直到我们这个物种历史最近的千分之一，也就是从阿利斯塔克时代至今的短短日子里，我们才不情不愿地意识到，人类居住的并不是宇宙中心，而是一个渺小脆弱的角落。地球漂流在永恒无垠的宇宙之海中，地球之外竟然还有上千亿星系，数十万亿的恒星系。我们鼓起勇气去星海之滨试了试水，发现海水与我们如此相契。我们身上的某种东西，认出宇宙就是家。我们由星尘所铸。我们的起源和演化与遥远的天体事件相关。探索宇宙的过程也是发现自我之旅。

正如那些书写神话的古人所知，我们是天与地之子。人类生活在行星上的这段时间，演化给我们增加了许多危险的负担。我们好斗、盲从权威、敌视外人，这些特质威胁到了人类的生存。但我们也学会了同情他人、爱我们的子孙、从历史中汲取教训，还有拥抱智慧——想要生存下去繁荣壮大，就离不开这些。现在还说不好我们本性中的哪些方面会占上风，这主要因为我们的视野、理解和对未来的期望还局限在地球上——很多时候甚至只局限在地球的一隅。但我们终究不可避免地会把目光投向浩瀚的宇宙。目前还找不到明确证据表明外星智慧生物存在，这让人怀疑文明会不会总是无可避免地走向轻率的自我毁灭。从太空望向地球时，国境线并不明显。意识到在群星的城垒之间，我们的星球只是一弯脆弱的蓝色新月，狂热的种族、宗教或者国家沙文主义就多少会变得难以为继。旅行能拓宽我们的视野。

许多世界从未诞生生命，还有许多世界被宇宙灾难毁灭。我们很幸运：我们活着，充满力量；我们文明和物种的福祉就掌握在自己手中。如果我们不为地球代言，又有谁能？如果我们不愿负起生存的重担，又有谁愿意？

人类正在进行一项伟大的冒险。如果成功，其意义不亚于我们的老祖宗登上陆地，或者离开树杈：我们正试着挣脱地球的枷锁。但这个过程并不顺利。我们得打破大脑原始部分的桎梏，同时探索行星、聆听来自群星的消息。我相信这二者密不可分，互为必要条件。问题在于人类把主要精力放到了战争上。我们蒙蔽了自己的双眼，不愿信任彼此，也不关心其他物种或者地球，国与国随时准备相互毁灭。这些事情太过可怕，甚至让人不想面对。然而问题不会因为我们闭目塞听而自动消失。

任何有点脑子的人都害怕核战，但每个有相应技术的国家都在为核战做准备。所有人都知道核战有多么疯狂，可每个国家总能找出发展核武的理由。这是个恶性因果循环：第二次世界大战开始时，德国人研究起了这种炸弹；所以美国必须抢先。如果美国拥有了核弹，那苏联也必须有，然后是英国、法国、中国、印度、巴基斯坦……到20世纪末，已经有许多国家拥有了核武储备。它们容易设计，裂变物质可以从核反应堆偷走。核武器几乎成了门家庭作坊生意。

第二次世界大战里的常规炸弹叫作“重磅炸弹”。装载20吨TNT的重磅炸弹可以摧毁城市的一个街区。1939年到1945年的第二次世界大战期间，投向城市的炸弹共计 10 万枚，加起来约 200 万吨，或者说两兆吨 TNT。考文垂、鹿特丹、德累斯顿和东京都接受过这死亡之雨的洗礼。但 20 世纪末，单枚热核炸弹释放出的能量就有两兆吨：一枚抵得上整个第二次世界大战，而这样的核弹成千上万。到 20 世纪 90 年代，美苏双方的战略导弹和轰炸机部队会把弹头对准一万五千多个指定目标。地球上再没有一个地方是安全的。恐怖的能量藏身在这些武器中，犹如死亡精灵，耐心地等待着灯被擦亮的那一刻。届时，一万兆吨级的能量将倾泻而出，在几小时，而不是六年间缓慢释放。换句话说，这颗星球的每家每户都能摊上一枚重磅炸弹；某个原本慵懒下午的每一秒钟，地球都得再遭受一次“二战”的重击。

核攻击致死的直接原因是冲击波，它们能夷平许多千米外的加固建筑。此外还有火焰风暴、伽马射线和中子射线——它们负责把人的内脏煎熟。广岛原爆结束了第二次世界大战。当时有个幸存下来的女学生写下了这样的第一手资料：

> 地狱般的黑暗中，我听到其他学生高声哭喊着妈妈。桥墩底挖出来的蓄水池里，有个女人在啜泣，她把婴儿举在头顶，那个宝宝全身被烧得通红。另一个哭泣的女人露出被烧伤的乳房让孩子喝奶。学生们泡在水里，只有脑袋和双手露出水面。他们抱在一起，呼喊着父母。每个经过的人都受了伤，无一例外。找不到人，找不到一个人可以求助。他们的头发被高温烫得卷曲，覆满尘土。他们似乎不再是人类，不再是这个世界上的生灵。

不同于随后的长崎核爆，广岛核弹在高空爆炸，所以辐射并不严重。但美国 1954 年 3 月 1 日在马绍尔比基尼群岛进行一次核试验时，发现爆炸当量比预期更高，辐射也更明显。当地居民把 150 千米外的核爆比作太阳从西边升起。爆炸生成了巨大的辐射尘云，几小时后，辐射尘像雪花一样落在朗格拉普环礁上。当地居民受到的平均辐射剂量为 175 拉德，是致死量的一半不到，再加上远离爆炸现场，所以没有什么人死亡。然而放射性锶通过食物聚集在了他们的骨骼里，放射性碘则聚集到了甲状腺中。三分之二的孩子和三分之一的成年人后来出现了甲状腺异常、生长迟缓、恶性肿瘤等异常。作为补偿之一，马绍尔群岛的居民得到了专业的医疗照顾。

广岛原爆的当量只有 1.3 万吨，比基尼的那次核试验达 15 兆吨，也就是 1500 万吨。如果热核战争爆发，所有核弹倾巢而出，那就相当于上百万颗广岛原子弹被丢往了世界各地。广岛 1.3 万吨级原爆导致了约 10 万人死亡，若是以此计算，热核战争足以杀死上千亿人。然而到 20 世纪末，地球人口还不足 50 亿。当然，实际的战争中，人们不会全部死于冲击波、火焰风暴、辐射和辐射尘——虽然辐射尘的衰变持续时间很长：90% 的锶 –90 会在核爆后 96 年内衰变；90% 的铯 –137 需要 100 年；90% 的碘 –131 则是一个月。

幸存者会目睹更为间接的核战后果。全面核战燃烧了高空中的氮，将它们转变为氮氧化物。这些物质反过来破坏了高层大气中的臭氧，导致太阳紫外辐射量增加。[1] 强烈的紫外辐射会持续多年，浅色

---

1. 该过程类似气溶胶中碳氟化合物对臭氧层的破坏，但是危险得多。一些国家已经禁止使用这种喷雾罐头；前文提到几十光年外的超新星爆发导致恐龙灭绝的假说时，也涉及过这一点。

皮肤的人将先患上皮肤癌。更重要的是，它们对地球生态带去了未知影响。紫外线能破坏农作物，让许多微生物无法生存；我们不确定这到底会引发哪些后果，又有多么严重。据目前所知，那些被杀死的生物可能位于生态金字塔底部，而我们人类正待在摇摇欲坠的塔顶。

全面核战扬起的尘土飘荡在空中，会反射阳光，导致地球温度略微降低。而一点点降温也会给农业带去灾难。鸟类比昆虫更容易被辐射杀死，核战很可能让虫群泛滥成灾，继而引发更多问题。此外，还有另一种瘟疫需要我们关心：鼠疫杆菌。到 20 世纪末，死于鼠疫的人已经不多，然而鼠疫并没有消失，只是人类的抵抗力变得比过去更强了。但核战后的辐射以及其他因素会削弱人体免疫力。从长远来看，辐射引发的微生物、昆虫等物种突变可能会给人类幸存者带去更多麻烦。也许经过一段时间以后，人类基因里的隐性突变完成了重组和表达，会诞生可怕的变种人。这些突变中的大多数一经表达就会致死，也有少部分不会。此外还有别的痛苦：失去爱人；烧伤、失明、残疾；疾病、瘟疫；空气和水体中长期存在的放射性污染；肿瘤、死胎、畸形婴儿；缺少医疗；文明平白毁灭的绝望感；明知灾难本可阻止，却坐视它发生的懊悔感。

L.F. 理查森是英国气象学家，他对战争很感兴趣，想找出其规律。战争和气象有许多相似之处，它们都很复杂，又展现出了一定的规律性。这似乎在暗示战争并非无可避免，而是能够得到理解，并加以控制的自然系统。要了解全球天气，你必须收集大量的气象数据，了解实际的天气变化。理查森认为对于战争的分析也是同理。他收集了从 1820 年至 1945 年间发生在这颗倒霉星球上大大小小数百场战争的数据。

他的研究成果写进了《致命冲突的统计》，这本书在他死后出版。理查森感兴趣的议题是，我们得等上多久，才能见到一场导致一定数量人口死亡的战争。他为此定义了一个用来衡量战争规模的指数M，即战争造成的直接死亡人数。一场M=3的冲突只是小规模战争，它造成了1000人死亡（10^3）。M=5或M=6的战争严重得多，它们分别造成了10万和100万人死亡。第一次和第二次世界大战的M值更高。理查森发现战争的死亡人数越多，发生概率就越低，间隔也越长，就像风暴总是比大雨罕见一样。

理查森认为，向下取M值到极限，让M=0，就表明了全球范围内的谋杀案发生率：平均每5分钟有一个人遭到谋杀。在他看来，对个体的谋杀和大规模战争同处一条曲线的两端。我也相信战争不单在数学上，也在深层次的心理上等同于大规模谋杀。当幸福受到威胁、前程遭到挑战时，我们——至少我们中的一部分人——会勃然大怒。民族国家也会被同样的原因激怒，一些人出于私心私欲还会在其中推波助澜。随着杀戮技术的发展和战争惩罚的不断提高，要发动一场战争，必须先让大量人口同时陷入这种渴望杀戮的狂怒。但因为传媒机构往往掌握在国家手中，人们的怒意也能被操纵（核战是例外，它可以由一小撮人引发）。

这里存在一种矛盾。矛盾的一方是我们的愤怒，另一方有时可以叫作“更好的天性”；从本质上来说，这是我们大脑深处主管杀戮与怒火的古老爬虫复合体，与后来演化出的哺乳动物与人类大脑部分——边缘系统和大脑皮层——的矛盾。群居时代的人类武器简陋，即使勃然大怒也只能杀死几个人。但随着科技的发展，武器效率得到巨大提升。不过同一时间内，我们在别的方面也取得了进步。我们学会了用理性去平息怒意、沮丧和失望。最近才出现的全球普遍不公现象已经得到一定的缓解。可是在瞬息之间杀死数十亿人的武器面前，我们进步的速度真的够快吗？我们能否尽可能地散播理性？我们是否敢于直面战争的成因？

通常叫作“核威慑”的战略，依赖于我们大脑中非人类的那些部分。当代政治家亨利·基辛格说：“威慑的关键在于心理。就目的性而言，让对方认为你在玩真的，比让对手觉得你在虚张声势有用得多。”问题在于要让对手感到恐惧，你还得时不时表现出一点非理性的姿态。如此一来，你潜在的对手才会因为害怕全面战争爆发而妥协退让。这是一种对非理性的理性利用。然而要使用这种策略，你必须非常优秀。否则时间一长，你就会习惯非理性姿态，那时，它就不仅仅是种伪装了。

以美国和苏联为首的全球恐怖平衡，把每一个地球人都当作了人质。双方为彼此的行为做出了限制。每一方都相信一旦他们的行为越界，热核战争就会接踵而来。然而这个边界会随着局势而不断变化，所以还得确保对方理解新的边界到底在哪里。每一方都试图增加军备，同时又不向对方明示。双方不断试探彼此底线，做出派轰炸机飞过北极荒原、在越南和阿富汗引发局部战争等举措——类似的事情数之不尽。全球恐怖平衡是一种非常微妙的平衡，它取决于事情不曾出偏差，取决于人们没有犯错，取决于我们爬行动物的愤怒没有被彻底激起。

回到理查森的理论上。在函数图表中，他用纵轴代表了一场 M 级战争的间隔时间，也就是我们要等多久才会见到一场导致 10^M 人直接死亡的战争（M 代表了 1 后面要跟多少个 0）；再用虚线代表近年来的世界人口。1835 年前后，全球共有 10 亿人（M=9），现在则是 45 亿（M=9.7）。理查森曲线与虚线的交叉点，指明了我们距离末日还有多久，也就是多少年之后，全地球的人口会在一场特大战争中彻底灭绝。根据理查森曲线和最简单的人口增长趋势推断，两者要到 30 世纪才相交。世界末日被推迟到了那时。

但是第二次世界大战的 M 指数到达了 7.7：约有 5000 万军事和非军事人员在战争中死亡。杀戮技术的飞速发展令人不安，核武器也在战争中得到了首次应用。没有任何迹象显示自那之后人们发动战争的动机和倾向有所减少，与此同时，常规武器和核武器的杀伤力倒是越发巨大。所以理查德曲线的顶端正在以未知速度向下滑落。如果它的新位置在阴影区的某个地方，我们距离世界末日可能只有几十年。进一步了解 1945 年后的战争可以让我们对这个问题有更加清醒的认识。这可不是在杞人忧天。

这几十年发生的事，我们都知道。所以我上面讲的那些，用大白话来说就是：核武器和武器搭载系统的发展，迟早会导致全球灾难。许多发明核武器的美国和欧洲流亡科学家因为亲手释放了魔鬼而备感痛苦。他们恳求全球废除核武，然而得不到理睬。美国和苏联都看到了核武蕴含的战略优势。核军备竞赛开始了。

这段时间内，非核的“常规武器”——这真是含蓄的说法——也通过国际贸易获得了迅速发展。按通胀后的美元计算，过去 25 年里国际武器贸易额从年均 3 亿美元激增到了 200 亿美元。按照可靠统计，1950 至 1968 年间，全世界平均每年都会发生几起与核武器有关的事故，好在至今没什么意外核爆。苏联、美国和其他许多国家都有大量的军事公司。就美国而言，许多生产家用产品的大企业也涉足了武器行业。据估计，销售军火的利润比同等技术，但竞争更激烈的民用市场高出 30% 至 50%。武器交易中费用超支程度是民用领域无可接受的。苏联对军工资源、质量的重视，更是与其对居民消费品的漠视形成了鲜明的对比。据一些统计，地球上近一半科学家和高级技术人员都以全职或兼职的方式，从事着与军火相关的工作。那些从事大规模杀伤性武器开发的人获得了丰厚的薪水、额外的津贴。如果他们所在社会允许，还有极高的荣誉。苏联把开发武器的重要性看得高于一切，相关工作人员几乎不用为他们的行为承担任何责任。他们暗中工作，受到政府保护。军队的机密性质使得它成了公民最难了解的部门。如果我们不知道他们在做什么，自然也就无从阻止。研发武器的丰厚回报，加上彼此敌对的军事机构在军备竞争中不断添筹加码，世界正稳步走向人类的毁灭。

每个大国都给采购和储备大规模杀伤性武器准备了许多说辞。最常见的那些需要刺激我们的大脑爬虫复合体。这些借口包括敌人有性格和文化上的缺陷，或者野心勃勃。至于大国们口中的自己，虽然也兵强马壮，但绝无称霸世界之企图。每个大国都有言论禁区，其民众或拥护者绝不可跨雷池一步。在苏联，你绝对不能提到资本主义、上帝、在国家主权问题上妥协退让；在美国，禁区包括了社会主义、无神论，以及同样的在国家主权问题上妥协退让。全世界都一样。

如果有中立的外星文明正在观察地球，我们该怎么向他们解释全球性的军备竞赛？开发中的卫星武器、高能粒子束武器、激光、中子弹、巡航导弹，还有把中等国家大小的区域改建为洲际导弹发射基地，同时把每个发射井隐藏在上百伪装目标里的提议……我们要怎么解释这些让地球局势越发不稳定的军事发展？我们能说成千上万一触即发的核弹头，可以提高人类的生存状况吗？我们到底把地球管理得怎么样了？我们已经听过了拥核大国的发言，知道谁为它们代言。但是谁来为人类代言？谁来为地球代言？

我们大脑总质量的三分之二在大脑皮层，它司职直觉和理性。人类由群居动物演化而来，喜爱彼此的陪伴；我们互相关心、分工协作，天生有利他主义倾向。我们已经成功地找出了自然界的一些规律。我们不但有足够的动力，也有能力合作。如果我们愿意考虑核战和新兴全球化社会的大规模毁灭，难道不也应该考虑社会的大规模重组吗？站在外星文明的角度来看，地球文明在它最重要的任务“保护地球众生福祉”上已经到了失败的边缘。我们难道不该在每个国家都行动起来，反思落后传统，探索革新之道，从根本上改变经济、政治、社会和宗教吗？

人类的前景令人不安，但很多人选择鸵鸟心态，对问题的严重性视而不见，认为世界末日不过杞人忧天；还有些人觉得改变国家体制是不切实际的事，要不就是违背了“人类天性”。这种说法就好像核战无可避免，或者人类只有一种天性似的。到现在为止，我们还没有见识过全面核战，但这不代表它就不会发生。因为这样的战争发生一次，就没有第二次了。到那时再重新编制统计数据，寻找救亡之道，为时已晚。

世界上这么多国家里，建立专门机构，真正致力于改变军备竞赛现状的并不多，美国是其中之一。然而我们对比一下国防部的预算（1980 年为 1530 亿美元），以及武器控制和裁军局的预算（同年为 0.18 亿美元），就不难看出它们当中哪个更受重视。一个理性的社会，难道不该把更多资金用在分析和预防战争上，而不是为下一场战争做准备么？到目前为止，我们对战争的理解还很浅薄，不过这可能是因为自萨尔贡大帝[1]起，裁军预算就一直处在可有可无的状态。微生物学家和医生为了治愈病人而研究疾病，不会大规模繁殖病菌。我们也应该以同样的态度，去研究战争这种被爱因斯坦叫作“儿童病”的东西。继续放任核武扩散，或者反对核裁军，会让这颗星球上所有生灵的未来都岌岌可危，无人能够幸免。人类若想延续文明，只有依赖智慧和资源来掌控自我命运，避免理查森曲线向右偏转。

地球上的所有人都已经成了核武器的人质。我们必须进行自我教育，了解常规武器和核武器的危害，还要教政府也认识到这些事。与此同时，我们也得掌握科学和技术。为了文明延续，它们必不可少。此外，我们还得鼓起勇气，挑战传统的社会、政治、经济和宗教智慧。我们必须理解彼此，真正意识到所有人类——无论他们来自哪个国家——都是我们的同胞。当然，这些事说起来容易做起来难。但就像多次呼吁核裁军，却都因为“建议不切实际”“与人类天性相悖”而遭冷眼的爱因斯坦说过的：我们还有什么选择呢？

哺乳动物会用鼻子蹭、抚摸、拥抱、舔舐它们的幼崽来表达爱意，而爬行动物几乎没有这些行为。如果我们颅骨内的爬虫复合体和边缘系统真的处在一种不稳定的休战状态中，而且依然在发挥远古本能，那父母的爱也许能够激发哺乳动物的天性，而缺少爱的接触，则可能激发爬行动物的天性。有一些证据表明情况确实如此。哈里和玛格丽特·哈洛夫妇在实验里发现，成长于笼中，与猴群缺少身体接触

---

1. 萨尔贡大帝：阿卡德帝国的创建者，在位时间为公元前2334—前2315年，被认为是第一个有历史记载的君王。——译注

的猴子——即使它们可以看到、听到和闻到同类——会表现出孤僻、沉闷、自残等异常特征。人类社会也有类似的情况。那些缺少身体接触的儿童——他们常常待在福利机构里——显然非常痛苦。

神经心理学家詹姆斯·W. 普雷斯科特对400个前工业化社会做了跨文化统计分析，成果惊人：他发现那些不吝于爱抚婴儿的社会暴力意愿偏低，另一些社会可能没有突出的婴儿爱抚行为，但只要不压抑青少年时期的性行为，其成年人也比较温和。普雷斯科特相信某些社会之所以偏向于暴力，是因为它的成员在人生的至少两个关键阶段——婴儿和青少年期——被剥夺了接触的快乐。在身体接触较多的社会里，盗窃、有组织的宗教和露骨的炫富行为并不多见；婴儿受责打的社会，则往往存在奴役、滥杀、折磨虐杀敌人、纳妾、信仰一个或多个超自然存在等行为。

我们对人类的了解还不足以确定这些行为背后的原理，但它们之间存在毋庸置疑的相关性。普雷斯科特写道："如果一个社会偏好爱抚婴儿，且允许婚前性行为，则其发展为暴力社会的概率是2%。发生例外的概率为125000比1。我不知道还有哪个发展变量有这么高的预测有效性。"婴儿总是渴望爱抚，年轻人总是有强烈的性冲动。如果这些愿望可以顺遂地实现，成年人组成的社会也许会对侵略、领地意识、仪式行为和社会等级制度嗤之以鼻（虽然儿童在成长过程中很可能需要经历这些爬行动物阶段）。如果普雷斯科特是对的，那么在核武泛滥，又存在有效避孕手段的今天，虐待儿童和强烈的性压抑本质上都是反人类罪。对于普雷斯科特的先锋理论，我们需要更多研究。不过与此同时，我们每个人都可以通过温柔地抱一抱婴儿，为世界做出自己的贡献。

如果奴隶制、种族主义、厌女症和暴力倾向相互关联——正如个人性格、人类历史和跨文化研究所暗示的——那么我们的未来依然有些许光明。我们正陷入社会剧变的浪潮里。过去两个世纪中，世界各地爆发了激动人心的革命，伴随了人类至少两千年的奴隶制走向消亡。而数千年来地位低下，缺乏真正政治和经济权利的女性，即使在最落后的社会里也逐渐走向与男性平权。进入现代史以来，头一次出现了侵略战争由于侵略国民众反对而终止的情况。宣扬民族主义和沙文主义的口号逐渐失去吸引力。也许出于生活水平的提高，世界各地的儿童得到了更好的照顾。仅仅几十年的变化，就让全球开始朝着人类生存所需要的方向发展。一种新的意识正在萌发。我们逐渐将全人类视为一个整体。

“神明面前，迷信乃懦弱。”写下这番话的泰奥弗拉斯托斯生活在亚历山大大图书馆建立期间。我们居住在什么样的宇宙里啊：原子诞生于群星核心；每一秒钟都有数千颗恒星诞生；阳光、大气中的闪电和水萌发了生命；生命演化的原始素材，有时需要归因于半个银河之外的恒星爆发；如同星系般美丽的事物在宇宙中诞生了数千亿次；这个宏伟的世界有类星体、夸克、雪花和萤火虫，可能也有黑洞、其他宇宙和地外文明，后者的电波此刻也许正向着地球飞奔而来。相比之下，那些伪科学和迷信是多么苍白。追寻和理解科学，是人类需要为之努力的事业。

深究大自然的任何一方面，我们都能窥见深奥的秘密，它触动了我们的好奇心与敬畏感。泰奥弗拉斯托斯是对的。那些惧怕宇宙真实面目，幻想人类居于万物中心的人，更喜欢迷信带来的短暂安慰感。他们选择了逃避，而不是面对世界。但那些充满勇气的探索者，他们无惧于真相与假想的不同，能洞悉宇宙最深的奥秘。

地球上没有其他物种从事科学研究。到目前为止，这种由大脑皮层的自然选择演化而来的能力还完全由人类独占，演化的理由很简单：它有用。它并不完美。它能遭到滥用。它只是一件工具。但科研是迄今为止我们所拥有的最好工具，不但能自我纠正、持续发展，还适用于所有事物。它只有两条规则：其一，没有先验的真理。所有假设都必须经过严格的检验，权威的论断毫无意义；其二，凡是与事实不相符的理论，就需要废弃或更正。我们必须了解宇宙的本来面目，而不是它在我们期望中的模样。显而易见的事情未必正确，相反，真相有时会出乎意料。当背景足够大时，人们会拥有一致的目标，而对宇宙的研究提供了最大限度的背景。地球经历了 45 亿年的各种变化，与之相比，当今流行的全球文化只是骄傲自大的新事物，它不过几千年的基础，却胆敢宣称拥有了永恒的真理。但在一个和我们一样瞬息万变的世界里，它不失为一剂处方。没有哪个国家、宗教、经济体系，或者哪种单一的知识能指明我们未来的生存之道。肯定有许多种社会制度比现存的任何制度都更完善。按照科学传统，我们的任务就是找到它们。

人类历史上，科学文明曾经有过辉煌的前景。受益于爱奥尼亚的觉醒，亚历山大大图书馆于两千多年前建立。就是在图书馆里，古代最优秀的头脑对科学做出了系统性的研究，为数学、物理、生物、天文、文学、地理和医学奠定了基础。我们今日所取得的成就，依然建立在这些基础之上。图书馆的建造者和扶持者是托勒密王朝，他们继承了古希腊帝王亚历山大庞大帝国的埃及部分。从公元前 3 世纪建立到 7 个世纪后毁灭，它一直是古代世界的大脑和心脏。

亚历山大是这颗星球的出版之都。当然，那时候没有印刷机，每一本书都经由人工抄写，非常昂贵；大图书馆里储藏着世界上所有书籍的最精确副本。批判性的编辑艺术也发轫于此。《旧约》主要经由图书馆里制作的希腊译本得以流传。富有的托勒密家族耗巨资购买了每一本希腊书籍，以及来自非洲、波斯、印度、以色列和世界其他地方的作品。托勒密三世“施惠者”想从雅典租借伟大的古代悲剧作家索福克勒斯、埃斯库罗斯和欧里庇得斯的原始手稿或正式文稿。对雅典人而言，这些东西可算文化遗产——和英国人眼中莎士比亚的原始手稿或者首印本差不多——他们一刻也不希望把稿件交出去。直到托勒密答应给出一大笔押金后，雅典人才勉强同意借出。但他们没想到托勒密对这些卷轴的重视程度远甚金银，他高高兴兴地放弃了押金，把卷轴珍藏进了图书馆。在那之后，他又略带愧意把稿件复制品送回雅典。雅典人很生气，却只能无可奈何地收下。这样热衷于追求知识的国家着实罕见。

托勒密王朝不仅仅收集已有的学识，也鼓励和资助新的科学研究。他们成果不菲：埃拉托色尼精确地计算了地球的大小，他绘制世界地图，认为从西班牙一直往西航行能够抵达印度。希帕克斯相信恒星也有生死，它们会在几个世纪的缓慢移动后消亡；他还是第一个把恒星位置和亮度编目以观察它们变化的人。欧几里得的《几何原本》让人类从中受益了23个世纪，唤醒了开普勒、牛顿和爱因斯坦对科学的兴趣。伽林写了治疗和解剖学的基本著作，直到文艺复兴前，它们一直占据着医学的主流地位。像这样的东西还有许许多多。

亚历山大是西方世界所见过的最伟大城市。各个国家的人来此居住、贸易、学习。每一天，它的港口都挤满了商人、学者和游客。希腊人、埃及人、阿拉伯人、叙利亚人、希伯来人、波斯人、努比亚人、腓尼基人、意大利人、高卢人、伊比利亚人在这座城市中自由交换他们的商品和思想。大概就是在这里，人们第一次认识到了“世界主义”[1]的真谛：人们不仅仅是某个国家的公民，也是宇宙的公民。人人都是宇宙的一分子……

毫无疑问，现代世界的种子就是在那时埋下的。但到底是什么东西阻止了种子生根发芽？为什么西方国家在黑暗中沉睡了千年，直到哥伦布、哥白尼那代人才重新发现了早已在亚历山大港完成的事业？我无法简单地给出答案。但我知道，没有证据显示有哪位杰出的科学家和学者，曾经在图书馆漫长的历史中认真挑战过社会的政治、经济和宗教架构。他们质疑群星并非永恒，却不曾考虑奴隶制是否正当。学习和科研当时是少数人的特权，城市的广大居民对图书馆的伟大发现一无所知，新的发现没能得到宣传和推广，人们并未从科研成果中得到多少好处，机械和蒸汽技术的发展主要应用在了完善武器、增长迷信和娱乐君王上，科学家们没有尝试用机器用来解放大众，[2]那些伟大的发现鲜少得到实际应用，科学从未激发大众的想象，安于停滞、悲观、对神秘主义俯首称臣的世态始终未遭撼动。所以当暴徒前来烧毁图书馆时，也没有人站起来阻止他们。

亚历山大大图书馆的最后一位科学家既是数学家、天文学家、物理学家，也是新柏拉图学派的领袖——无论哪个时代，这些都是非凡的头衔。她的名字是希帕蒂娅，公元370年出生于亚历山大。那个年

---

1. “世界主义”（cosmopolitan的词根为cosmos，也就是宇宙）由理性主义哲学家、柏拉图批评家戴奥真尼斯发明。

2. 阿基米德是个例外。他在亚历山大图书馆期间发明了螺旋抽水机，埃及人至今依然在用这个设备灌溉农田。但即使是阿基米德也认为这样的机械发明有损科学的尊严。

代女性地位低下，形同财产，而希帕蒂娅却在传统上被视为男性的领域表现得游刃有余。所有人都说她貌美如花。希帕蒂娅的追求者甚多，然而她拒绝了所有的求婚。当时亚历山大已经被罗马统治了很长一段时间，城内局势非常紧张。奴隶制削弱了这里古典文明的活力。基督教会的权力则不断增长，想要根除异教的文化影响。希帕蒂娅不幸站在了这些强大社会力量的中央。亚历山大主教西里尔厌恶她，因为她和罗马统治者关系良好，也因为她代表了学习和科研，而早期教会常常视它们为异端标志。希帕蒂娅冒着极大的危险继续教学和出版，直到 415 年，她在去工作的半路上遭到西里尔教区狂热教徒的袭击。他们把她拖出车外，扯掉衣服，用鲍鱼壳生生把血肉从她骨头上剜下。希帕蒂娅的遗体被焚烧，作品被抹去，连名字也遭人遗忘。而西里尔后来封了圣。

亚历山大大图书馆的辉煌过去只剩下了模糊的回忆。希帕蒂娅死后不久，图书馆的残垣断壁也被推倒。如果把文明比作人，这就好像他对自己做了开颅手术，永久抹去了绝大多数记忆、发现、思想和激情。这是无可估量的损失。我们知道一些被毁作品的标题。但大多数作品被抹得干干净净，无论标题还是作者名都没能残存下来。图书馆里曾经保存了索福克勒斯的 123 个剧本，而我们今天能见到的只有 7 个，其中包括了《俄狄浦斯王》。埃斯库罗斯和欧里庇得斯作品的情况大同小异。这就好像威廉·莎士比亚的存世作只剩下了《科里奥兰纳斯》和《冬天的故事》，我们听说他生时更出名的剧本是《哈姆雷特》《麦克白》《尤利乌斯·恺撒》《李尔王》以及《罗密欧和朱丽叶》，却无缘得见。

曾经辉煌灿烂的大图书馆连一卷书册都没能保存下来。现代亚历山大港的人们对大图书馆或比它还要早上数千年的埃及文明知之甚少。后来发生的历史里，另一种文化取代了前两者。同样的事情发生在世界各地。我们的当下和过去往往只剩下若有若无的联系。就在距离塞拉皮斯神殿遗址一箭之地，还有其他不同文明留下的许多痕迹：古埃及法老时代那神秘莫测的狮身人面像；表彰罗马皇帝戴里克先功绩的立柱，他阻止了这个帝国行省饿殍遍地；一间基督教堂；许多伊斯兰寺院；外加现代工业文明的标志——公寓楼、汽车、电车、贫民区、信号中继塔。仿佛来自过去的数百万根细绳纠缠在一起，编织出现代世界的钢缆和电线。

我们今天的成就建立在四万代先人打下的基础之上。他们中的绝大多数都籍籍无名，湮没于历史长河。我们时不时会新发现一个新的古文明——比如古国埃勃拉——距今不过数千年，却彻底遭到了遗忘。我们对自己的过去是多么无知啊！幸亏还有碑文、草纸、书籍让人类这个物种能跨越时间彼此连接，听见我们的兄弟、姊妹、先人遥远的话语和呼喊。意识到他们与我们如此相像，是多么快乐的事！

本书为一些人、机器和事件勾勒了一条时间线。安提基特拉机械是古希腊时代的天文学机器。亚历山大的希罗试验了蒸汽机。图表中跨度长达千年的缺口，代表了人类痛失的发展良机。我们在本书中列出了一些未遭遗忘的先人：埃拉托色尼、德谟克利特、阿利斯塔克、希帕蒂娅、列奥纳多、开普勒、牛顿、惠更斯、商博良、赫马森、戈达德、爱因斯坦。他们都来自西方文明，这是因为当代科学主要起源于西方社会；但每个文明，如中国、印度、西非和中美洲文明都为全球化社会做出了重大贡献，都提供了开创性的思想家。拜技术进步所赐，我们的星球正向着单一的全球化社会飞速发展。如果我们能在既不抹消彼此文化差异，又不自我毁灭的前提下完成地球诸文明的整合，那不失为一桩伟业。

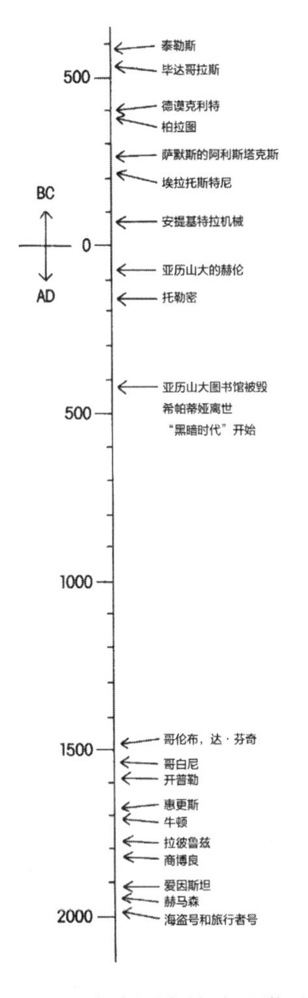

本书提及的一些人、机器和事件的时间线。安提基特拉机械是古希腊时代的天文学机器。亚历山大的希罗试验了蒸汽机。图表中跨度长达千年的缺口，代表了人类痛失的发展良机

亚历山大大图书馆遗址附近，有一座无头石狮人面像，它雕于新王国第十八王朝霍朗赫布法老统治时期，比亚历山大建城还要早一千年。你在雕像旁，一眼就可以看到新立起的微波中继塔。一条不可截

断的人类历史线条将它们联结到了一起。狮身人面像到中继塔间隔的千年，在宇宙尺度上只是渺小的一瞬。宇宙从大爆炸算起年龄已经150亿岁了，它的过往几乎被时间之风完全抹去，比亚历山大大图书馆里的纸莎草卷毁灭得更为彻底。然而凭借勇气与智慧，我们依然能瞥见祖先走过，今人正在行走的曲折道路：

太初之时，宇宙大爆炸。物质和能量四溢横流，一切混沌无形。没有星系，没有星球，也没有生命。到处是浓稠到无法穿透的黑暗，空间里密布氢原子。随后，气体逐渐凝聚成团，它们是体积比恒星还要大的氢云团。随着最初的核子火焰在气态云团中点燃，第一代恒星诞生，它们点亮了宇宙。不过那时候还没有任何行星受到阳光的照耀，也没有任何生物欣赏天空的光辉。恒星熔炉深处，核聚变炼金术使氢元素化作更重的元素，它们燃烧后的灰烬成了未来行星和生命的原材料。那些大质量的恒星很快就把储存的核燃料挥霍殆尽，在天崩地裂的爆炸中把大部分物质抛回曾经凝结出它们的虚空。恒星间稠密的暗云里，多种元素汇成新云团，成为后几代恒星的温床。它们附近还有更小的云团，这些团块的体积不足以点燃核子火焰，于是逐渐变成了行星。一个由石头和铁组成的不起眼世界也在其中，那就是原始的地球。

地球凝结和暖化的过程释放了它体内的甲烷、氨、水和氢，形成了原始的大气和海洋。来自太阳的星辰之光沐浴着原始的地球，提升了它的地表温度，并引发雷暴。雷暴与火山喷发的熔岩破坏了原始大气中的分子，它们的碎片落入原始的海洋不断溶解重组，形态越来越复杂。随着时间流逝，原始的海洋逐渐成为一锅温热的稀汤。分子在泥土表面不断聚合，驱动复杂的化学反应。有天偶然出现了一种分子，它能利用有机稀汤中的其他材料来实现自我复制。由于自然选择青睐那些更适合自我复制的结构，它们在漫长的演化过程中变得越来越复杂，复制时越来越精确。原始汤在这些复杂有机分子的消耗和转化下，越来越稀薄。不知不觉间，生命诞生了。

按时间顺序，接下来单细胞植物出现，生命开始产生自己的养料；它们的光合作用改变了大气成分；两性分化；曾经的自由生物组合到一起，形成具有特殊功能的复杂细胞；化学感官出现，地球生物第一次尝到、闻到了宇宙；单细胞生物演化成多细胞生物，身体的各个器官有了专门的作用；眼和耳出现，现在宇宙可以被看见、听见了；植物和动物发现陆地也可以生存；许多生物离开大海，它们或蠕动，或匍匐，或奔跑，或滑翔，或振翅飞行，或驭风翱翔；隆隆的脚步声中，巨兽穿过蒸汽升腾的雨林；一些小巧的动物出现，它们没有坚硬的外壳，血脉里流淌着早期海洋似的液体。它们以其机敏和狡猾生存了下来；片刻之前，一些小树栖动物从树上跳下，直立行走、使用工具、驯养其他动植物和火，还发明了语言。恒星炼金术的灰烬如今有了清晰的自我意识，以前所未有的速度发明文字、建造城市、研究艺术和科学，还向其他行星和恒星发射航天器。这一切，都是氢原子历经 150 亿年演化的产物。

这段历史听起来犹如史诗神话，然而它们是真的。当然，它只是这个时代科学所揭露的、最粗略的宇宙演化图景。讽刺的是，人类艰难地一路走来，却可能要自我毁灭。不过我们已经能够清楚地看到，地球上所有的生灵都是银河氢工业的最新产物，都是宇宙漫长演化的成果，它们全都弥足珍贵。宇宙的其他地方可能也存在同样惊人的物质变化，所以聆听天空是明智之举。

我们一直持有“非我族类，其心必异”的奇怪观点，认为另一个人或者另一个文明，哪怕和我们只是稍有不同，都会显得面目可憎。“外人”（alien）和“异国的”（outlandish）这种词，本身就暗含了负面情绪。然而地球诸多文明各自的文化习俗只代表了人类间微小的不同，如果有外星访客，他会认为这种差异微不足道。宇宙中可能有许许多多的智慧生物，但达尔文演化论告诉我们，人类只存在于这里，存在于这颗小小的行星。我们是濒临灭绝的珍稀物种。从宇宙角度来看，我们每一个人都很宝贵。即使有人不同意你的观点，也与他和平共处吧。因为就算踏遍千亿星系，你也找不出另一种人类来。

人类的过往，也是意识逐渐觉醒，发现自己是更大群体一员的历史。一开始，你只忠诚于自己和直系亲属，然后是游牧族群，接着是部落、小定居点、城邦、国家。我们所爱之人的范围逐渐扩大。现在，我们从属于所谓的国际联盟，许多拥有不同种族和文化背景的人彼此协作——这种经历当然会塑造我们的品性与格局。如果要生存下去，我们忠诚的对象必须进一步扩大，变成整个人类社会，乃至整个地球。许多国家的掌权者会觉得这种想法令人不安。他们害怕失去权力。我们会听到许多关于叛国与不忠的论调。富裕的民族国家，将不得不接济那些穷国。但就像 H.G. 威尔斯曾经在一篇文章里说的，我们要么拥抱宇宙，要么一无所有。

几百万年前，人类并不存在。几百万年后，人类又在哪儿？地球 46 亿年历史漫漫，还没有东西能够永存不灭。然而从地球起飞的小小无人探测器现在正反射着银光，优雅地穿过太阳系。我们已经初步探测了 20 个世界，其中包括那些肉眼可见，我们祖先渴望了解，亦为之狂喜的行星。如果人类生存了下去，那么这个时代会因为两个原因而得到铭记：在技术青春期，我们设法避免了自毁；也是在这个时期，我们探索起了星空。

这选择真是残忍而讽刺。发射行星探测器的火箭助推器，同样能装上核弹头攻击各国。“海盗号”和“旅行者号”安装的放射能源与核武技术同源。无线电和雷达技术被广泛用于跟踪引导弹道导弹以及侦测敌对攻击，但也可以监控指挥航天器、侦听附近恒星系文明信号。如果我们真的因为这些技术自我毁灭，那肯定没机会去其他行星和恒星系探险了。但反过来也一样。只要继续走向群星，人类的沙文主义就会被进一步撼动。我们会意识到，要深入太空探索，我们必须代表全地球的人类。我们不应致力于自我毁灭，而是要为生存奋斗：我们需要增加对地球及其居民的了解，同时寻找来自其他地方的生命。太空探索——无论载人还是不载人——需要用上多种技术、强大的组织能力和过人的勇气与胆识，这些也是战争所需的。如果我们在核战爆发前真正实现了裁军，超级大国的军事机构就可以转而从事起这项纯洁的事业来。我们为战争所做的准备，可以相对容易地转化为对宇宙奥秘的追寻。

一项合理的——甚至是雄心勃勃的——无人行星探测计划并不昂贵。苏联的太空科学研究预算是美国同类支出的数倍。但二者加在一起，也不过相当于每十年造两三艘核潜艇，勉强超过一类武器的单年预算。1979 年最后一个季度，美国在 F/A–18 战斗攻击机上的投入提高了 51 亿美元，F–16 则是 34 亿美元。跟这些挥金如土的东西相比，行星无人探测项目的费用简直少得可怜。打个比方，1970—1975 年间，美国仅为轰炸越南这一项国策就耗费了 70 亿美元。“海盗号”火星探测和“旅行者号”外太阳系探测任务加起来也没有 1979—1980

年间苏联入侵阿富汗的开销高。通过技术就业和对高科技行业的刺激，用于太空探索的费用能得到数倍的回报。研究表明，在行星探索上使用的每一美元，回馈到国民经济中都会变成 7 美元。然而实际情况是太空探索资金匮乏，有许多既重要，又完全可行的任务尚未开展——包括把漫游车送上火星、交会时近距离观察彗星、探测土卫六以及全面搜索地外文明无线电信号。[1]

设立月面永久基地和载人火星探索之类的巨型太空探索项目成本太过庞大，除非在核武器和常规武器裁军方面取得显著进展，否则短时间内无可实现。而且即便裁军成功，可能也会有更紧急的情况需要解决。但是我坚信，只要人类能避免自我毁灭，完成这样的巨型项目不过是时间问题。社会几乎不可能静止不变。如果我们选择退缩，不再积极探索宇宙，那么即使倒退幅度再小，它也会因为一种复合心理机制而在几代人之后演变成明显的衰退。反之同理。只要我们致力于地外探索——参考哥伦布的说法，可以叫"星际事业"——哪怕每次都只迈出一小步，几代过后人类也会为登上异星，为成为宇宙一分子而欣喜。

大约 360 万年前，今天坦桑尼亚北部的一座火山喷发，飘飘扬扬的火山灰覆盖了周围的大草原。1979 年，古人类学家玛丽·利基在那里发现了灰烬中的足印，她相信那些足迹属于原始的人类，甚至可能是今天所有人类的老祖宗。而在 3.8 万千米之外，另一颗星球的"静海"地区，人类在欢呼声中留下了又一个足印。我们已经走过了 360 万年、46 亿年、150 亿年。

---

1. 这些任务在后来的年月里都或多或少得到了实行。—— 译注

我们是产生了自我意识的局部宇宙。我们已经开始思忖起了自己源于何方：我们由星辰所铸，如今眺望群星；我们由 100 亿亿亿亿个原子组合而来，而今考虑起了这些原子的悠久演化；我们回溯着意识（至少在地球上）诞生的漫漫长路。我们忠于地球及其物种。我们为地球代言。我们要生存下去。因为这责任不仅属于我们，也属于那古老而浩瀚的宇宙，属于我们的起源之地。

致谢

我除了前言中提及的人，还有许多人为这本书贡献了他们的时间和专业知识，我在此向他们表示感谢。包括卡罗尔·莱恩、默娜·塔尔曼、詹妮·阿尔丁、大卫·奥斯特、理查德·威尔斯、汤姆·魏德林格、丹尼斯·古铁雷斯、罗伯·麦凯恩、南希·金尼、珍妮尔·巴尔尼克、朱迪·弗兰纳里和《宇宙》电视节目的工作人员苏珊·拉乔、南希·英格利斯、彼得·莫尔曼、玛丽拉·奥莱利和兰登书屋的詹妮弗·彼得斯；给第五章起名的保罗·韦斯特，还有乔治·阿贝尔、詹姆斯·艾伦、芭芭拉·阿马戈、劳伦斯·安德森、乔纳森·阿伦森、霍尔顿·阿尔普、阿斯马·埃尔·巴克里、詹姆斯·布林、巴特·伯克、兹迪·鲍文、约翰·C. 布兰德、肯尼思·布雷彻、弗兰克·布里斯托、唐纳德·B. 坎贝尔、朱迪斯·坎贝尔、埃洛夫·阿谢尔·卡尔森、迈克尔·卡拉、约翰·卡萨尼、朱迪思·卡斯塔尼奥、凯瑟琳·斯萨斯凯、马丁·科恩、朱迪－林恩·德·雷伊、尼古拉斯·德弗罗、迈克尔·德维安、斯蒂芬·多尔、弗兰克·D. 德雷克、弗雷德里克·C. 杜兰特三世、理查德·爱泼斯坦、冯·R. 埃什尔曼、艾哈迈德·法赫米、赫伯特·弗里德曼、罗伯特·弗罗施、乔恩·福田、理查德·甘蒙、里卡多·贾科尼、托马斯·戈尔德、保罗·戈登伯格、彼得·戈德赖希、保罗·戈德史密斯、J.理查德·戈特三世、斯蒂芬·杰伊·古尔德、布鲁斯·海耶斯、雷蒙德·希科克、伍尔夫·海因茨、亚瑟·霍格、保罗·霍奇、多丽特·霍菲特、威廉·霍伊特、艾科·伊本、米哈伊尔·雅罗辛斯基、保罗·杰普森、汤姆·卡普、比斯恩·N.卡哈、查尔斯·科尔哈泽、埃德温·克虏伯、亚瑟·莱恩、保罗·麦克莱恩、布鲁斯·马贡、哈罗德·马瑟斯基、琳达·莫拉比托、埃德蒙·莫姆季安、爱德华·莫雷诺、布鲁斯·莫利、威廉·默南、托马斯·A.穆茨、肯尼斯·诺里斯、托拜厄斯·欧文、琳达·保罗、罗杰·佩恩、瓦赫·彼得罗辛、詹姆斯·B.波拉克、乔治·普雷斯顿、南希·普勒斯顿、鲍里斯·拉金特、黛安娜·伦内尔、迈克尔·罗顿、艾伦·桑德奇、弗雷德·斯卡夫、马尔滕·施密特、阿诺德·薛贝尔、尤金·休梅克、弗兰克、徐遐生、南森·席文、布拉德福德·史密斯、劳伦斯·A.瑟德布卢姆、海伦·斯宾拉德、爱德华·斯通、艾迪·泰勒、基普·S.索恩、诺曼·思罗尔、O.布莱恩·图恩、芭芭拉·塔奇曼、罗杰·乌利齐、理查德·安德伍德、彼得·凡·德·坎普、尤利·J.凡·德·伍德、阿瑟·沃恩、约瑟夫·沃维卡、海伦·辛普森、多萝西·维塔利亚诺、罗伯特·瓦戈纳、约瑟芬·沃尔什、肯特·威克斯、唐纳德·约曼斯、斯蒂芬·耶拉尊尼斯、路易丝·格雷·杨、哈罗德·齐琳，以及国家航空航天局。我还要特别感谢爱德华多·卡斯坦尼达和比尔·雷伊在摄像上给予的帮助。

附录 1
归谬法和 2 的平方根

毕达哥拉斯学派对“2 的平方根为无理数”的原始论证基于“归谬法”：假设某命题为真，如果以此推导出了矛盾或荒谬的结论，则该命题必然错误。我们可以举个现代点的例子。20 世纪伟大的物理学家尼尔斯・玻尔有句格言：“每个伟大的思想，其对立面是另一个伟大的思想。”如果这句名言是对的，那结果至少有点儿危险。想一想老生常谈的“应当推己及人”“不该说谎”或者“不该杀人”就明白了。我们还可以假定玻尔这句格言本身也是个伟大的思想，这样一来，它的反面“每个伟大的思想，其对立面不是伟大的思想”也一定是正确的。这时候，谬误就出现了。如果它的对立面是错的，那我们就无须奉玻尔的名言为圭臬，因为它证明了自己不是。

毕达哥拉斯学派在通过归谬法论证 2 的平方根是无理数时，采用了专业的几何学方法，而我们可以用更现代，也更简单的代数方式。论证的过程、思考的方式，至少和结论一样有趣：

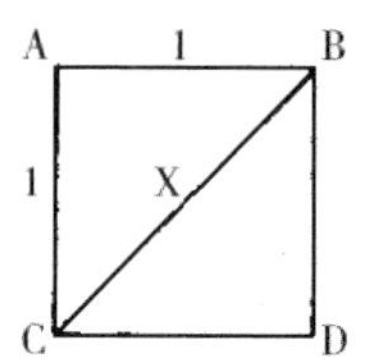

想象一个边长为 1 的正方形（这个 1 是厘米、英寸，或者光年都无所谓）。对角线 BC 将这个正方形切分成了两个直角三角形。按照毕达哥拉斯定理，这样的直角三角形中 $1^2+1^2=X^2$，所以 $X^2=2$，$X=\sqrt{2}$。即 2 的平方根。我们假定 $X=p/q$，且是一个有理数，所以 p 和 q 都是整数。对它们的大小，我们不做任何要求，但不得有公约数。举个例子，14/10 里 p=14，q=10，但它们都可以除以 2，得 p=7，q=5，即 7/5。开始前，我们需要除去所有公约数。p 和 q 的取值有无穷多的选择。从 $\sqrt{2}=p/q$ 开始，将等号两边都平方，得到 $2=p^2/q^2$，或者我们把两边都乘以 q^2，得

$$p^2=2q^2 \text{（方程 1）}$$

p^2 是某个数乘以 2，因此 p^2 是偶数。但任何奇数的平方根都是奇数（$1^2=1$，$3^2=9$，$5^2=25$，$7^2=49$，等等），所以 p 本身也必然是偶数。我们可以写 p=2s，s 为另一个整数。将 p 代入方程 1，得

$$p^2=(2s)^2=4s^2=2q^2$$

等式两边都除以 2，得

$$q^2=2s^2$$

因此 q^2 是偶数。根据我们刚才对 p 的讨论，可得 q 也是偶数。但如果 p 和 q 都是偶数，就都能被 2 整除，没有得到完全约分，与

我们的假设相矛盾。这就是归谬法。但问题出在命题的哪个部分？从论述中，我们得不出公约数错误的结论，也即 14/10 可行但 7/5 不行，所以问题只能出在最初的假设上；p 和 q 不可能都是整数，2 的平方根只能是无理数。实际上，$\sqrt{2}$=1.4142135……

多么令人震惊，又出人意料的结论啊！这个证明，又是多么优雅！可惜毕达哥拉斯学派认为有必要保守这伟大的发现。

附录 2
五个毕达哥拉斯正多面体

正多边形（希腊语意为“多角的”）是一种有着 n 条边，且边长相等的二维图形。所以 n=3 是等边三角形，n=4 是正方形，n=5 是正五边形，以此类推。正多面体（希腊语意为“多面的”）是三维图形，所有的面都是正多边形：如正方体有 6 个正方形的面。一个简单的毕达哥拉斯多面体或者说正多面体，表面上不存在空洞。毕达哥拉斯学派和约翰内斯·开普勒工作的理论基础都是正多面体有且只有五个。该证明最简单的方式后来由笛卡尔和莱昂哈德·欧拉发现，他们找出了正多面体的面数（F）、边数（E）、顶点数（V）之间的关系：

V−E+F=2（方程 2）

对一个正方体来说，它有 6 个面（F=6）、8 个顶点（V=8），8−E+6=2，14−E=2，E=12；可以用方程 2 推测出正方体有 12 条边，事实如此。方程 2 的简单证明可以在库朗和罗宾斯的书中找到，我们可以用它推出正多面体只有 5 种。

正多面体的任意一条边都由两个相邻的正多边形共享。如正方体的每条边都是两个正方形的边界。如果我们把正多面体所有面的所有

边相加，即 nF，等于把每条边都数了两次。所以

$$nF=2E \text{（方程 3）}$$

设 r 为与每个顶点相交的边数。正方体的 $r=3$。此外，每条边连接着两个顶点。如果我们把所有的顶点相加，即 rV，就等于把每条边数了两次。所以：

$$rV=2E \text{（方程 4）}$$

用方程 3 和方程 4 替代方程 2 中的 V 和 F，可得：

$$2E/r-E+2E/n=2$$

用 $2E$ 同时整除方程式两边，可得：

$$1/n+1/r=1/2+1/E \text{（方程 5）}$$

我们知道 n 大于等于 3，因为最简单的多边形是三角形，有三条边。我们还知道 r 大于等于 3，因为在正多面体中，至少有 3 个面在一个给定的顶点相交。如果 n 和 r 均超过 3，方程 5 的左边会小于 2/3，等号右侧的 E 无法取正值。这样，我们可以再用归谬法得出，要么 $n=3$，r 大于等于 3；要么 $r=3$，n 大于等于 3。

如果 $n=3$，方程 5 即为 $1/3+1/r=1/2+1/E$，或

$$1/r=1/E+1/6 \quad (\text{方程 }6)$$

在这种情况，r 只能等于 3、4 或 5。（如果 E 大于等于 6，等式就无法成立。）现在 $n=3$，$r=3$ 的正多面体上，每个顶点有 3 个三角形的角相交。由方程 6 可知，它有 6 条边；由方程 3 可知，它有 4 个面；由方程 4 可知，它有 4 个顶点。很显然，它是个金字塔形的四面体；$n=3$，$r=4$ 的正多面体有 8 个面，每个顶点有 4 个三角形交会，它是个八面体；$n=3$，$r=5$ 的正多面体有 20 个面，每个顶点有 5 个三角形交会，它就是二十面体。

如果 $r=3$，方程 5 变为：

$$1/n=1/E+1/6$$

同理，n 只能等于 3、4 或 5，$n=3$ 是四面体，$n=4$ 是 6 个正方形组成的正方体；$n=5$ 是一个由 12 个五边形组成的正多面体，即十二面体。

n 和 r 不存在其他整数值，所以正多面体有且只有 5 个。我们已经知道，这个抽象而优美的数学结论，对人类事务产生了极其深远的影响。

[全书完]

从略高于银河系旋臂面的位置望过去，能看到旋臂被数十亿年轻炽热的恒星照亮，而点亮银心的是年纪更大、色泽更红的恒星（乔·隆伯格绘）

环绕银心的一个球状星团（安妮·诺尔恰绘）

埃及亚历山大大图书馆大厅（基于学术证据重现）

产于日本内海的平家蟹

从地球看月球，此视角位于大气层边缘

从月球看地球，这是开普勒梦想中的画面

韦斯特彗星。西德格罗茅的马丁·格罗斯曼于 1976 年 2 月拍摄。巨大的彗尾是被太阳质子和电子风吹离的冰态彗核物质，而此时太阳已经落到了地平线以下

亚利桑那陨坑。该陨坑直径 1.2 千米，可能形成于 15000 至 40000 年前。当时一块直径 25 米的铁陨石以每秒 15 千米的速度撞击了地球。它释放的能量相当于 400 万吨级核爆

地球在起伏的山丘和重重叠叠的环形山上升起（阿波罗轨道航天器照片，NASA 供图）

乌托邦的霜冻。1977 年 10 月，火星北方冬季来临，北纬 44 度的地表凝出了一层薄薄的霜。垂直结构对高增益天线的支持，使得海盗 2 号能够直接和地球联系。彩色方块和黑色的方格线是摄像机的拍摄目标。左下角那个带白边的黑色正方形里，用非常小的字镌刻了一万人的姓名。这些人是海盗号太空任务的设计、制造、测试、发射和操作者。不知不觉间，人类已经成了多行星物种（NASA 供图）

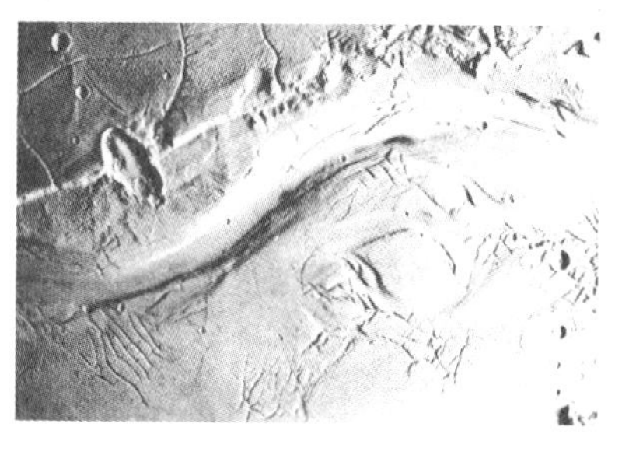

火星古老河床卡塞谷的细部。卡塞在日语里是火星的意思。峡谷底部的陨坑证明了它年代久远。火星早期的历史中，地表存在丰沛的液态水，这意味着它曾经适宜生命存在（海盗号轨道航天器拍摄，NASA 供图）

另一个世界的风景画：海盗 1 号在克里斯的登陆点布满了碎石和轻柔起伏的沙丘

旅行者接近木星。前景是木卫一和木卫四（NASA 供图）

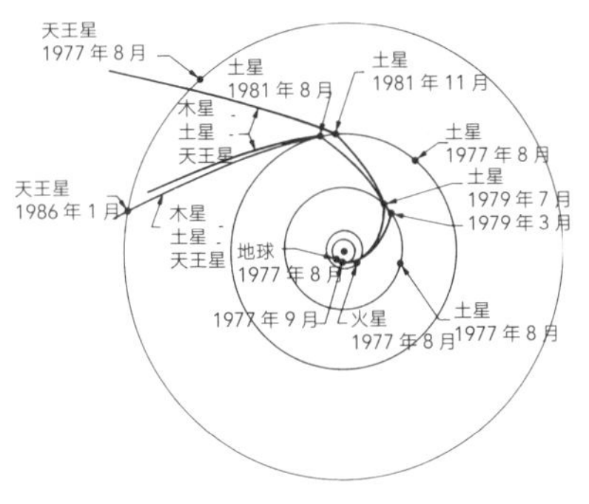

旅行者1号（左上角穿越天王星轨道）和旅行者2号（1986年1月遭遇天王星）的航行轨迹。图中还可见旅行者2号为了和1号那样近距离观察土卫六而进行的变轨

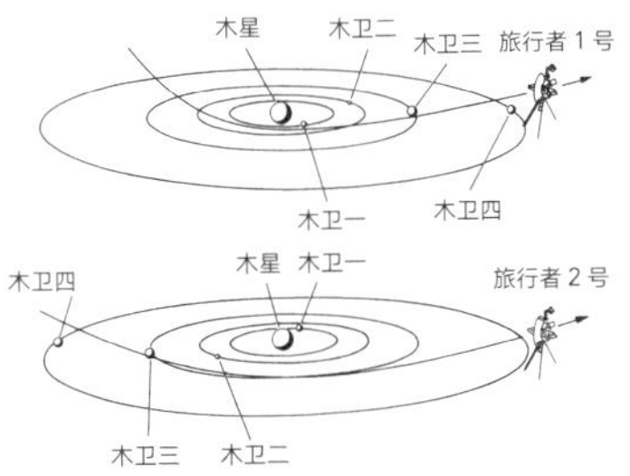

旅行者1号（上图）和2号（下图）在1979年3月5日和7月9日掠过木星的伽利略卫星

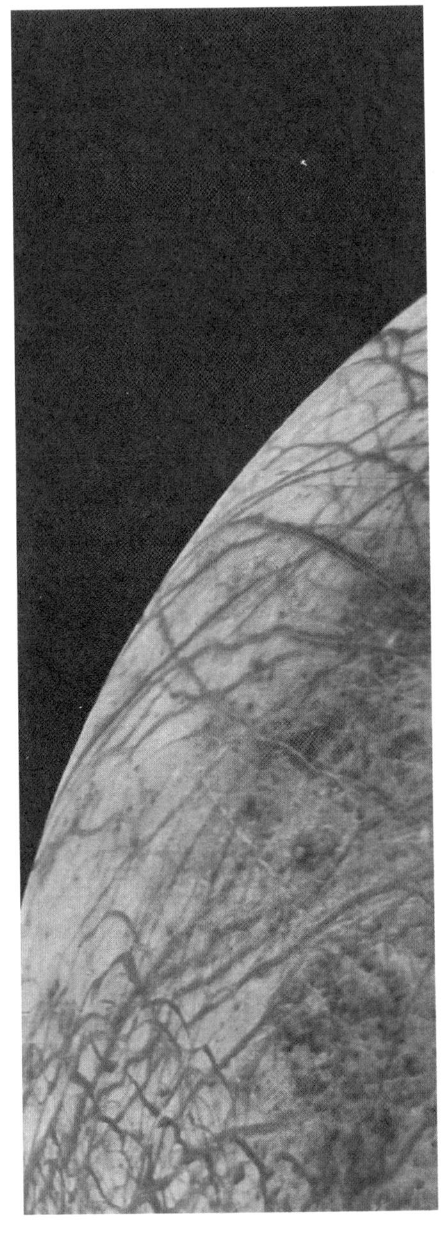

1979年7月9日，旅行者2号近距离接触木卫二欧罗巴。欧罗巴的大小和我们的月亮类似，地形却截然不同。缺乏陨坑和山脉表明它的地表极可能是深达100千米，包裹住更深处硅酸的冰层。地表的黑色线条则可能是地壳下物质填充的冰体缝隙。木卫二的亮度和这一假说相一致（NASA供图）

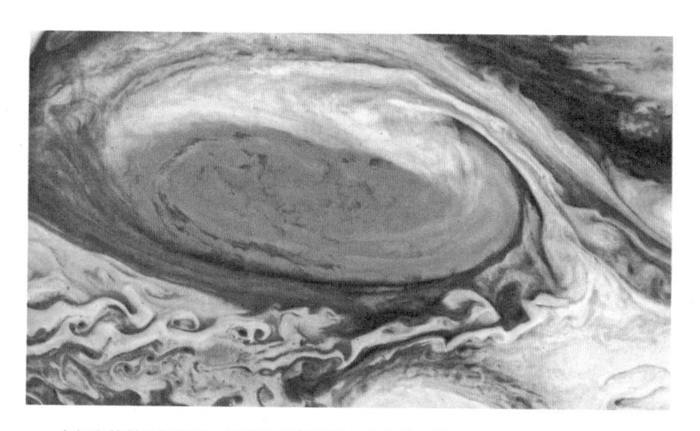

大红斑的着色渲染图。计算机以牺牲绿色为代价，增强了红色和蓝色。图中可见大红斑的三分之一被高空云层暂时覆盖（旅行者 1 号拍摄，NASA 供图）

旅行者拍摄的木卫一地表照片，每一个大致呈圆形的黑点都是最近活跃过的火山。照片中的木卫一中央有个潜色晕轮，它也是一座火山，而且在照片拍摄的 15 个小时前才刚刚爆发，现在得名普罗米修斯。星球地表的黑色、红色、橙色和黄色可能是凝固的硫磺，它们以熔化的形式从火山口中喷出。地表的白色沉积物，包括普罗米修斯边上的那些，可能是凝固的二氧化硫。木卫一的直径是 3640 千米（NASA 供图）

木卫一火山“洛基”的烟流。紫外线光在本照片中被处理成了蓝色。可见光环境下，烟流旁周围有巨大的云，它们由小粒子组成，反射着紫外阳光。这种效果类似于非常细小的烟粒反射蓝光。紫外线烟云顶端距离木卫一地表二百多千米，可能会把碎粒直接排进太空。也许这些物质绕着木星运动，成为木卫一附近木星环的组成部分（旅行者 1 号拍摄，NASA 供图）

天琴座环状星云中的假想冰体行星。图中央的恒星抛离了它的外部大气，后者形成了慢慢膨胀的彩色发光气体外壳。该星云距离我们 1500 光年，是人类在遥远未来的探索目标之一（大卫·埃格于 1979 年绘）

一个生物和他的恒星。这台太阳望远镜装有滤光镜，只允许红光穿透，在它的镜头下，太阳黑子是黑的。前景是一座山，山上有一个兴高采烈的人（国家海洋和大气管理局供图，约瑟夫·苏托雷克拍摄）

旋涡星系 M51（夏尔·梅西耶星云表中第 51 号天体）又编目为 NGC 5194。1845 年，第三代罗斯伯爵威廉姆·帕森斯发现这个“星云”具有螺旋结构。这是人们发现的第一个螺旋星系。它距离地球一千三百多万光年，且被它的不规则伴生星系 NGC 5195（下方）扭曲（海尔天文台供图）

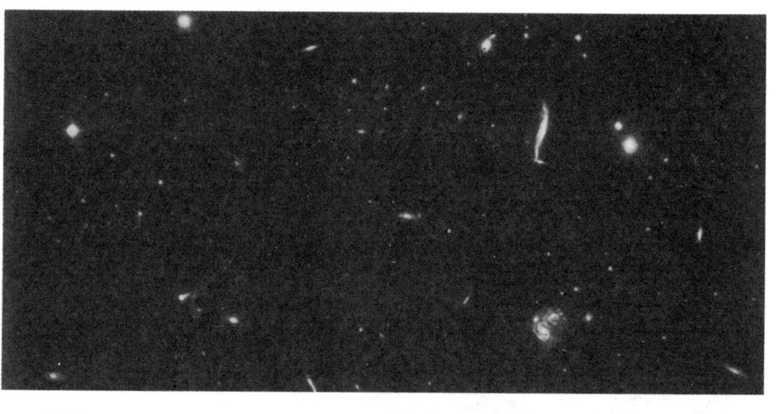

武仙座星系团的一部分，包括了约 300 个已知星系，它们正在以每秒 10000 千米的速度远离我们。这张照片中的星系（与我们相距至少 3 亿光年）比银河系前景星还要多。如果武仙座星系团没有飞散，而是被引力黏合在一起，那它的质量一定比我们所能看见的部分大五倍。假如这种“缺失的质量”在星系空间中很常见，它们会为宇宙的闭合做出重大贡献（海尔天文台供图）

一个智慧生物：1979 年夏，一头座头鲸冲出阿拉斯加弗雷德里克湾的海面。座头鲸以其跃出水面的壮观场面和非同凡响的交流方式闻名于世。它们平均重达 50 吨，体长 15 米，脑容量比人类大得多（丹·麦克斯威尼供图）

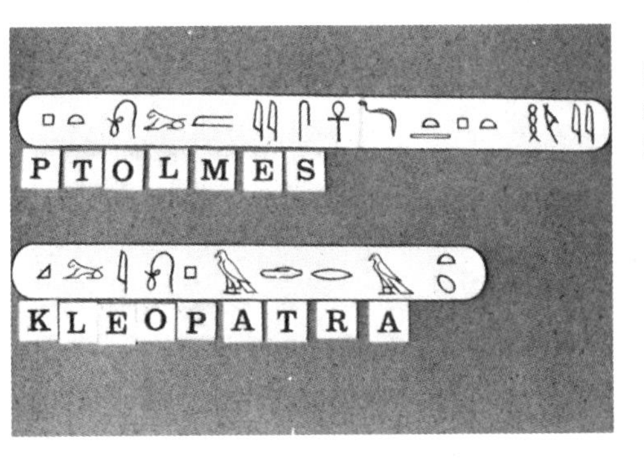

罗塞塔石碑椭圆形内文字托勒密的音译，以及从莱菲方尖碑上获取的克利奥佩特拉名讳的音译

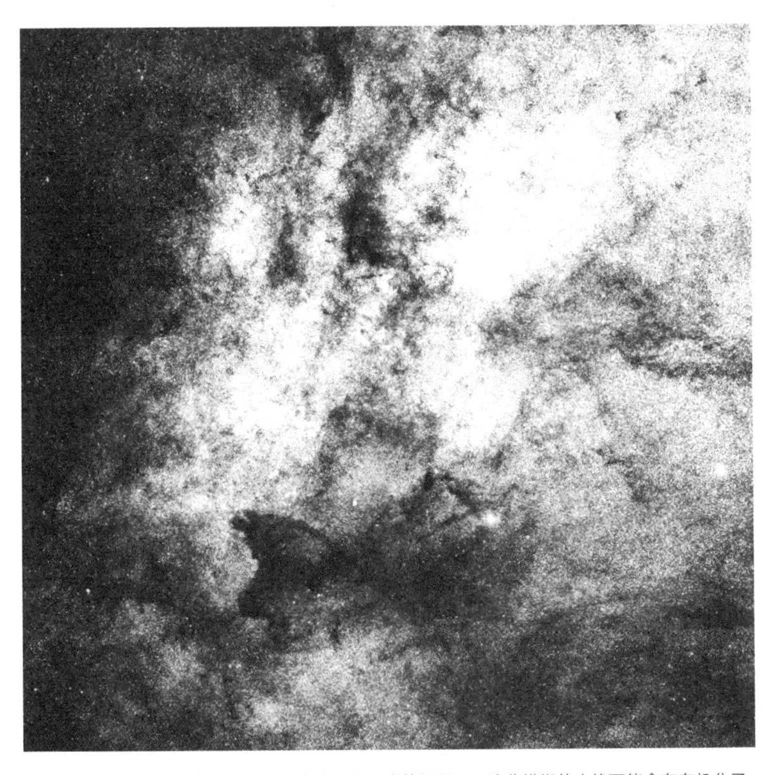

望向银河系中心方向，可见人马座中一团巨大的恒星云。这些模糊的尘埃可能含有有机分子；云团内部的一些地方，新的恒星正在成型。这张照片中有约一百万颗恒星。根据本书估计，其中某个恒星系已经发展出了比我们更先进的文明（海尔天文台供图）

人类的两个脚印。上图的脚印生成于 360 万年前，地点位于今日的坦桑尼亚。下图拍摄自 1969 年的月球静海（玛丽·利基、国家地理学会和 NASA 供图）

一个新兴技术文明的家园，该文明正为避免自我毁灭而做着努力。本照片拍摄于它唯一一颗天然卫星的临时哨站上。地球每天绕太阳运行约 250 万千米；比它环绕银河系中心的速度快八倍；可能还是银河系落向室女座星系团速度的两倍。我们一直都是太空旅行者（NASA 供图）

作者丨卡尔·萨根　　Carl Sagan 1934—1996

卡尔·萨根曾担任康奈尔大学天文学和空间科学大卫·邓肯教授一职，也是行星研究实验室主任。他在水手号、海盗号、旅行者号和伽利略号系列太空航天器的深空探索中发挥了领导作用，并因此获得美国国家航空航天局（NASA）颁发的杰出科学成就奖章和杰出公共服务奖章（两次）。

他的系列电视纪录片《宇宙》获得了艾美奖和皮博迪奖，创下了美国公共电视收看纪录，伴随纪录片出版的书籍《宇宙》，成为了英语出版界最畅销的科普图书之一。由于他在科学、文学、教育和环境保护上的突出贡献，萨根博士获得了普利策奖、奥斯特奖和其他许多奖项，还有美国各所高校大学颁发的二十个荣誉学位。萨根博士去世后，美国国家科学基金会追授他最高荣誉奖，称“他的研究改变了行星科学……他给予人类的礼物价值无可估量”。

萨根博士于 1996 年 12 月 20 日逝世。

卡尔 · 萨根大事记

1934.11.9 —— 出生于纽约

1954 —— 获得芝加哥大学艺术学士学位

1955 —— 获得芝加哥大学物理学学士学位

1956 —— 获得芝加哥大学物理学硕士学位

1960 —— 获得天文学和天体物理学博士学位

1960—1962 —— 任加州大学伯克利分校米勒研究员

1962—1968 —— 任哈佛大学天文学助理教授、在史密松天体物理天文台作为天体物理学家工作

1966 —— 出版了与苏联天文学家什克洛夫斯基合作撰写的《宇宙中的智能生命》

1968—1970 —— 任康奈尔大学天文学和空间科学副教授、美国国立博物馆研究助理

1968—1974 —— 担任国际科学理事会月亮与行星、空间组织工作组副主席

1968—1996 —— 任康奈尔大学天文学和空间科学教授、康奈尔大学行星研究中心主任

1967—1972 ——NASA 阿波罗探月计划工作人员讲师

1971 —— 美国和苏联科学院与外星人情报交流联席会议主席和美国代表

1972 —— 因水手 9 号火星探测任务被 NASA 授予杰出科学成就奖

1972—1981 —— 康奈尔大学射电物理学和空间研究中心副主任

1976—1996 —— 康奈尔大学大卫 · 邓肯天文和太空科学研究会教授

1977 —— 出版《伊甸园的飞龙》，该书获得普利策奖、NASA 杰出公共服务奖章

1978—1985—— 外星智慧交流组织会长

1979—1990s —— 美国天文学会行星科学分会主席

1980 —— 主持、制作电视系列片《宇宙》

1981 —— 获 NASA 杰出公共服务奖章

1986—1990s —— 加州理工学院喷气推进实验室客座科学家

1990 —— 美国物理教师协会授予其奥斯特奖章

1994 —— 获得美国国家科学院公共福利奖章

1996.12.20 —— 逝世

译者 | 虞北冥

浙江舟山人，青年译者。先后毕业于北京师范大学和英国埃塞克斯大学，主修汉语言文学专业和英语文学专业。

曾任《科幻世界》杂志译文版编辑，深耕科幻、科普领域多年。

译著有《接触》《暗影之年》《信使》《玩家一号》等。

科学顾问 | 于浩然

北京师范大学天体物理学博士，厦门大学天文系副教授，博士生导师。

主要研究领域为宇宙学，宇宙大尺度结构的数值模拟。在我国天河二号超级计算机上进行的中微子宇宙学模拟获得 2017 年中国天文十大科技进展。

宇宙

作者 _ [美] 卡尔 · 萨根　译者 _ 虞北冥

产品经理 _ 曹曼　邵蕊蕊　　装帧设计 _ 朱镜霖　陆震　　产品总监 _ 曹曼
执行印制 _ 梁拥军　　出品人 _ 路金波

营销团队 _ 阮班欢　李佳　杨喆　　物料设计 _ 朱镜霖

果麦
www.guomai.cc

以 微 小 的 力 量 推 动 文 明

图书在版编目（C I P）数据

宇宙 / (美) 卡尔・萨根著 ; 虞北冥译. -- 昆明 :
云南人民出版社, 2023.1
ISBN 978-7-222-21438-5

Ⅰ. ①宇… Ⅱ. ①卡… ②虞… Ⅲ. ①宇宙 - 普及读
物 Ⅳ. ①P159-49

中国国家版本馆CIP数据核字(2023)第002234号

COSMOS
by
CARL SAGAN

著作权合同登记号 图字：23–2022–100号

责任编辑：刘　娟
责任校对：和晓玲
责任印制：马文杰
特约编辑：曹　曼　邵蕊蕊
装帧设计：朱镜霖　陆　震

宇宙
YUZHOU
〔美〕卡尔・萨根 著　虞北冥 译

出版　云南出版集团　云南人民出版社
发行　云南人民出版社
社址　昆明市环城西路609号
邮编　650034
网址　www.ynpph.com.cn
E–mail　ynrms@sina.com
开本　880mm × 1230mm　1/32
印张　12
印数　1—5,000
字数　280千字
版次　2023年1月第1版第1次印刷
印刷　河北鹏润印刷有限公司
书号　ISBN 978-7-222-21438-5
定价　88.00元

如发现印装质量问题,影响阅读,请联系021–64386496调换。